JUSTINE A. LEE

Warum der Schwanz mit dem Hund wedelt

W0086476

*Buch*

Was sagt ein Hund über sein Herrchen aus? Was über sein Frauchen?
Wie alt wird die Töle meiner Freundin werden? Und können Hunde
lächeln? In der Tradition des Überraschungsbestsellers »Warum haben
Männer Brustwarzen?« von Mark Leyner und Billy Goldberg lädt die
Tierärztin und leidenschaftliche Hundeliebhaberin Justine Lee ein zu
einem Blick hinter die Kulissen des Tierarztberufs. Kaum etwas, das
Justine Lee im Umgang mit Hunden und ihren Besitzern im Besonderen noch nicht erlebt hat. Ob Sie nach ernsthaften Ratschlägen zur
Aufzucht Ihres Hundes suchen oder an Lösungen für seine dümmsten
und ärgerlichsten Angewohnheiten interessiert sind, oder ob Sie einfach mal herzhaft über die putzigen Vierbeiner und ihre Eigenarten
lachen wollen – dieses anschauliche und allgemeinverständliche Wis-
senskompendium rund um die feuchten Schnauzen auf vier Pfoten ist
ein Muss für Hundeversteher und alle, die es werden wollen.


*Autorin*

Justine A. Lee ist Notfall-Tiermedizinerin und unterrichtet an der Universität von Minnesota. Nach umfassender Ausbildung und Spezialisie-
rung zählt sie heute zu weltweit rund 200 Experten auf dem Gebiet der
Veterinär-Notfallmedizin.


*Im Goldmann Verlag ist von Justine A. Lee außerdem erschienen:*

Hunde haben Herrchen – Katzen haben Dosenöffner (15600)

# Justine A. Lee

# Warum der Schwanz mit dem Hund wedelt

### Was Sie schon immer über Ihren vierbeinigen Freund wissen wollten

Aus dem amerikanischen Englisch
von Susanne Kuhlmann-Krieg

**GOLDMANN**

Die amerikanische Originalausgabe erschien 2008
unter dem Titel »It's a Dog's Life ... but It's Your Carpet«
bei Three Rivers Press, an imprint of the Crown Publishing Group,
a division of Random House, Inc., New York

**FSC**

**Mix**

Produktgruppe aus vorbildlich
bewirtschafteten Wäldern und
anderen kontrollierten Herkünften

Zert.-Nr. SGS-COC-001940
www.fsc.org
©1996 Forest Stewardship Council

Verlagsgruppe Random House FSC-DEU-0100
Das FSC-zertifizierte Papier *München Super* für dieses Buch liefert
Arctic Paper Mochenwangen GmbH.

2. Auflage
Taschenbuchausgabe August 2009
Wilhelm Goldmann Verlag, München,
in der Verlagsgruppe Random House GmbH
Copyright © der Originalausgabe 2008
by Justine Lee Veterinary Consulting, LLC
Copyright © der deutschsprachigen Ausgabe 2009 by
Wilhelm Goldmann Verlag, München,
in der Verlagsgruppe Random House GmbH
Umschlaggestaltung: UNO Werbeagentur, München
Umschlagillustration: Fine Pic, München
Redaktion: Antje Steinhäuser
KF · Herstellung: Str/JR
Satz: dtp im Verlag, Jana Riedl
Druck und Bindung: GGP Media GmbH, Pößneck
Printed in Germany
ISBN: 978-3-442-15571-2

www.goldmann-verlag.de

*Meinen Eltern, die mir beibrachten, dass Ausdauer, harte Arbeit und Vertrauen sich auszahlen …*

*Den Tausenden Hunden und Katzen, die ich behandelt habe, sowie ihren netten (und manchmal auch weniger netten) Haltern, die mit ihnen zu mir kamen – dafür, dass sie mich zu der gemacht haben, die ich heute bin, mich vieles gelehrt und mich immer wieder daran erinnert haben, warum ich das, was ich tue, so gerne tue …*

*JP, dem besten Hund aller Zeiten, der mir gezeigt hat, dass Erfolg sich nicht an den Maßstäben einer Gesellschaft bemisst, sondern an einem glücklichen Schwanzwedeln …*

*All meinen Freunden, Familienangehörigen und Bekannten, die mir ständig auf den Fersen waren, um tierärztlichen Rat abzustauben … was jetzt kommt, ist für euch!*

# Inhalt

1. Was es heißt, einen Hund zu haben . . . . . . . . . . . . . . . 11

Gibt die Nase Ihres Hundes zuverlässig Auskunft über dessen Gesundheitszustand? · Warum beschnüffeln Hunde einander das Hinterteil? · Wie gut können Hunde riechen? . . .

2. Wer meinen Hund mag, mag auch mich . . . . . . . . . . . 45

Bin ich ein Hunde- oder ein Katzentyp? · Entspricht ein Hundejahr wirklich sieben Menschenjahren? · Welches sind die fünf intelligentesten Hunderassen? . . .

3. Es ist ein Hundeleben . . . . . . . . . . . . . . . . . . . . . . . . . . 101

Was hat es mit Hundetagesstätten auf sich? · Wird in der Hundetagesstätte geflirtet? · Sollte ich meinen Freund verlassen, weil er meinen Hund nicht mag? . . .

4. Der Wauwau-Flüsterer . . . . . . . . . . . . . . . . . . . . . . . . . . 137

Gibt es wirklich Hundeflüsterer oder Irrenärzte für Haustiere? · Ist ein Tierpsychiater knapp zweihundert Dollar die Stunde wert? · Verfügt mein Hund über eine innere Uhr? . . .

5. Die Zähmung des vierbeinigen Ungeheuers . . . . . . . . 157

Sind Elektroschockhalsbänder Tierquälerei? · Was hat es mit diesen Sprayhalsbändern auf sich? · Können Sie Ihrem Hund beim Zappen mit der Fernsehfernbedienung versehentlich einen Elektroschock verpassen? …

6. Fressen und gefressen werden ist auch bei Hunden die Devise . . . . . . . . . . . . . . . . . . . . . . . . . . . . . 177

Kann ich auch aus meiner Toilettenschüssel trinken? · Kann ich Hundekuchen essen? · Enthalten Milchdrops wirklich Milch? …

7. Die große weite Welt . . . . . . . . . . . . . . . . . . . . . . . . . . 209

Braucht mein Hund eine Sonnenbrille? · Kann ich bei 30 Grad Celsius mit meinem Hund im Freien joggen? · Ab wann kann ich meinen Welpen zum Joggen mitnehmen? …

8. Wenn brave Hunde mal nicht brav sind . . . . . . . . . . . 239

Trinken Hunde gerne Bier? · Was passiert, wenn ein Hund sich einen Haschkeks einverleibt? · Können Sie Ihren Hund in den Wahnsinn treiben? …

9. Und jetzt ans Eingemachte . . . . . . . . . . . . . . . . . . . . . 269

Warum lecken Hunde sich die Genitalien? · Hört mein Hund auf, mein Bein zu bespringen, wenn ich ihn kastrieren lasse? · Warum das magische Alter von sechs Monaten? …

10. Der Tierarzt und das Tier ........................ 295

Was tut Ihr Tierarzt wirklich, wenn er Sie hinausschickt? · Muss ich meinem Hund wirklich prophylaktisch Medikamente zur Herzwurmbehandlung verabreichen, wenn ich mit ihm ans Mittelmeer fahre? · Werden Tierärzte oft von Tieren gebissen? …

Anmerkungen ............................................. 327
Weiterführende Informationen ............................. 337

# Was es heißt, einen Hund zu haben

Hätte ich jedes Mal, wenn an mein Ohr die Frage drang: »Oh, Sie sind Tierärztin?« einen Kreuzer bekommen, und für jedes »Nun, seine Nase war so trocken, also wusste ich ...« einen Heller, naja, dann hätte ich dieses Buch nicht schreiben müssen, um meinen Studienkredit zurückzuzahlen. Lesen Sie weiter, wenn Sie wissen wollen, ob die Schnauze Ihres Hundes wirklich ein zuverlässiger Informant für dessen Gesundheit ist. Verrät Ihnen sein Riechkolben tatsächlich, wie krank er ist?

Dieses Kapitel ist ein Insider-Leitfaden für Hundebesitzer. Wenn es Ihnen zu peinlich ist, Ihrem Tierarzt gewisse »dumme« Fragen zu stellen – etwa, was Sie gegen die übel riechenden Blähungen Ihres Hundes tun oder wie Sie ihn daran hindern können, Ihren Rasen umzubuddeln, bleiben Sie dran! Ihnen ist nicht klar, wie gut Ihr Hund sehen oder riechen kann, oder ob er wirklich etwas gegen Katzen hat? Sie fragen sich, warum er andere Hunde am Hinterteil beschnüffelt? Oder ob Sie Ihrem Hund zuliebe mit dem Rauchen aufhören sollen? Wüssten gern, ob es irgendeinen genialen Trick gibt, mit dem sich verhindern lässt, dass er Ihr schönes neues italienisches Veloursofa vollhaart? Dieses Kapitel ist jenen häufigen medizinischen Fragen gewidmet, von denen Sie nie angenommen hätten, dass Sie sie einem Tierarzt stellen könnten (ohne wie einer von »diesen Hundebesitzern« zu klingen), und erläutert einige der Eigentümlichkeiten, die der Besitz eines Haustiers so mit sich bringt. Und zu guter Letzt: Sollten Sie bislang noch kein Haustier haben ... hier finden Sie heraus, was gegebenenfalls auf Sie zukommt!

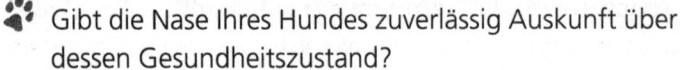 Gibt die Nase Ihres Hundes zuverlässig Auskunft über dessen Gesundheitszustand?

Glaubt man dem Volksmund, so kann das Auge trügen, wohingegen die Nasenspitze etwas äußerst Verräterisches an sich haben soll ... Allerdings glaube ich, dass, wer auch immer diese Weisheiten auf den Weg gebracht hat, eher ein schuldbeladenes Gegenüber in parfümiertem Spitzenhalsband im Sinn hatte als den haarigen Hausgenossen mit Lederhalsband. Im Allgemeinen gibt Hassos Nase keine Auskunft darüber, wie krank oder gesund ihr Besitzer ist. Beobachten Sie die Nase Ihres Hundes einmal. Sie werden feststellen, dass sie von Tag zu Tag anders aussieht und je nach Wetter und Luftfeuchtigkeit zwischen leicht trocken und weich und feucht schwankt. Meist ist eine Hundenase durch Absonderungen der Becherzellen in der Nasenschleimhaut kühl und feucht.[1] Es besteht jedoch keinerlei direkte Korrelation zwischen der Gesundheit Ihres Haustiers und dessen Schnupperwerkzeug. Wenn Sie bemerken, dass die Haut der Nasenspitze sich verfärbt oder verdickt, aufspringt oder blutig ist, dann ist ein Besuch beim Tierarzt angebracht, denn bestimmte – allerdings wirklich deutlich erkennbare – Autoimmunkrankheiten wie Pemphigus (Blasensucht) oder Lupus können sich so äußern.

 Warum beschnüffeln Hunde einander das Hinterteil?

Nun kommen Sie schon! Haben Sie sich nie gefragt, warum Hunde einander rückwärtig beschnuppern? Hunde haben direkt am Darmausgang zwei Analdrüsen, die ein faulig aussehendes bräunliches Sekret mit einem starken, individuellen Geruch absondern. Sowohl Rüden als auch Hündinnen haben diese Drüsen, und sie erkennen einander am Geruch ihres Analdrüsensekrets. Auch wenn Ihnen das pervers vorkommen mag, es ist dies das Hundegegenstück zu unserem Händedruck mit Namensnennung. Zum Glück hat die Evolution uns da rausmanövriert.

 Wie gut können Hunde riechen?

Ist das nicht toll, wie Ajax aus zig Meter Entfernung den verwesenden Kadaver im Unterholz wittert? Hunde verfügen über einen erstaunlichen Geruchssinn, in der Vergangenheit beim Jagen und Überleben sicher höchst dienlich, in der Gegenwart nicht minder beim Auffinden und Ausbuddeln von Sachen, die sie besser in Ruhe ließen (»Hey, guck mal, Frauchen, was ich gefunden habe!«) Zum Vergleich: Menschen verfügen über schätzungsweise fünf bis zehn Millionen Riechzellen – Sinneszellen für den Geruchssinn –, bei Hunden können es bis zu 220 Millionen sein. Aus diesem Grund verwendet die Polizei bei ihren Razzien Blut- und Rauschgiftspürhunde: Ihr Geruchssinn ist millionenmal besser entwickelt als der des Menschen![2] Ich hatte mal einen vierbeinigen Patienten namens »Kilo«, seines Zeichens Polizeihund. Wie sein Name nicht unbedingt vermuten lässt, vermochte seine Nase illegale Substanzen auch in Milligramm-Mengen hinter Trockensteinmauern, in Zwischendecken und allen möglichen Verstecken aufzuspüren, in denen Junkies ihre Vorräte bunkern. Leider litt er unter Herzrhythmusstörungen und fiel jedes Mal in Ohnmacht, wenn er sich aufregte, aber seit wir ihm einen Schrittmacher verpasst haben, ist Kilo wieder mächtig im Geschäft und jagt schwere Jungs. In Anbetracht der vielfältigen Aromen modernen urbanen Lebens, sollten wir, glaube ich, froh sein, dass unser Riechkolben nicht besser entwickelt ist.

 Warum würgen Hunde keine Haarballen hoch?

Im Unterschied zu Katzen sind Hunde nicht übermäßig pingelig, wenn es darum geht, sich zu pflegen – sie wälzen sich, wie Sie sicher wissen, genüsslich in verwesenden Kadavern, begeben sich im Schweinsgalopp in schlammig-trübe Gewässer, als stünden sie in Flammen, und zieren sich nicht, den Kot ihrer Artgenossen zu vertilgen. Ich weiß nicht genau, warum Hunde kein Problem damit haben, schmutzig zu sein, schlecht zu riechen und zerzaust herumzulaufen, aber genau wie vielen Kindern und manchen Männern scheint ihnen das schlicht nichts auszumachen. Katzen hingegen betreiben ausgiebige Fellpflege (und müssen deshalb nicht gebadet werden). Sie haben von Natur aus eine raue Zunge, an der lose Haare hängen bleiben, die sie Ihnen später auf den Teppich würgen. Da Hunde keine Fellpflege betreiben (oder betreiben wollen), bilden sich bei ihnen keine Haarballen. Sie entwickeln vielmehr seltsame Gerüche und verfilzte Rasta-Locken, wenn sie zu lange darauf warten müssen, dass jemand anderes dies für sie übernimmt und sie bürstet und badet!

### 🐾 Warum haaren Hunde?

Mein Freund ist der Ansicht, ich würde meine Haare absichtlich überall verteilen, um mein Revier zu markieren, aber da er es nur mit Brünetten hat, wäre mir damit nicht sonderlich geholfen. Haar eignet sich als Reviermarkierung sowieso nicht – Windböen und vorübergehende Zwei- und Vierbeiner sorgen dafür, dass es wahrscheinlich nicht lange dort bleibt, wo es hinterlassen wurde. Beim Entblättern strategisch platzierter Kleidungsstücke hingegen …

Dass Hunde haaren, hilft ihnen, sich den unterschiedlichen Temperaturen wechselnder Jahreszeiten anzupassen. Da Ihr kleines Fellknäuel nicht die Möglichkeit hat, sich im Winter einen warmen Mantel überzuziehen oder im Sommer splitterfasernackt einherzuwandeln, muss es sein Pelzkleid eben den Umweltbedingungen angleichen. Dort, wo es rau zugeht, schützt sein Fell es nicht nur vor Hitze, Kälte und schädigender UV-Strahlung, sondern bildet auch eine schützende Barriere vor Hautverletzungen, wenn Purzel durchs Unterholz fegt, mit anderen Hunden balgt oder von Insekten geplagt wird.

In Zeiten, in denen das Tageslicht knapper wird, versucht das Gehirn Ihres Hundes für ein dickeres wärmendes Fell zu sorgen. Im Herbst und Winter wachsen ihm sogar zusätzliche Haare, »Sekundärhaare« oder Unterwolle, die mehr Wärme geben. Im Frühling und Sommer werden Sie dann feststellen, dass Sie häufiger zum Staubsauger greifen müssen, weil das Gehirn Ihres Hundes auf die nunmehr längere Tageslichteinstrahlung reagiert und ihn heftig haaren lässt. Oftmals verliert er nur das kürzere Unterfell und entwickelt für Frühjahr und Sommer ein gröberes, längeres Haarkleid, das als schützende Pufferzone und hautkühlende Schutzschicht wirkt. Aus diesem Grund raten wir davon ab, Hunde, die viel Zeit im Freien verbringen, im Sommer allzu kahl zu scheren, weil sie (a) einen Sonnenbrand bekommen, (b) von Insekten gepiesackt werden, (c) eben dadurch, dass sie geschoren sind, der Hitze eher noch stärker ausgesetzt sind, und (d) von den anderen Hunden im Viertel ausgelacht werden.

 Was kann ich tun, damit mein Bello weniger haart?

Meine Freunde außerhalb der Tierarztwelt fragen oft: »Stimmt mit deinen Katzen was nicht?«, bevor sie wagen, eine davon zu streicheln. Es ist halt so, dass ich meine Kurzhaarkatzen oft bis auf das Niveau einer »Pfirsichhaut« hinunterschere. Ich mache das, weil ich nicht noch mehr Haare im Haus haben will, und nein, es ist nicht ansteckend (das verrate ich aber nur Leuten, die ich mag). Vielleicht ist es nicht die herkömmliche, normale, gesunde Möglichkeit, das Haaraufkommen im Haus zu verringern, aber was soll's … ich bin

Tierärztin, und die Schermaschinen sind einfach so schön schnell bei der Hand.

Und wenn ich ehrlich sein soll, außer stetem Bürsten und Schneiden gibt es neben einer Rasur nicht viel, was Sie tun können, um das Haaren im Keim zu ersticken. Zwar wird blumig für Lotionen, Cremes, Balsam und Spray geworben, aber glauben Sie dem Wirbel nicht – sonst würde jeder von uns das Zeug verwenden, und einige kahlköpfige Schauspielerikonen hätten nie Karriere gemacht. Im Allgemeinen verlieren Hunde im Frühjahr und Sommer mehr Haare, daher ist es wichtig, Bello in diesen Monaten täglich (oder zumindest wöchentlich) zu striegeln, vor allem, wenn er ein mittellanges bis langes Fell hat. Je mehr Haar Sie ihm ausbürsten oder (mit jenen Zupfbürsten ausrupfen), desto weniger davon wird an Ihren Möbeln, Teppichen und Füßen haften bleiben. Es gibt ein paar Züchtungen, die nicht haaren – Pudel zum Beispiel oder Malteser, aber auch diese Hunde müssen häufig gebürstet werden.

### Warum haaren Hunde beim Tierarzt stärker?

Selbst der mutigste Höllenhund wird in der Tierarztpraxis nervös, und vielleicht ist Ihnen schon mal aufgefallen, dass er ganze Haarbüschel verliert, wenn er dort hineinmarschiert. Bedingt ist das durch den Widerstreit zwischen zwei instinktiven Regungen: dem Flucht- und dem Angriffsreflex. Nicht nur der Herzschlag beschleunigt sich stressbedingt, auch die Atmung wird rascher – er beginnt zu hecheln oder atmet schwerer, um mehr Luft in die Lungen zu bekommen.

Ihr Hund realisiert, wo er ist, und sein Körper schaltet auf »Flucht« (»Hilf mir! Ich ahne, dass da gleich ein fieser Tierarzt durch die Tür tritt!«). Zur selben Zeit erweitern sich sämtliche Blutgefäße und mit ihnen auch die Haarfollikel, damit die zur Flucht nötigen Muskeln gut durchblutet werden, aus diesem Grund kann es passieren, dass er wie verrückt zu haaren beginnt. Machen Sie sich keine Sorgen (sonst fallen Ihnen die Haare womöglich auch noch aus), all das legt sich binnen kürzester Zeit, sobald er wieder zu Hause ist. Und beim nächsten Mal erinnert sich Ihr Hund hoffentlich daran, dass es gar keine fiesen Tierärzte gibt – möchten wir wenigstens gerne glauben!

🐾 Warum scharren Hunde und treten mit den Hinterbeinen aus, wenn sie ihr Geschäft erledigt haben?

Hunde haben zwischen den Ballen unter ihren Pfoten Duftdrüsen, und durch das Scharren markieren sie ihr Revier. Mein eigener Hund JP, ein Pitbull, den ich in den Ghettos von Philadelphia aufgegabelt habe, tut dies mit großer Begeisterung – es ist seine männliche (wenn auch kastrierte) Art und Weise, der vierbeinigen Mitwelt mitzuteilen: »JP war hier, und er hat's echt drauf.« Zwar ist das Scharren vor allem ein Verhaltensmuster von »intakten Männchen« (solchen mit Testikeln), doch wird es auch bei sterilisierten Männchen und sogar bei Weibchen beobachtet. Im Prinzip handelt es sich um eine Mitteilung an den nächsten Vierbeiner, dass Hund hier gewesen und dies »seine Ecke« ist. Erinnern Sie sich an die Sache mit dem Stammplatz beim Mittagessen in der Schulkantine? So ähnlich, nur mit dem zusätzlichen Pläsier der öffentlichen Notdurftverrichtung.

Übrigens verhalten sich Hirsche ganz ähnlich (man nennt dieses Scharrverhalten unter Jägern auch Plätzen), und die Jäger orientieren sich an solchen Scharrspuren, wenn sie herausfinden wollen, ob ein männliches Tier im Revier ist. Und wenn ich mit JP im Herbst durch die in schönstes Bunt gehüllten Wälder ziehe, verdirbt er dem einen oder anderen Jäger die Spur, indem er dort auch herumscharrt.

🐾 Ist Bellos Vorderlauf Arm oder Bein?

Vom anatomischen Standpunkt aus ist der Vorderlauf eigentlich als Arm, der Hinterlauf als Bein zu betrachten, und zwar deshalb, weil die Anatomie bei den meisten Säugetierarten so ziemlich dieselbe ist, und der Mensch nur insofern eine Ausnahme macht, als er aufrecht geht. Das Vorderbein Ihres Hundes setzt sich – genau wie Ihr Arm – zusammen aus Humerus (Oberarmknochen), Radius (Speiche) und Ulna (Elle), sein Hinterlauf aus Femur (Oberschenkelknochen), Tibia (Schienbein) und Fibula (Wadenbein). Obwohl Sie aufrecht gehen, sind die Strukturen bei Ihnen also immer noch dieselben, Sie sehen halt eben nur wie ein Affe aus.

🐾 Bekommen Hunde eine Gänsehaut?

Gänsehaut, auch Piloarrektion genannt, ist ein anderer Ausdruck für den Umstand, dass einem die Haare im Follikel pfeilgerade aufrecht – buchstäblich zu Berge also – stehen.

19

Zwar hört man in diesem Zusammenhang in der Regel nichts von »Hundehaut«, aber trotzdem können Hunde sie bekommen, sie ist bei all dem Fell nur schwerer zu sehen.

Menschen bekommen eine Gänsehaut meist, wenn ihnen kalt ist oder sie sich fürchten. Bello hat ein schönes dickes Fell, das ihn warm hält, er bekommt seine Gänsehaut also in der Regel nicht, weil er friert. Bei Hunden ist sie wohl eher auf Nervosität oder Angst zurückzuführen, manchmal soll sie auch einem anderen Tier oder einem Menschen Angriffslust signalisieren. Er versucht sich damit im Prinzip größer scheinen zu lassen, plustert sich auf (»Guck bloß mal, wie riesig ich bin – hau besser ab!«), um sein Gegenüber einzuschüchtern.

Die Entstehung einer Gänsehaut ist genau genommen ein komplizierter, durch Neurotransmitter ausgelöster Reflex, der mit einer defensiven Gemütsregung in Verbindung gebracht wird.[3] Die Gänsehaut ist nur eines von vielen Anzeichen, die mit diesem Verhalten einhergehen. Manche Hunde zeigen auch eine leicht geduckte Haltung, einen langsamen »Pirschgang« auf das angreifende Tier zu, dazu einen aufrecht gestellten (aber nicht wedelnden) Schwanz. Wenn Sie bei Bello im Genick oder am Rumpf gesträubtes Fell bemerken, nähern Sie sich ihm lieber mit Vorsicht!

## Schwitzen Hunde?

Noch ein Grund, Hunde gern zu haben! Während Sie immer damit rechnen müssen, dass Ihr behaarter zweibeiniger Lebensgefährte womöglich mit Schweißflecken auf dem T-Shirt aufkreuzt, kann Ihnen so etwas bei Hunden nie passieren – sie schwitzen nicht unter den Achseln. Eine der wenigen Möglichkeiten, die ihnen zum Schwitzen zur Verfügung stehen, sind die Polster unter ihren Pfoten. Dazu ist allerdings zu sagen, dass ich schon mit wirklich vielen fitten, sportlichen Hunden (Schlittenhunden oder Windhunden zum Beispiel) zu tun gehabt habe und noch immer darauf warte, dass ein Hund beim Training an den Fußballen schwitzt. Die Schweißdrüsen unter den Pfoten sind nur ein winziges Wärmeventil, in der Hauptsache reguliert und kontrolliert Ihr Hund seine Körpertemperatur durch Hecheln.

Und deshalb, um auf Ihre Frage zu antworten: Nein, und Sie brauchen auch kein Deo für Ihren Hund! Sorgen Sie lieber dafür, dass er genügend kühles Wasser, Schatten und Zeit zum Hecheln hat, um die viele heiße Luft loszuwerden. Das ist vor allem wichtig, wenn er beim Spazierengehen mit einem Ball in der Schnauze herumrennt. Sie denken vielleicht, er findet es toll, sein Spielzeug selbst nach Hause zu tragen, in Wirklichkeit wäre es sicherer, wenn Sie das (neben der obligatorischen Tüte) übernähmen. Ein Tennisball im Maul kann ihn unter Umständen am Hecheln hindern, sodass sich sein Körper überhitzt.

### 🐾 Warum haben Hunde Wolfskrallen?

Warum hat Ihr Hund die niedliche, aber lästige Kralle auf der Innenseite der Läufe, die sich hin und wieder in Sachen verfängt und dann zu bluten anfängt? Diese erste »Zehe« fehlt bei manchen Hunden, wenn sie aber vorhanden ist, sind Sie stolzer Besitzer eines Hundes mit Wolfskralle, Afterkralle oder Afterklaue. Dieses Extraglied an der Pfote Ihres Hundes kann sehr unterschiedlich geformt – ein winziges verkümmertes Hautfältchen oder eine voll entwickelte Zehenkralle – sein. Für Hunde hat im Laufe ihrer Evolution nur selten die Notwendigkeit bestanden, einen Daumen zu haben – schließlich mussten sie keine Stifte oder sonstigen Gegenstände umfassen –, sodass dieser bei ihnen zu jenem niedlichen, aber nutzlosen Anhängsel verkümmern konnte. Manche Hunde haben ihr Leben lang nicht die geringsten Probleme damit, aber für Jagd- und Arbeitshunde oder solche, die viel rennen und umherstreunen, besteht eine größere Gefahr, dass sie sich an dieser Extrazehe verletzen.

In manchen Ländern werden diese Miniklauen vom Züchter entfernt, in Deutschland ist dies laut Tierschutzgesetz nur in bestimmten Fällen gestattet, das Ganze passiert unter Narkose und ist kein großer Eingriff.

 Kriegt Pluto eine verstopfte Nase, weil er sich nicht schnäuzen kann?

Zum Glück muss Pluto sich nicht schnäuzen und auch nicht in der Nase bohren. Und Sie müssen es auch nicht für ihn übernehmen.

Vielleicht hören Sie Pluto hin und wieder niesen, wenn er versucht, etwas aus der Nase zu bekommen. Haben Sie schon mal gehört, wenn es klingt, als ob er »rückwärts niest«? Das ist das laute, keuchend-würgende Geräusch, das sich anhört, als sei er kurz vorm Ersticken – in Wirklichkeit versucht er nur, seine Atemwege sauber zu kriegen. Diese Aktion verändert im Prinzip den Druck in Nase und Nebenhöhlen und lässt Pluto den gesamten schleimigen Segen »hochziehen« und hinunterschlucken. Wenn er gar nicht aufhören will zu niesen, hängt ihm womöglich etwas in der Nase. Bringen Sie ihn in dem Fall zum Tierarzt, damit der danach sieht. Ansonsten kommt er bestens ohne Kleenex zurecht.

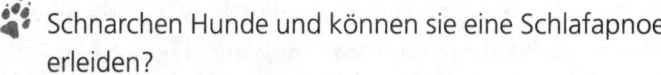 Schnarchen Hunde und können sie eine Schlafapnoe erleiden?

Denken Sie, wenn Sie Ihren ersten Welpen aussuchen, daran, dass manche Hunderassen mehr schnarchen als andere! Schnarchen ist das Geräusch, das entsteht, wenn das Gewebe im Rachenhintergrund zu flattern anfängt. Guter Rat am Rande: Wenn Sie einen leichten Schlaf haben, sind Bulldogge, Mastiff, Lhasa Apso, Shih Tzu, Mops, Pekinese oder Shar-Pei nicht unbedingt Ihre Züchtung! Wir reden hier über Massen an flatterndem Gewebe!

Grundsätzlich ist es die Anatomie von Schnuffskis Nasen- und Rachenraum, die ihn schnarchen lässt, manchmal aber spielen noch andere Faktoren wie Übergewicht, Allergien, Alter und bestimmte Arzneimittel eine Rolle. Es ist wichtig, Schnarchen von Atemproblemen, einem Luftröhrenproblem (einem Trachealkollaps zum Beispiel) oder auch nur vom »Rückwärtsniesen« zu unterscheiden. Machen Sie, wenn Sie im Zweifel sind, eine Videoaufnahme von einem solchen Vorkommnis. Wenn Schnuffski allerdings sein Leben lang schnarcht, sollten Sie vielleicht die Anschaffung von Ohrstöpseln erwägen und der Tatsache ins Auge sehen, dass

23

Ihr Hund auch fürderhin für die musikalische Untermalung Ihrer Träume sorgen wird.

🐾 Wenn ich Lebensmittelfarbe unter Flockis Trockenfutter mische – finde ich dann im Garten sein Häufchen leichter?

Nun, die hier gehört zu der Sorte von Fragen, für die ich, glaube ich, nicht dreizehn Jahre lang zur Tiermedizinerin ausgebildet wurde! Trotzdem…

Es kursieren Gerüchte, denen zufolge Tierfutterfirmen wie Eukanuba dieses vor ein paar Jahren tatsächlich als Möglichkeit in Betracht gezogen haben. Eukanuba ist für ihr pinkfarbenes Logo bekannt, weshalb ein Kunde irgendwann vorschlug, das Unternehmen möge auch sein Hundefutter pink gestalten, damit es, ähm, einfacher zu finden sei. Dem Himmel sei Dank, dass man diesem Rat bislang nicht gefolgt ist. Möglich wär's sicher, aber sollten Sie sich entschließen, Flockis Exkremente zu färben – seien Sie nur vorgewarnt –, würden Sie Gefahr laufen, von Ihren Nachbarn für sehr, sehr wunderlich gehalten zu werden.

🐾 Warum wird mein Rasen braun, wenn mein Hund darauf pinkelt?

Tiere und Menschen haben in ihrem Urin jede Menge Stickstoff. Nur sind Hunde diejenigen, die draußen pinkeln und auf frischer Tat ertappt werden. Zwar ist Stickstoff hauptsächlicher Bestandteil der meisten Düngersorten, doch ist er in Hundeurin in solchen Mengen enthalten, dass er das Gras tatsächlich verbrennt und zum Absterben bringt. Sie können den Schaden an Ihrem Rasen durch folgende Manöver gering halten. Erstens: Bringen Sie Ihrem Hund bei, genau wie mein Hund das Bein am Maschendrahtzaun zu heben und dem Nachbarn aufs Grundstück zu pinkeln. Bei meinem Nachbarn gibt es dermaßen schlimme braune Flecken, er sollte sich wirklich mal die Zeit nehmen, seinen Rasen ein bisschen zu pflegen (zum Glück hat er keine Haustiere, die Wahrscheinlichkeit, dass er dieses Buch kauft und den Grund dafür entdeckt, ist demnach äußerst gering). Zweitens können Sie hinten im Garten eine Kiesecke anlegen. Ich habe selbst so ein Stück, bepflanzt mit Funkien und Farnen, und wenn ich JP mit dem Auftrag rausschicke, »nach hinten« zu gehen, weiß er, was gemeint ist. Ich habe ihn darauf trainiert, dass dies für ihn der bevorzugte Ort für sein Geschäft ist, so bleibt mein Rasen geschont. Drittens können Sie die Fläche auch gut wässern, nachdem Ihr Hund sein Geschäft gemacht hat. Verdünnung ist für Ätzendes immer eine prima Lösung, Schädigung und Verbranntheitsgrad lassen sich deutlich senken, indem man einfach Wasser draufkippt. Schließlich gibt es noch homöopathische Methoden, den pH im Urin Ihres Hundes zu senken, aber als Tierarzt muss ich Ihnen sagen, das ist ein Spiel mit dem Feuer (oder Stickstoff in diesem Falle). Eine pH-Änderung im Harn kann die Bildung von Kristallen und im Extremfall von Steinen mit sich bringen, Plutos Harn zu entsäuern, um Ihren Rasen zu schonen, ist keine gesunde Lösung, so etwas macht man nur, wenn es tatsächlich medizinische Gründe dafür gibt.

Was gehen mich die Würmer meines Hundes an?

Magen-Darm-Parasiten können zu schweren Blutverlusten im Gastrointestinaltrakt, zu Gewichtsverlust, chronischem Durchfall und Jucken im Analbereich führen. Nicht der ideale Weg zum Abnehmen – so Sie nicht einer von diesen Typen sind, die sich mit Begeisterung selbst auspeitschen. Außerdem kommt hinzu, dass die meisten solcher Parasiten spezifisch für eine bestimmte Wirtsart sind. Mit anderen Worten: Wenn es ein Katzen- oder Hundewurm ist, dann bevorzugt er im Regelfalle den Magen-Darm-Trakt dieser Art. Wenn er, beziehungsweise seine Larve, jedoch in eine für ihn unübliche Spezies, zum Beispiel in Sie, gelangt, »weiß« er nicht wohin, und statt sich schnurstracks zum Darm zu begeben, wandert er unter Umständen im ganzen Körper herum, kann dabei auch in Haut und Augen landen. Man bezeichnet solche Larven in der Haut auch als Larva migrans, kutane Hautlarve oder Hautmaulwurf – allesamt schicke Umschreibungen für eine orientierungslose Wurmlarve, die in Ihrem Körper umherirrt. Kinder können diese Kreaturen sogar das Augenlicht kosten. Aus diesem Grund ist es extrem wichtig, dafür zu sorgen, dass Ihr Hund regelmäßig entwurmt wird, außerdem sollten sich Kinder und Erwachsene nach dem Kontakt mit Hundekot gründlich die Hände waschen. Das ist übrigens einer der Gründe dafür, warum Sie als Hundebesitzer die Hinterlassenschaft Ihres Vierbeiners immer und überall postwendend entfernen sollten! (Siehe die Lektion »Wohin mit Boscos Hundehaufen?«) Kutane Hautlarven sind eine scheußliche, aber seltene Erkrankung. Nebenbei bemerkt machen sie es auch ratsam, sich an Mexikos Stränden stets auf eine Unterlage zu legen, denn im warmen Sand überleben die Würmer und können sich durch die Haut in Sie hineinbohren. Mit solchen sandgeborenen Wurminfektionen ist nicht zu spaßen, weshalb Hunde an vielen Stränden auch nicht allzu willkommen sind. Der langen Rede kurzer Sinn: Vergessen Sie Ihr Handtuch nicht.

 Was kann ich gegen Hassos Blähungen tun?

Jawohl, auch Hasso hat Blähungen, und diese können sehr leise entweichen und tödlich sein. Wie stark Hassos Blähungen sind, hängt davon ab, was Sie ihm zu fressen geben, wie rasch er es (und damit jede Menge Luft) herunterschlingt, wie viele Kohlenhydrate in seinem Fressen waren (und anfangen können zu gären), und davon, wie gut die Magen- und Darmmuskulatur bei Hasso arbeitet.

Die gute Nachricht lautet: Jawohl, Sie können Hasso Präparate wie Beano oder Lefax geben, um dem Problem entgegenzuwirken. Beano enthält als wirksamen Bestandteil vor allem Alpha-D-Galactosidase, ein natürliches Enzym, das komplexe Kohlenhydrate (Stärke) abbaut, Enzym-Lefax Pankreaspulver, das ebenfalls Kohlenhydrate abbaut, dazu noch einen Wirkstoff, der die Gasbildung im Darm beeinflusst. Die meisten Hunde benötigen nur extrem geringe Mengen an Kohlenhydraten, weshalb in der Futterpackung, die Sie gerade gekauft haben, in der Regel nur sehr wenig davon vorhanden sein sollten. Es gibt bei Beano und Lefax zwar keine »offizielle Dosierung« für Hunde, aber ich würde anfänglich zur viertel bis halben Dosis für einen erwachsenen Menschen raten – je nachdem wie groß Ihr Hund und seine Blähungen sind. Es gibt inzwischen außerdem ein Hundeprodukt (curTail), das ebenfalls über eine enzymatische Reaktion wirkt. Zwar ist der Einsatz von Beano sicher, aber Sie könnten es vielleicht auch zuerst mit einer Ernährungsumstellung versuchen, vielleicht hilft schon das. Mein Hund JP hat mit Eukanuba zum Beispiel waffenfähige Blähungen (allerdings auch ein sehr schönes Fell) und ist mit Science Diet so gut wie frei davon.

## 🐾 Gibt es Tierzahnärzte?

Die Tiermedizin ist spezialisierter geworden, inzwischen gibt es Tierärzte, die sich auf Kieferchirurgie und Zahnheilkunde spezialisiert haben. Es handelt sich in der Regel um Kollegen, die ihr Hochschulstudium abgeschlossen und dann eine mehrjährige Weiterbildung in Tierzahnheilkunde absolviert haben. Die meisten niedergelassenen Tierärzte erledigen Routineeingriffe wie Zahnsteinentfernung, Zahnziehen oder kleinere zahnchirurgische Eingriffe selbst, werden Sie jedoch an einen Tierzahnarzt überweisen, wenn Ihr Hund einer Wurzelbehandlung, eines größeren kieferchirurgischen Eingriffs oder einer Krone bedarf (die übrigens einen Rottweiler oder Pitbull noch um einiges gemeingefährlicher wirken lassen!). Die Deutsche Gesellschaft für Tierzahnheilkunde DGT führt ein online einsehbares Verzeichnis, aus dem Sie anhand Ihrer Postleitzahl einen Spezialisten in Ihrer Nähe ersehen können (siehe Weiterführende Informationen). Suchen Sie sich jemanden heraus und lassen Sie nachschauen, ob die Werwolfreißer Ihres Vierbeiners ordnungsgemäß sortiert sind.

 Muss ich meinem Hund wirklich die Zähne putzen?

Ah ja, die große Frage. Hätte ich Ihnen nicht gerade eben die Hundedentisten-Frage präsentiert, würde meine Antwort vielleicht etwas anders ausfallen. Aber Tierärzte und Tierzahnärzte empfehlen Ihnen, Ihrem Hund so oft wie möglich die Zähne zu putzen. Manche plädieren für einmal am Tag, manche für zwei- bis dreimal die Woche. Ich habe echt Glück, wenn ich JP mehr als einmal im Monat – meist nachdem er gebadet worden ist – die Zähne geputzt bekomme. Zugegeben, er hat einen fürchterlichen Mundgeruch, aber ich habe mich einfach so daran gewöhnt. Was die Frage angeht, wie Sie den Mundgeruch Ihre Hundes mit Ihrer Nase versöhnen … Nun, ich möchte mal sagen, ich würde Sie nicht darum bitten, wenn es nicht wirklich wichtig wäre. In Anbetracht dieser Feststellung bitte ich Sie, meine Worte und nicht meine Taten zum Maßstab Ihres Handelns zu machen und Ihrem Hund gewissenhaft die Zähne zu putzen! Dies so oft wie irgend möglich zu tun, ist die wirksamste Möglichkeit, Zahnfäulnis vorzubeugen und Oralhygiene zu betreiben.

Für den Hund ist dabei der wichtigste Aspekt die Aggressivität der Zahnbürste – Sie werden keine Bürste nehmen wollen, mit der Sie ihm wehtun. Suchen Sie eine mit weichen Borsten, die überdies bequem in seine Mundhöhle passt. Mechanisches Schrubben hilft den Belag entfernen, der sich unablässig aufbaut. Sie können durch die Bürsterei bis zu einem

29

gewissen Grad verhindern, dass sich der Belag zu Zahnstein verhärtet, denn der lässt sich nur unter Vollnarkose und mithilfe des tierzahnärztlichen Instrumentenarsenals entfernen. Im Idealfall werden Sie also versuchen, die Entstehung von Zahnstein zu verhindern, bevor Sie Ihren Hund mit einer Spritze ausschalten. Eine andere Möglichkeit besteht darin, sich ein altes Stück Strumpfhose oder eine zehn mal zehn Zentimeter große Mull-Kompresse um den Finger zu wickeln, und Ihrem Hund damit sachte den Belag wegzurubbeln. Erstaunlicherweise tolerieren die meisten Hunde das recht gut. Das ist vielleicht auch ein guter Einstieg, bevor Sie irgendwann anfangen, ihm mit einem fünfzehn Zentimeter langen Plastikgerät im Maul herumzufuhrwerken. Passen Sie nur auf, dass er Ihnen nicht in den Finger beißt.

Was tun wir nicht alles aus Tierliebe.

## 🐾 Bekommen Hunde Karies?

Zum Glück kommt das nicht sehr häufig vor, vermutlich, weil Hunde keinen Zucker und keine Süßigkeiten fressen. Sie können jedoch andere Zahnprobleme bekommen. Parodontose ist häufig, lässt sich jedoch verringern, indem Sie Ihrem Hund oft genug die Zähne putzen. Zwar entfernt das Bürsten keine großen Zahnsteinbrocken, aber es verhindert, dass sich größere Mengen Belag bilden und das Problem verschlimmern. Manche Züchtungen wie Windhunde und Zwergpudel benötigen aufgrund einer Veranlagung zu schlechten Zähnen und Mundgeruch mehr Zahnpflege als andere, sind sozusagen die Austin Powers der Hundewelt.

Können Hunde Farben sehen?

Tierärzte haben lange geglaubt, Hunde könnten nur schwarz-weiß sehen, inzwischen weiß man jedoch, dass sie über ein gewisses Maß an Farbsichtigkeit verfügen – nur ist bei ihnen das Spektrum nicht ganz so leuchtend wie beim Menschen. Die Regisseure des Farbsehens sind, wenn man so will, die Zapfen – Licht- oder Photorezeptorzellen in der Netzhaut –, und der Mensch hat davon im zentralen Bereich seiner Retina schlicht fünfmal so viele wie der Hund. Nun können wir Hunde schlecht bitten, Buchstaben, Zahlen und Farben auf einer Tafel zu benennen, damit wir ihr Sehvermögen testen können, aus Verhaltensexperimenten weiß man jedoch, dass Hunde eher ein bisschen farbenblind sind, das heißt, Rot- und Grüntöne weniger gut erkennen als wir.

Das Sehvermögen eines Hundes (seine Sehschärfe) ist weit geringer ausgebildet als das des Menschen, manche Leute glauben, dass ein Hund nur 20 bis 40 Prozent der Sehschärfe des Menschen erreicht, das heißt, er liegt beim Snellen-Index (den altbekannten Sehtafeln beim Augenarzt oder Optiker) eher bei 20-90 als bei 20-20 wie wir (anders ausgedrückt: auf besagten Tafeln würde der Hund die zweite oder dritte Zeile schaffen, ein normalsichtiger Mensch hingegen Zeile 8). Das bedeutet, dass ein Hund das, was Sie als Mensch aus einer Entfernung von 25 bis 30 Metern erkennen, vielleicht erst aus sieben Meter Entfernung erkennen wird. Tieraugenärzte sind der Ansicht, das Sehvermögen des Hundes habe sich entwickelt, um ihm bei der Jagd dienlich zu sein. Durch eine Kombination aus der Fähigkeit Farbe zu sehen, dem Um-

31

stand, dass sie stets einen großen Ausschnitt aus der Landschaft im Fokus haben, und einer guten Tiefenwahrnehmung schlagen Hunde sich im Vergleich zum Rest des Tierreiches recht gut. Sogar blinde Hunde scheinen sich in vertrauter Umgebung gut zurechtzufinden, das mag daran liegen, dass sie imstande sind, ihr mangelndes Sehvermögen zu kompensieren und andere Sinne – zum Beispiel ihren extrem guten Geruchssinn und ihr phantastisches Gehör einzusetzen.

 Gibt es Rollstühle für Hunde?

Wenn Ihr Hund mit einer angeborenen Behinderung auf die Welt gekommen ist oder eine akute Lähmung durch einen Tumor im Rückenmark oder einen Bandscheibenvorfall erleidet, können Sie ihm ein Rollwägelchen anschaffen. Solche Wagen sind maßgeschneiderte Vehikel, die Ihrem Hund die Hinterbeine »ersetzen« können, so seine Vorderbeine noch in Ordnung sind und er damit das Gefährt zu ziehen vermag. Am häufigsten trifft man diese Lösung bei Dackeln, die aufgrund ihres langen Rückgrats anfällig für Bandscheibenvorfälle und nachfolgende Lähmungen sind. Wir raten allerdings den Besitzern unserer Patienten grundsätzlich davon ab, sich selbst oder den Großeinkauf in diesen Karren herumkutschieren zu lassen – so attraktiv der Gedanke auch scheinen mag.

Als ich meine Tierarztlaufbahn begann, habe ich, ehrlich gesagt, nicht viel von solchen Rollwagen gehalten, weil ich das Gefühl hatte, sie würden die Lebensqualität eines Hundes zu sehr mindern. Nachdem ich meinen ersten Patienten – einen jungen Shih Tzu, der von einem Auto angefahren worden war und sich dabei das Rückgrat gebrochen hatte – jedoch mit so einem Teil hatte ausrüsten müssen, wurde mir klar, dass dieser Hund mit ein paar baulichen Veränderungen in seinem Zuhause (keine Treppen mehr, nur noch Rampen), bestens klarkam! Er zottelte bei seinen Nachsorgeuntersuchungen in der Tierklinik umher, und sogar die Helfer dort konvertierten zu Rollwagenbefürwortern. Seither bin ich überzeugt, dass manche Hunde mit solchen Wagen gut zurechtkommen. Jagdhunde – nein, ruhigere Couchwölfe – ja.

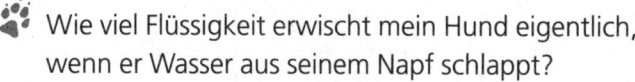 Wie viel Flüssigkeit erwischt mein Hund eigentlich, wenn er Wasser aus seinem Napf schlappt?

Nicht viel. Haben Sie ihm je beim Saufen zugesehen? Verglichen mit unserem herzhaften Schluck aus der Tasse sieht das wirklich ziemlich unökonomisch aus. Wenn Sie einmal genau auf die Zunge Ihres Hundes achten, so sehen Sie, dass sie sich zusammenrollt und eine kleine Wassertasche bildet, die er dann hochholt. So langsam die Methode sein mag, sie erlaubt ihm jedenfalls, während seines Verweilens an der Wasserstelle den Blick geradeaus gerichtet und die Umgebung im Blick zu behalten. Wenn er das Wasser direkt schlürfen wollte, müsste er seinen Kopf abgewinkelt halten und könnte so vielleicht einen Räuber oder auch eine Beute übersehen. Während dies also nicht gerade die effizienteste Trinkmethode ist, so bewahrt sie ihn doch immerhin davor, von einem Krokodil gefressen (oder von Nachbars Katze überrascht) zu werden.

Bei meinem Hund wird die Zunge beim Rennen fünfmal so lang wie sonst. Wie passt das im Ruhezustand in seine Schnauze?

Beim Hund ist, nicht anders als beim Menschen, die Zunge einer der stärksten Muskeln im Körper. Lässt das Geknutsche mit Fremden ein bisschen weniger attraktiv erscheinen, oder? Nun ja, wenigstens keucht er oder sie Ihretwegen, und nicht weil es ihm zu warm ist. Bei Hunden ist dieses muskulöse Organ der Hauptort des Wärmeaustauschs. Mit anderen Worten: Hunde atmen warme Luft aus ihren Lungen aus und inhalieren kühlere Luft, verdunsten Flüssigkeit und kühlen dadurch ihren Körper. Wenn Sie mit Nelson zusammen joggen, fällt Ihnen womöglich auf, dass seine Zunge immer länger wird – sie vergrößert ihre Oberfläche, um den Wärmeaustausch zu verbessern. Sie können es sich vielleicht nicht vorstellen, aber ja, sie passt in seine Schnauze. Und machen Sie sich keine Sorgen – auch wenn sie sehr lang aussieht, sie wird sich weder verknoten, noch wird Nelson draufbeißen oder sich daran verschlucken. Ihm hängt die Zunge nur im übertragenen Sinne am Boden, und wenn Sie Glück haben, bleibt das so, bis Sie die Anstrengung des Tages (oder jenes Marathongeknutsches) weggeschlafen haben.

 Warum zuckt Wuschels Hinterbein, wenn ich ihm den Bauch kraule?

Auch wenn es meines Wissens keine Nervenverbindung zwischen Bauchfell und Oberschenkel gibt, rudert Wuschel mit dem Hinterbein in der Luft, während sie ihm den Bauch kraulen. Ich vermenschliche ja nicht gern, aber als Tierarzt würde ich darauf tippen, dass er versucht, Ihre Hand ein bisschen weiter nach unten zu dirigieren ...

🐾 Warum rutscht mein Hund manchmal auf seinem Hinterteil herum?

Wenn Sie jemals Ihren Hund dabei erwischen sollten, dass er auf dem Gesäß über Ihren schönen weißen Teppich rodelt und Ihnen dabei einen kleinen braunen Streifen hinterlässt, dann ist das ein Zeichen dafür, dass er entweder an einer verfilzten Klabusterbeere leidet (Sie wissen schon, jene angetrockneten Kotreste um seinen After, die Sie jedes Mal bereuen lassen, dass Sie kein Kurzhaar gekauft haben), oder aber ein Analbeutelproblem hat. Diese lästigen kleinen Beutel sind Duftdrüsen, die ein faulig riechendes braunes Sekret absondern, die Bijous Kot noch ekliger riechen lassen, als er es ohnehin schon tut. Hunde verwenden diese Drüsen als Marker für die Identifizierung eines neuen Hundes im Viertel. Leider neigen diese Drüsen bei manchen Hunden zu chronischen Problemen (vor allem bei kleinen weißen Hunden mit rosa Schleifen im Haar, die den Namen Bijou tragen und überaus gepflegte BesitzerInnen haben, die partout nicht glauben wollen, dass sie allen Ernstes über so etwas sollten reden müssen). Entzündung, Infektion, Verstopfung, in seltenen Fällen auch Krebs bedingen diese klassische Rutschpartie. Wenn Sie sie beobachten, ist es an der Zeit für einen Besuch im Hundesalon oder beim Tierarzt, um sich ein paar Extrastreicheleinheiten abzuholen (die dieses Mal allerdings, so fürchte ich, mit behandschuhtem Finger und rektal verabreicht werden).

 Stammt der Herzschrittmacher meines Hundes von einem verblichenen Menschen?

Äh, nun, ja, tut er. Vielleicht ist Ihr Hund stolzer Empfänger des alten Schrittmachers von Dick Cheney, wir werden das allerdings leider nie sicher wissen – schließlich verfügen wir nicht über die entsprechende Geheimhaltungsstufe, wissen Sie? So ein Schrittmacher ist sehr teuer (5000 bis 15 000 Dollar) – mithin für viele Tierhalter unerschwinglich. Wir haben das Glück, dass wir sie von Firmen gespendet bekommen, und es stimmt, dass sie oftmals von Verstorbenen stammen. Das mag zwar roh klingen, doch diese Schrittmacher werden schließlich recycelt, um etwas behaarteren glücklichen Wesen das Leben zu retten! Hinzu kommt, dass wir einen Schrittmacher, da er seine Funktion auch in einem verstorbenen Wesen weiter wahrnimmt, entfernen müssen, wenn Ihr Hund ihn nicht mehr braucht. So können wir ihn dann in einem weiteren Tier einsetzen. Schrittmacher sind heiße Ware und manchmal schwer zu bekommen. Keine Sorge – die Geräte werden sorgfältig sterilisiert, bevor wir auch nur daran denken, sie einem anderen Hund einzupflanzen!

 Kann Passivrauchen Hannibal schaden?

Zwar wird das Thema gegenwärtig noch untersucht, aber unsereiner vermag nicht so recht einzusehen, warum Passivrauchen Hannibal nicht gefährden sollte.[4] Einerseits befindet Ihr Vierbeiner sich näher am Boden, erfährt also weniger »Rauchtoxizität« aus der Luft, andererseits aber können sich die Karzinogene aus den Zigaretten in Ihren Teppichen und seinem Schlafkorb anreichern. Ich habe sowohl bei Katzen als auch bei Hunden verschiedentlich Fälle von Lungenkrebs gesehen und frage die Besitzer routinemäßig, ob sie Raucher sind. Letzteren mag dies Anlass für ein gewisses Schuldbewusstsein sein, aber Humphrey und Daisy haben keine Wahl, wenn es darum geht, welche Luft sie atmen. In jedem Fall verschlimmert Zigarettenrauch Asthma, und ich habe mehr als einen Tierhalter gehabt, der wegen der üblen Asthmaanfälle seiner Katze mit dem Rauchen aufgehört hat. Wenn Sie Haustiere halten, empfehlen wir, dass Sie entweder (a) das Rauchen aufgeben, (b) draußen rauchen, oder (c) sich einen Hochleistungspartikelfilter für Ihr Heim anschaffen. Eine wissenschaftliche Untersuchung jüngeren Datums hat gezeigt, dass Haustiere, die Farbverdünnern und bestimmten anderen Chemikalien in hohem Maße ausgesetzt sind, ein signifikant erhöhtes statistisches Risiko für das Auftreten von bestimmten Krebstumoren aufweisen.[5] Rauchen wurde in dieser Studie zwar nicht bewertet, doch werden gegenwärtig Studien durchgeführt, die uns hoffentlich ein Argument fürs Aufhören um Ihres Hundes willen an die Hand geben werden, wenn Ihnen Ihr Gatte, Ihre Kinder, Kleider, Kollegen, Lungen und Ihre Brieftasche schon nicht Grund genug sind.

Warum wälzen Hunde sich in verwestem, gammeligem Fisch?

Stellen Sie sich Folgendes bildlich vor: Sie befinden sich an einem wunderschönen Sommertag in einem nahe gelegenen Park, genießen die Sonne, pflegen die Beziehung zu Ihrem Hund … als Hektor plötzlich davontobt und aufgeregt, alle Sensoren auf Hochtouren, den Boden abschnüffelt und unausgesetzt diese niedliche Aktion vollführt, bei der er immer wieder den Kopf schüttelt und sich Staub aus der Nase niest. »Gesundheit!«, entgegnen Sie. »Was ist los, alter Knabe?« Das Nächste, was Sie wahrnehmen, ist, dass er sich auf dem Rücken wälzt: Ist das nicht das Süßeste, was Sie je gesehen haben? Sie rufen ihn zu sich, er ist wirklich zum Fressen, und – äh bäh! Was zum Teufel ist das für ein Gestank? Hektor riecht plötzlich nach Schweinskopf und vergammelten Burgern. Ich wette, Sie können es kaum erwarten, ihn in Ihr neues Auto zu laden.

Was also veranlasst Ihren Hund dazu, sich in jedem verrottenden Kadaver zu wälzen, dessen er habhaft werden kann? Nun, wir sind nicht hundertprozentig sicher. Eine Theorie mutmaßt, dass Ihr Hund instinktiv versucht, seinen individuellen Geruch zu überdecken, auf dass eine potenzielle Beute ihn nicht mit dem Wind zu wittern vermag. Eine andere hält dagegen, dass er nichts weiter versucht, als den Geruch einzufangen, um ihn seinem »Rudel« (das in diesen Tagen leider gleichbedeutend ist mit Ihnen) zu übermitteln. Wölfe wälzen sich nämlich ebenfalls in Aas, und es gibt etliche Indizien dafür, dass sie dies tun, damit ihr Rudel zu wissen bekommt, dass jemand aus seinen Reihen etwas Leckeres aufgetan hat. Ein anderer Grund für die leidenschaftliche Wälzerei in Kadavern könnte sein, dass sie den »Haufen« als ihr Eigentum (andernorts als »Vermögen« tituliert) markieren wollen. Schließlich und endlich ist es auch möglich, dass Ihr Hund es schlicht und einfach genießt, sich in Schlüpfrigem zu tummeln. Schließlich rollen Katzen sich mit Behagen und sichtbarem Wohlsein in Katzenminze. Warum sich nicht rasch einmal in »Hey – geh weg da!« wälzen? Ich habe nie behauptet, dass wir es bei Hunden mit Raumfahrtingenieuren zu tun haben …

Mein Hund hat dieser Gewohnheit ebenfalls mit Wonne gefrönt, wenn wir unterwegs waren, aber ich habe ihm diese Manier abtrainiert. Wenn ich bemerke, dass er auch nur daran denkt, sich in irgendetwas auf den Rücken zu werfen, rufe ich ihn sofort zu mir. Versuchen Sie es mit folgenden Maßnahmen, wenn Sie Ihren Hund daran hindern wollen, sich in toten Sachen zu wälzen. Erstens: Beseitigen Sie seine Haufen gleich, nachdem Ihr Hund sie abgesetzt hat. Dies ist einerseits ein wichtiger Aspekt verantwortungsbewusster Haustierhaltung, andererseits nimmt es Ihrem Vierbeiner die Chance, sich darin zu wälzen. Zweitens: Schaffen Sie eine unangenehme Assoziation mit diesem Verhalten – Sie können zum Beispiel energisch »Nein!« brüllen und ihn sofort zu sich beordern (nur dürfen Sie mit ihm nicht schimpfen, wenn er folgt, sonst wird er Ihre Zurechtweisung mit seiner Reaktion auf Ihr »bei Fuß!« interpretieren). Sie können auch erwägen, Ihren Hund mit einer Spritzpistole oder Wasser aus einer Spritzflasche zu bedenken, wenn er zur Missetat schreitet, um eine negative Assoziation herzustellen. Auch ein ferngesteuertes Erziehungshalsband oder laute Geräusche können ihn abschrecken. Es ist sehr wichtig, vor solchen Maßnahmen sicherzustellen, dass Ihr Hund wirklich vorhat, sich in verwesendem Zeug zu wälzen, um eine negative Verstärkung zu etablieren. Vielleicht schnüffelt er nur, bevor er das Bein hebt, und dafür werden Sie ihn schließlich nicht bestrafen wollen!

 Sind Hunde wirklich von Natur aus Katzenhasser?

Im Gegensatz zur Weisheit von Volksglauben und Zeichentrickfilmen, ist es keineswegs so, dass Hunde Katzen von Natur aus verabscheuen. Eichhörnchen hingegen … Ich meine, kann man es ihnen übelnehmen?

Die Wahrheit ist, dass Hunde es auf keine andere Art in besonderem Maße abgesehen haben, dass sie aber über einen machtvollen Jagdinstinkt verfügen, der sie kleineren, schnell davonhuschenden Geschöpfen nachstellen lässt – Wildhunde und Wölfe müssen Ihr Futter schließlich immer noch jagen. Zwar ist dieser Instinkt bei manchen Rassen wie Windhund, Terrier, Pitbull, Beagle und Rottweiler noch immer stark ausgeprägt, doch oft braucht es nicht mehr als die richtige Sozialisation und ein bisschen Training, um Ihren Welpen zu einem katzenfreundlichen Wesen zu machen. Die meisten Hunde können mit Katzen blendend auskommen. Ich hatte mir meine Katze ein paar Monate vor meinem Pitbull zugelegt, und die beiden sind mehr oder minder zusammen aufgewachsen; sie spielen sogar zusammen, balgen sich, schlafen Seite an Seite (schon ein bisschen wie ein wandelnder Kitschbildkalender, die zwei). Dazu ist allerdings zu sagen, dass man zu Beginn des Trainings und Aneinandergewöhnens gut daran tut, Hund und Katze nicht unbeaufsichtigt allein zu lassen. In Anbetracht der vielen Welpen mit schweren Hornhautverletzungen durch Katzenkrallen, die mir untergekommen sind, rate ich allen Haustierbesitzern, ein paar Vorsichtsmaßnahmen zu treffen. Erstens: Stutzen Sie Ihrer Katze die Krallen so kurz wie möglich, bevor Sie Ihr Hündchen nach Hause holen. Zwar wollen wir Pussy nicht komplett unbewehrt dastehen lassen, doch je schärfer die Krallen, desto größer die Gefahr für eine ernsthafte Augenverletzung, die ihren Welpen das Augenlicht kosten könnte. Denken Sie zweitens darüber nach, ob Sie Ihren Welpen am Anfang nicht ein paar Stunden in einer Hundebox halten können, damit Pussy Gelegenheit hat, sich frei im Haus zu bewegen – auf diese Weise kann sie an der Kiste auf und ab pilgern, ein bisschen herumfauchen und sich an die neuen Geräusche und Gerüche gewöhnen. Als Nächstes: Halten Sie Ihren Hund an der Leine und legen Sie ihm einen Maulkorb an (selbstredend einen, mit dem er immer noch bellen, hecheln und saufen kann), sodass Sie ihn wirklich unter Kontrolle haben und Ihre Katze ihm jederzeit entwischen kann. Der Maulkorb ist in den Anfangsphasen des Kennenlernens wichtig, damit Ihr Hund die Katze nicht als Kauspielzeug missbraucht. Ich habe leider ein paar verheerende Verletzungen zu Gesicht bekommen, Fälle, in denen die Katze den Kampf nicht für sich entscheiden konnte und mit schweren Bisswunden, gebrochenen Rippen, herausge-

rissenen Augäpfeln (jawohl, ernsthaft!) als Beleg dafür auf-
warten konnte. Schließlich: Reservieren Sie für Ihre Katze
eine welpenfreie Zone – stellen Sie ein Trenngitter auf, um
Pussy eine sichere Zuflucht zu gewähren (womit Sie übrigens auch verhindern, dass Ihr Welpe sich das besser schme-
ckende, für Hunde aber ungesunde Katzenfutter einverleibt).
Die Möglichkeit, Ihren Welpen über Tag ein Weilchen einsperren zu können, sollten Sie sich unbedingt erarbeiten, es
ist ein gutes Training für ihn und gibt Pussy ein bisschen bitter nötige Zeit zum Solomaunzen. Wenn Sie dann noch immer nicht klarkommen, fragen Sie einen Tierarzt oder Tiertrainer, damit Sie nicht Gesundheit, Leben oder Augenlicht
Ihres anderen vierbeinigen Freundes riskieren!

## 🐾 Wie viele Leben hat ein Hund?

Ich finde es unfair, dass man Katzen neun Leben zugesteht,
Hunden aber keinen solchen Vorschuss an Schicksalsgunst
gewährt. Vielleicht hat es mit der Annahme zu tun, dass Katzen sich eher in Schwierigkeiten bringen und daher ein paar
zusätzliche »Versuche« haben sollten. Aber es gibt eine Menge Hunde, die ebenfalls ein paar Extraleben zu haben scheinen, Straßenhunde meist, die so manches Scharmützel, manchen Unfall und manche Krankheit überstanden haben. Ob
es daran liegt, dass sie einfach nur »vom Schicksal begünstigt
sind und Glück haben«, oder ob sie über einen stärker aus-
geprägten Lebenswillen verfügen, vermag ich nicht zu sagen,
aber ich glaube, man sollte Hunde ganz allgemein mindestens als Drei-bis-vier-Leben-Lebende betrachten. Sie mögen

nicht ganz so unfallgefährdet sein wie Katzen, aber sie sind mindestens so listenreich.

Nun ja, es stimmt auch, dass tückische, streitsüchtige, bissige Hunde von tückischen, streitsüchtigen, bissigen Besitzern die normale Lebenserwartung eines Hundes (oder Menschen) häufig weit in den Schatten stellen. Mit anderen Worten, allein deshalb, weil ich Herrn Meckermann gesagt habe, Lulu habe noch sechs Monate, wird der knurrende kleine Chihuahua es noch mindestens ein Jahr machen, schlicht und einfach, um es mir zu zeigen. Umgekehrt wird der anhängliche, hinreißende, sanftmütig-schwanzwedelnde Golden Retriever jener ach so liebenswerten und friedfertigen Besitzer sehr viel früher als erwartet an irgendeiner albtraumhaften Krankheit eingehen. Ich bin mir indes nicht sicher, ob das was mit Karma zu tun hat, einer voreingenommenen Wahrnehmung vielleicht, oder schlicht und einfach Pech ist, aber aus tierärztlicher Sicht scheint das wirklich die Tendenz zu sein.

Nebenbei bemerkt, es gibt bei Hunden tatsächlich züchtungsbedingte Unterschiede, was die Intensität ihres Lebenswillens angeht. Labrador Retriever geben erst auf, wenn sie nicht mehr mit dem Schwanz wedeln (oder fressen) können. Todkrank oder verletzt in der Tierklinik sind sie diejenigen, die am ehesten »die Ohren steif halten«. Auch Pitbulls scheinen eine hohe Schmerztoleranz und einen unbändigen Lebenswillen zu haben. Ja, man kann sagen, es gibt so gut wie nichts, das sie umzubringen vermag (wenn Mission: Impossible als Disney-Film neu aufgelegt würde, würde ein Pitbull die Hauptrolle spielen). Ein Collie hingegen oder eine der

Windhundspielarten (ein Irischer Wolfshund vielleicht oder ein Afghane) verliert in der Klinik bald allen Lebensmut und akzeptiert sein bevorstehendes Ende ohne die geringste Gegenwehr. Das sind die Hunde, die Sie am Kinnbart packen und anbrüllen möchten: »Nun komm schon, Bessie! Tu's für Frauchen! Für Oma! Die Kinder!« Und jedes Mal endet es wie in einem schlechten Kitschfilm: Sie selbst tränenüberströmt, erstarrte Hundeaugen ins Leere blickend, dazu ein gutaussehender Vorabendseriendarsteller, der ergeben den Kopf schüttelt, während die Kamera zurückfährt und mit Weichzeichner auf ein Familienfoto aus glücklicheren Tagen zoomt.

Manchmal hilft ein Krankenbesuch Ihrerseits, Ihren Hund so weit aufzumuntern, dass sein Lebenswille geweckt wird. Aber nicht immer. In seltenen Fällen scheint dies kranke Hunde noch kränker zu machen. Wenn Ihr Hund zum Beispiel unter starken Trennungsängsten leidet und sich nach Ihrem Weggang noch Stunden heulend und winselnd an die Zwingertür wirft, bleiben Sie bitte künftig daheim. Und für die Zukunft versuchen Sie bitte, Ihren Hund in Sicherheit und aus Gefahren herauszuhalten, damit Sie gar nicht erfahren müssen, wie viel Glück dazu gehört, am Leben zu bleiben.

# Wer meinen Hund mag,
## mag auch mich
### 2.KAPITEL

Die meisten Tierbesitzer, die in meine Praxis kommen, würden Ihnen erklären, dass es auf der Welt nur zwei Arten von Menschen gibt: Hundeliebhaber und Katzenliebhaber. Das Problem bei den Hundeliebhabern ist, dass sie glauben, Hunde zu kennen. Schließlich besitzen sie einen, füttern einen, kommen mit seinem Speichel und seinen Hinterlassenschaften in Berührung. Sie haben ihren Hund aus der Nähe beobachtet und begonnen, instinktiv zu erfassen, was ihm gefällt (Fressen) und was nicht (kein Fressen). Sie wissen, dass ein Menschenjahr sieben Hundejahren entspricht (oder etwa nicht?), also glauben sie, sie haben raus, wann es an der Zeit ist, die erzieherische Gangart zu wechseln. Aber wissen Sie, warum Ihr Hund seinen Schwanz jagt? Können Sie mir den Unterschied zwischen Rassehund und Straßenköter sagen? Welche DNA-Sequenzunterschiede zwischen den beiden bestehen? Aha. Hab ich mir doch gedacht. Nun, keine Sorge – ich habe vor, Ihnen in diesem kleinen Buch alle pikanten Details zu den verschiedenen Züchtungen zu verraten, damit ihr Hundemenschen euch nicht länger so hundsmiserabel unwissend fühlen müsst.

Wenn Sie hingegen noch nie zuvor ein Haustier gehabt

haben, wird dieses Büchlein Ihnen helfen zu verstehen, warum die Spezies Hund so haushoch über alle anderen Arten des Tierreichs erhaben ist. Wenn Sie sich mit dem Gedanken tragen, einen Hund für Ihr Kind anzuschaffen, aber nicht genau wissen, auf was Sie sich da einlassen oder für welche Rasse Sie sich entscheiden sollen, wird dieses Kapitel Ihnen helfen, dies herauszufinden. Wie finden Sie einen Namen? Was, wenn Sie mit Zitronen gehandelt haben? Welche Hunderasse ist am intelligentesten? Lesen Sie weiter und stellen Sie fest, was Sie verpassen!

 Bin ich ein Hunde- oder ein Katzentyp?

Manche Menschen wissen durch die Haustiere, mit denen sie groß geworden sind, von sich aus, ob Sie eher mit Hunden oder eher mit Katzen zurechtkommen. Ich ziehe Hunde vor, besitze und mag aber auch Katzen. Meine erste Katze habe ich tatsächlich nur deshalb zu mir genommen, weil ich nichts über Katzenhaltung wusste. Ich wollte über Katzenklos, die Vor- und Nachteile von Silikat- und Klumpstreu, Verhaltensprobleme, Tricks für das Verbergen von Kratzspuren an den Möbeln und die allgemeine Pflege von Katzen Bescheid wissen.

Was ich gelernt habe, ist, dass Katzen im Allgemeinen weniger Zuwendung benötigen als Hunde. Sie befinden sich ganz gerne in Ihrer Nähe, erwarten von Ihnen aber, dass Sie sie nur dann füttern und streicheln, wenn sie es wollen. Sie sind gut in Wohnungen und kleineren Behausungen aufgehoben, benötigen jedoch auch dann, wenn sie nicht mit der großen weiten Welt und/oder anderen Katzen in Berührung kommen, regelmäßige Betreuung durch den Tierarzt. Mit Katzen können Sie einen kurzen Wochenendtrip unternehmen, ohne verpflichtet zu sein, einen Betreuer zu finden, der zwei- bis dreimal am Tag vorbeischaut. Im Durchschnitt werden sie fünfzehn bis zwanzig Jahre alt, wenn Sie daher Probleme haben, sich so lange anzubinden, sollten Sie sich einen Nager oder ein Reptil anschaffen. Bei beiden herrscht so was wie ein allseits akzeptiertes »Ex und Hopp« – was sicher in vollkommener Weise zu Ihrem unsentimentalen, kaltherzigen Lebensstil passt.

Nun für diejenigen unter Ihnen, die wirklich voller Tatendrang und Ausdauer stecken: Hunde haben sehr viel mehr von einem extrem zuwendungsbedürftigen, betreuungsintensiven Kumpanen, der Ihnen unter Garantie alles abverlangt, es aber auch doppelt und dreifach zurückzahlt. Nicht nur, dass man dreimal am Tag mit ihnen spazieren gehen muss, nein, es braucht auch jemanden, der verantwortungsbewusst hinter ihnen saubermacht, sie füttert und tränkt, mit ihnen spielt und sie bei sich schlafen lässt. Natürlich sind Bellos Begleitung, Freundschaft und Loyalität das alles mehr als wert, aber wenn Sie nicht über die Zeit und die Energie verfügen, sich mit ihnen zu befassen, sind Sie noch nicht bereit für einen Hund. Wenn Sie viel reisen, zwölf Stunden am Tag außer Haus arbeiten, sich keinen Hundesitter für den Nachmittag leisten können, und am Abend erschöpft nach Hause kommen, werden Sie nicht mal die Zeit haben, sich schuldig zu fühlen, weil Sie Ihren Hund vernachlässigen. Eine bessere Lösung sind in diesem Falle ein Freund oder eine Freundin mit einem Hund, wobei das wiederum ein ganz eigenes Niveau an zu leistender Zuwendung bedeutet …

🐾 Entspricht ein Hundejahr wirklich sieben Menschenjahren?

Leider besitzt dieses legendäre Verhältnis 1:7 in keiner Weise den Status einer gesetzähnlichen Allgemeingültigkeit. Ja, es gibt nicht einmal detaillierte wissenschaftliche Daten zu dieser Frage. Unterschiedliche Arten und Züchtungen altern unterschiedlich rasch, und auch Gewicht, Übergewicht, Ernährung, Genetik und Umweltfaktoren können eine Rolle spielen. Hinzu kommt, dass das Verhältnis 1:7 höchstwahrscheinlich auch an den beiden Enden der Altersskala – sehr jungen und sehr alten Hunden – seine Grenzen findet. Ein einjähriger Hund kann beispielsweise längst die »Pubertät« erreicht haben, das aber korreliert in keiner Weise mit einem siebenjährigen Mädchen, was immer nabokovsche Lolita-Phantasien Ihnen auch suggerieren mögen. Genauso können viele kleine Hunde zwölf bis fünfzehn Jahre alt werden. Das entspräche einem vierundachtzig bis hundertfünf Jahre alten Menschen und außer Johannes Heesters wollen einem nicht allzu viele Menschen einfallen, die betucht und begnadet genug sind, um ein so langes Leben durchzustehen. Im Allgemeinen stimmt die Korrelation ein Hundejahr – sieben Menschenjahre wohl nur in »mittleren Jahren«.

Es gibt einen besseren Leitfaden, um die Altersstufen zwischen den beiden Arten in Relation zu setzen: Das erste Jahr Ihres Welpen entspricht einem Menschenleben vom Baby- bis ins Teenageralter (ein einjähriger Hund ist in etwa vergleichbar mit einem fünfzehnjährigen Jugendlichen), ein zwei Jahre alter Hund korreliert vielleicht mit einem jungen Erwachsenen (im Alter von etwa vierundzwanzig Jahren). Danach entspricht jedes Jahr im Leben eines Hundes ungefähr vier Jahren eines Menschenlebens. Ich fasse die einzelnen Altersstufen gerne zu größeren Kategorien zusammen: Baby, Kleinkind, Kind, Jugendlicher, junger Erwachsener, Erwachsener, Erwachsener in mittleren Jahren, Erwachsener fortgeschrittenen Alters, Senior, Greis. Da all das von verschiedenen Faktoren abhängt, ist es wichtig, ein Auge darauf zu haben, wie der Körper Ihres Hundes sich mit zunehmendem Alter verändert. Wenn Sie ihm nachgeben, sobald er anfängt, ruhiger und langsamer zu werden, dämmen Sie das Risiko für Verletzungen oder einen frühzeitigen Tod ein. Nachstehend ein paar Beispiele für die Vergleichstabellen, wie sie von Tierärzten zurate gezogen werden.

## Altersäquivalent in Menschenjahren

| Alter des Hundes | 0-10 Kilo | 11-25 Kilo | 26-45 Kilo | 45 Kilo |
|---|---|---|---|---|
| 5 Jahre | 36 | 37 | 40 | 42 |
| 6 Jahre | 40 | 42 | 45 | 49 |
| 7 Jahre | 44 | 47 | 50 | 56 |
| 10 Jahre | 56 | 60 | 66 | 78 |
| 12 Jahre | 64 | 69 | 77 | 93 |
| 15 Jahre | 76 | 83 | 93 | 115 |
| 20 Jahre | 96 | 105 | 120 | |

*Angepasst nach ANTECH Comparative Age Chart http://www.antechdiagnostics.com/petOwners/wellnessExams/howOld.htm*

| Hunde | | | | Katzen | Äquivalentes Menschenalter |
|---|---|---|---|---|---|
| Alter | Kleine Rasse | Mittelgroße Rasse | Große Rasse | Alter | |
| 1 | 15 | 15 | 15 | 6 Monate | 10 |
| 2 | 24 | 24 | 24 | 1 | 15 |
| 3 | 28 | 28 | 28 | 2 | 24 |
| 4 | 32 | 32 | 32 | 3 | 28 |
| 5 | 28 | 36 | 36 | 4 | 32 |
| 6 | 40 | 42 | 45 | 5 | 36 |
| 7 | 44 | 47 | 50 | 6 | 40 |
| 8 | 48 | 51 | 55 | 7 | 44 |
| 9 | 52 | 56 | 61 | 8 | 48 |
| 10 | 56 | 60 | 66 | 9 | 52 |
| 11 | 60 | 65 | 72 | 10 | 56 |
| 12 | 64 | 69 | 77 | 11 | 60 |
| 13 | 68 | 74 | 82 | 12 | 64 |
| 14 | 72 | 78 | 88 | 13 | 68 |
| 15 | 76 | 83 | 93 | 14 | 72 |
| 16 | 80 | 87 | 120 | 15 | 76 |
| 17 | 84 | 92 | | 16 | 82 |
| 18 | 88 | 96 | | 17 | 84 |
| 19 | 92 | 101 | | 18 | 88 |
| 20 | | | | 19 | 92 |
| 21 | | | | 20 | 96 |
| | | | | 21 | 100 |

*IDEXX Comparative Age Chart*
*http://www.idexx.com/animalhealth/education/diagnosticedge/200509.pdf*

Welches sind die fünf intelligentesten Hunderassen?

In *Die Intelligenz der Hunde* bewertet Stanley Coren die geistigen Fähigkeiten von Hunden auf der Grundlage dreier Arten von Intelligenz: adaptive Intelligenz, instinktive Intelligenz und Arbeits- und Gehorsamsintelligenz.[1] Adaptive und instinktive Intelligenz wurzeln im »IQ« des Hundes und seiner Fähigkeit zu lernen und Probleme zu lösen. Beide sind von Tier zu Tier verschieden, die Arbeitsintelligenz hingegen ist eher eine Eigenschaft der Rasse. Wie dem auch sei, es gibt da draußen eine Menge hochintelligente Züchtungen und Hundepersönlichkeiten.

Dieser Liste der »schlausten Hunde« wurden zwei Beurteilungskriterien zugrunde gelegt: die Fähigkeit, neue Kommandos nach weniger als fünf Wiederholungen verstanden zu haben und eine Treffsicherheit von über 95 Prozent bei der erstmaligen Befolgung eines neuen Kommandos. Und hier sind sie, die Top Five unter den schlausten Hunden! Die Preise gehen an:

1. Border Collie
2. Pudel
3. Deutscher Schäferhund
4. Golden Retriever
5. Dobermann

🐾 Welches sind die fünf »intellektuell unbedarftesten« Hunde?

Wo die Besten sind, muss es auch die Schlechtesten geben. Die fünf unterbelichtetsten der Liste sind:

1. Barsoi
2. Chow Chow
3. Bulldogge
4. Basenji
5. Afghanischer Windhund

🐾 Welche fünf Hunderassen eignen sich am wenigsten als Wachhund?

Stanley Coren wartet auch mit fünf Rassen auf, die »am wenigsten als Wachhund geeignet« sind. Freilich lässt sich dies auch als die Top-Five-Liste der umgänglichsten, ruhigsten Hundetypen vom Schlage eines »Na, du?-Nun-komm-doch-mal-her«-Gemütstiers lesen.

1. Bluthund
2. Neufundländer
3. Bernhardiner
4. Basset Hound
5. Bullterrier (English Bull Terrier)

 Welches sind die Spitzenreiter im Anschlagen?

1. Rottweiler
2. Deutscher Schäferhund
3. Scottish Terrier
4. West Highland White Terrier
5. Zwergschnauzer

Da drei von diesen fünf Superwächtern unter zehn Kilo wiegen, geben sie ihrer Statur halber vermutlich keine besonders tollen Wachhunde ab. Coren führt diese fünf trotzdem auf, weil sie am wachsamsten sind und am ehesten anschlagen, wenn sich etwas Ungewöhnliches ereignet.[2] Dann sind halt Sie gefordert, die nötigen Muskeln zu dem Gebell zu liefern – in Form eines Wagenhebers vielleicht oder eines Baseballschlägers – von einem phantastischen Selbstverteidigungsanwalt ganz zu schweigen. Frohes Prozessieren!

 Welches sind die zehn besten Wachhunde?

1. Mastiff
2. Dobermann
3. Rottweiler
4. Komondor
5. Puli
6. Riesenschnauzer
7. Deutscher Schäferhund
8. Rhodesian Ridgeback

9. Kuvasz
10. American Staffordshire Terrier oder Pitbull

Sie sehen, diese Liste unterscheidet sich sehr von der der fünf wachsamsten Beller. Um als guter Wachhund gelten zu können, braucht es schon auch ein bisschen Biss, um dem Bellen Nachdruck zu verleihen. Ein Siebenkilo-Zwergschnauzer mag seinen Besitzer auf einen Einbruch aufmerksam machen, aber ohne die Stärke, dann auch zupacken zu können, ist das womöglich für die Katz (trotzdem vielen Dank für den Versuch, Kleiner!). Es ist die Verbindung von Größe, Muskelmasse, Stärke, Aggressivität, Standfestigkeit bei Gegenangriffen und üblem Leumund, aus der sich diese Liste gefügt hat.

### Warum kann ich meinen Hund nicht Lucky nennen?

Weil ich Sie höflich bitte, davon Abstand zu nehmen. Jeder einigermaßen gutherzige Tierarzt in der großen weiten Welt wird dieselbe Bitte an Sie richten. Es mag zwar noch nicht statistisch hieb- und stichfest bewiesen sein, aber Hunde namens Lucky sind in der Realität oftmals wahre Pechvögel. Es spielt keine Rolle, dass Sie ihn aus zutiefst verzweifelten Umständen von Misshandlung, Krankheit oder auch nur irgendwelchen lästigen Anhängseln befreit haben, glauben Sie mir, wenn ich Ihnen sage, dass es Ihren Hund auf ewig zu irgendwas in dieser Richtung verdammt, wenn Sie ihn Lucky nennen. Er wird extremes Pech mit seiner Gesundheit haben und womöglich die übelsten Krankheiten bekommen.

(Je was von Endometrigrossoflamitris gehört? Hab ich grad erfunden, aber es kann nur zu gut sein, dass Lucky so was bekommt.) Wenn Sie glauben, ich sei abergläubisch, dann suchen Sie sich blind einen beliebigen Tierarzt da draußen und fragen Sie ihn, was er von dem Namen hält. Und wenn ein Tierarzt Ihnen sagt, Lucky sei ein prima Name, dann halten Sie besser Ihre Brieftasche fest ...

 Welches sind die zehn tollsten Hundenamen?

| Für Hündinnen: | Für Rüden: |
|---|---|
| 1. Anka | 1. Arko |
| 2. Asta | 2. Benny |
| 3. Coda | 3. Charlie |
| 4. Daisy | 4. Danny |
| 5. Bella | 5. Hasso |
| 6. Jackie | 6. Max |
| 7. Lucy | 7. Robby |
| 8. Lissy | 8. Samy |
| 9. Sally | 9. Teddy |
| 10. Senta | 10. Timmy |

Wenn Sie sich aus dem Zwang der traditionellen menschlichen Namen befreien möchten, hier ein paar hilfreiche Vorschläge für die Namenswahl bei Ihrem Haustier. Ganz grundsätzlich sollten Sie sich ein paar Tage Zeit nehmen, um es kennenzulernen, bevor Sie sich für einen Namen entscheiden. Die Persönlichkeit Ihres Hundes wird Ihnen nach ein paar gemeinsamen Tagen womöglich eine bessere Vorstellung davon vermittelt haben, was als Name in Frage kommt (Träumer, Brummbär, Bangbüx, Schlafmütze?). Manchmal geben auch die Gegend, die Stadt, die Straße oder Örtlichkeit, in der man sie aufgegabelt hat, einen lustigen Namen her. Den Hund meiner Freundin habe ich Essie getauft, denn man hat sie im Flur unserer Notaufnahme – Emergency Service, oftmals kurz als ES bezeichnet – ausgesetzt. Mein Pitbull heißt JP nach Jamaica Plain, einem Multikultiviertel von Boston, in dem ich lange gewohnt habe (und das sich auf der berüchtigten »falschen Seite« der Schienen befindet, auf der man einen Pitbull braucht, um sicher nach Hause zu kommen).

Des Weiteren sollten Sie einen Namen wählen, den der Hund leicht erkennt. Ein zweisilbiger Name, der mit einem Vokal endet (wie »Hasso« oder »Arko«) erleichtert es Ihrem Hund womöglich, den eigenen Namen zu erkennen. Wählen Sie außerdem einen Namen, der Ihnen nicht peinlich ist, wenn der Tierarzt ihn im Wartezimmer aufruft. »Fürzelchen«, »Zicke«, »Blödi« oder »Trottel« (jawohl, so ähnliche Namen haben einige Hunde meiner aktuellen Klienten) in ein Wartezimmer voller Leute zu posaunen, ist für Ihren Tierarzt schon bisschen peinlich (ja, ich kann ein Lied davon singen). Schließlich und endlich sollten Sie einen Namen wählen, der keinem Ihrer Befehle gleicht, damit Ihr Hund sich nicht permanent herumkommandiert fühlt. »Blitz« klingt zum Beispiel sehr wie »Sitz!«, Sie sollten sich daher nicht wundern, wenn er sich erwartungsvoll vor Sie hockt, wenn Sie nur beiläufig etwas zu ihm gesagt haben.

Wie rennen dreibeinige Hunde?

Unlängst hat mir jemand erzählt, er wolle sich einen dreibeinigen Hund zulegen. Ich hatte zwei gesunde hyperaktive Labradorwelpen zu bieten, aber diese Leute hatten ihr Herz offenbar an ein Handicap gehängt. Sie waren nicht begeistert, als ich Ihnen sagte, ich könne problemlos einem der Hunde ein Bein amputieren, damit sie zu ihrem Hund kämen (war'n Witz, Leute!). Manche Menschen haben eben keine Phantasie.

Hunde, die eine reguläre medizinisch angezeigte Amputation zu überstehen haben – meist aufgrund irgendeiner Art von Verletzung (durch eine Kollision mit einem Auto oder eine Wildfalle, in die sie geraten sind) oder eines bösartigen Tumors – schlagen sich mit nur noch drei Gliedmaßen oft überraschend wacker. Ich zeige den Besitzern häufig Videoaufzeichnungen von einem dreibeinigen Hund, der munter herumspringt, um der Furcht vor der Stigmatisierung als Besitzer eines amputierten Hundes den Wind aus den Segeln zu nehmen. Ja, wenn Sie sich an einem Hundetreff aufhielten, würden Sie es vermutlich nicht einmal bemerken, wenn sich in der Meute ein dreibeiniger Hund befände, es sei denn, Sie schauten ganz genau hin. Und prompt würde Ihr Herz (wie beim Grinch) um drei Nummern weiter werden, für jedes Bein eine. Es ist ein recht ermutigender Anblick. Wie gut ein Hund auf drei Beinen zurechtkommt, hängt von verschiedenen Faktoren ab, unter anderem vom Körpergewicht, davon, welches Bein er verloren hat, und ob er bereits ein orthopädisches Problem (eine Hüftgelenksdysplasie zum Beispiel oder eine Kniescheibenluxation) hat. Je übergewichtiger er ist, desto mehr Gewicht müssen seine verbliebenen drei Beine tragen. Etwa zwei Drittel des Körpergewichts werden von den Vorderbeinen abgefangen, daher fällt Hunden mit einer Vorderbeinamputation das Laufen oftmals deutlich schwerer (sie humpeln sehr viel offensichtlicher) als Hunden mit einer Hinterbeinamputation.

Um Ihrem dreibeinigen Schützling dabei zu helfen, gesund und beweglich zu bleiben, können Sie ihm knorpelschützende Medikamente mit Wirkstoffen wie Glucosamin und Chondroitinsulfat geben. Ich glaube fest daran, dass Menschen und Hunde – amputiert oder nicht – gleichermaßen solche Knorpelschützer einnehmen sollten. Die veterinärmedizinische Variante hierzu heißen zum Beispiel Caniviton, Canosan und NutriLabs, wobei auch frei verkäufliche Generika für den menschlichen Gebrauch eingesetzt werden können. Sie werden zwar keine unmittelbare Verbesserung seiner Gelenksteifigkeit bemerken, doch die Tabletten werden die verbliebenen Gliedmaßen schützen, wenn er in die Jahre kommt. Schließlich und endlich sollten Sie noch versuchen, ihn auf der mageren Seite zu halten (wenn Sie Ihrem Hund den Brustkorb streicheln, sollten die Rippen zu spüren sein), es ist das Hilfreichste, was Sie Ihrem Dreibein antun können.

 Ist es besser, sich einen Mischling zuzulegen oder sollte man lieber einen Rassehund erstehen?

Beim Wandern hab ich einmal unabsichtlich eine Frau vor den Kopf gestoßen, indem ich sie fragte, ob ihr Hund ein

Dalmatinermischling sei. Sie schnappte sofort ein und erklärte, ihr Hund sei ein waschechter American Bulldog. Ich hatte nicht das Herz, ihr zu erzählen, dass zahllose schwarze und weiße Flecken auf dem ganzen Körper nicht eben typisch für American Bulldogs seien, aber was soll's … Ich bin sicher, sie hätte ihren Hund so oder so geliebt. Andererseits habe ich ein Ehepaar mal sehr glücklich gemacht, als ich einen Irrtum richtigstellen konnte. Die beiden hatten mir berichtet, ihr Tierarzt habe ihnen gesagt, ihr Hund sei eine Kreuzung aus Pitbull und Terrier. Ich erklärte ihnen, dass sie sich in der Tat äußerst glücklich schätzen könnten, wenn dem so wäre (denken Sie dran, ich bin ein Pitbull-Fan), sie aber in Wirklichkeit einen hundertprozentig rassereinen Australian Cattle Dog an der Leine führten. Sie gingen glücklich lächelnd ihres Wegs, wie ein Elternpaar, dessen Kind soeben den landesweiten Rechtschreibwettbewerb gewonnen hat. Der Bastard (ähm, ich meine, Rassehund) wird mir eines Tages noch dankbar sein.

Ganz allgemein rate ich eher zu einem Mischlingshund (oder Bastard, einem Geschöpf à la Dackelpudelspitzmops eben), es sei denn, Sie benötigen eine spezielle Rasse für einen speziellen Zweck. Verstehen Sie mich nicht falsch – ich habe, was Hunderassen angeht, meine ganz persönlichen Leidenschaften und würde nur zu gerne ein paar reinrassige Tiere besitzen. In Anbetracht der wachsenden Haustierüberbevölkerung würde ich jedoch lieber einen Mischlingshund aus dem Tierheim vor »Sterbehilfe« bewahren und ihm ein Zuhause geben, als ein Vermögen hinblättern und die Massenzucht von reinrassigen Welpen subventionieren. Außerdem sind Mischlingshunde aufgrund des sogenannten Heterosis-Effekts (einer vornehmen Umschreibung für »ihres schrägen Erbguts halber«) oftmals weit gesünder und seltener von genetisch bedingten Erkrankungen betroffen als reinrassige Hunde. Reinrassige Hunde ähneln ein bisschen den alteingesessenen Aristokratenfamilien Europas – viel Prunk und Pomp und viele Ausfallserscheinungen. Mal im Ernst: Hat denn nach sieben Generationen »Habsburger Kinn« niemand mal kurz darüber nachgedacht, ob Ehen unter Verwandten wirklich der Weisheit letzter Schluss sind?

In jüngster Zeit haben sich überdies Rettungstrupps für gewisse Züchtungen gebildet, wenn Sie daher Ihrem Wunsch nach einem reinrassigen Vierbeiner nachgeben und dabei trotzdem Altruismus-Punkte sammeln wollen, ist das die Lösung für Sie. Reinrassige Hunde schließlich, die Verhaltens- oder Gesundheitsprobleme haben, oder deren Besitzer sie aus irgendwelchen Gründen nicht mehr halten können, werden oft speziellen Rassehundevermittlungen oder auch Notvermittlungsstellen übergeben, die dann für ihre Schützlinge ein neues Zuhause suchen. Auch viele Tierheime beherbergen Rassehunde, die sie weitervermitteln. Manche davon setzen Sie sogar auf eine Warteliste für reinrassige Tiere. Es ist immer gut, sich umfassend zu informieren, welche Möglichkeiten man hat.

 Was ist ein Labradoodle?

In jüngerer Zeit hat unter Hundebesitzern eine Reihe von Neuzüchtungen Verbreitung gefunden, zum Beispiel eine

Kreuzung aus Labrador und Pudel (englisch: *poodle*), kurz Labradoodle, oder aus Mops (englisch: *pug*) und Beagle, kurz Puggle. Ich als Pitbull Besitzerin habe ernsthaft darüber nachgedacht, einen Pitoodle zu züchten (eine Kreuzung aus Pitbull und Pudel), um von dem Profitkuchen auch etwas abzubekommen. Nun mögen diese in ihrer Erscheinung einzigartigen Tiere schicke, intelligente und nicht haarende Haustiere sein, aber es kann gut sein, dass Sie mehr als 1000 Dollar hinlegen müssen, um einen davon zu bekommen, wobei Ihr teures Stück dann aber aller Wahrscheinlichkeit nach nicht den Heterosis-Effekt eines echten Mischlings aufweist. »Du neigst zu Krampfanfällen? Ich auch – tun wir uns zusammen! Du hast Probleme mit den oberen Atemwegen? Ich habe einen Herzklappenfehler – werden wir ein Paar! Nichts macht mich mehr an als verkorkste DNA.«

Dazu ist allerdings zu sagen, dass manche Kreuzungen besser etabliert sind als andere. Der Cockapoo zum Beispiel ist eine beliebte Kreuzung aus Cockerspaniel und Zwergpudel. Jahrhunderten der Hundezucht hängt eine gewisse Autorität an, mit diesen Kerlen sind Sie also vermutlich auf der sicheren Seite. Bis der Labradoodle weltweit offiziell als Rasse anerkannt wird, mag es noch seine zwanzig Jahre dauern, sehen Sie daher zu, dass Sie Ihre Hausaufgaben machen. Ich habe mehr als eine »neue Hunde-Züchtung« gesehen, die ein Weilchen als solche gehandelt wurde, aber in nichts dem echten Zuchtstandard entsprach. Nun halte ich diese Aspekte zwar für unerheblich im Vergleich zu der Freude, die ein Welpe Ihnen machen kann, aber Sie sollten andererseits im Hinterkopf behalten, dass Sie mit Ihrem Kauf möglicherweise den Betrieb wahrer Hundefabriken begünstigen und Züchter dazu verleiten, immer mehr Rassen mit immer schlechteren genetischen Qualitäten und infolgedessen einem immer kürzeren und weniger unbeschwerten Leben hervorzubringen.

Sollten Sie allerdings soeben 1500 Dollar für einen Labradoodle ausgegeben haben, dann lassen Sie (trotz meines Gezeters) den Kopf nicht hängen – sie sind wirklich tolle Hunde, in denen sich Gehorsam und Intelligenz vereinen, sie haaren wenig, sind nicht hyperaktiv und wachsen außerdem zu wunderbaren knapp vierzig Kilo schweren Hunden von genau der richtigen Größe heran. Ganz abgesehen davon, dass Sie das Privileg genießen, den lustigen Namen dieser Züchtung im Gespräch mit Nachbarn und Freunden wieder und wieder sagen und für Ihre eigene Schöpfung ausgeben zu dürfen. Er wird allerdings nicht weniger Gesundheitsprobleme haben als ein Rassehund, rechnen Sie also damit, für jede kostbare Silbe ein paar Sous extra hinblättern zu müssen.

🐾 Welche Rasse eignet sich für mich?

Es gibt im Internet zwar zahllose Tests der Marke »Welcher Hundetyp bin ich?«, aber, bitte, glauben Sie den ganzen Krampf nicht. (Sie sind hochgewachsen, mager, blond und fahren ein rosafarbenes Cabriolet? Sie mögen pinkfarbene Röcke, Selbstbräuner, Gucci-Taschen und tragen rosa Schleifen im Haar? Sie sind der Afghanen-Typ.) *Also echt.* Wenn Sie diesen obskuren Ratgebern Autorität zubilligen, sind Sie

wirklich besser dran, wenn Sie eine Hunderasse für sich aus-
losen. Ich habe etliche dieser »Welcher-Hundetyp-sind-Sie«-
Tests ausprobiert und bin zu dem Schluss gekommen, dass
ich mir einen Basset Hound oder einen Boxer zulegen sollte, während Ihnen jeder, der mich kennt, sagen wird, dass ich
auch nicht annähernd der Typ für einen Bassett bin (auf mich
würde eher ein durchgedrehter, sportlicher, impulsgestörter
Jack Russell Terrier passen). Ich persönlich war eher davon
angetan, ein Boxer-Typ zu sein … aber das Tolle an diesen
Online-Tests ist ja, dass Sie sie nach Herzenslust immer wieder machen können, bis Sie zu der Antwort kommen, die Sie
gerne hören möchten.

Wenn Sie als Fundament für eine jahrzehntelange Beziehung also nach etwas suchen, das ein bisschen solider ist, würde ich vorschlagen, dass Sie sich zu allererst darüber klarwer-
den, was für eine Gruppe von Züchtungen Ihnen am ehesten
zusagt, als da wären: Hüte- und Treibhunde, Pinscher und
Schnauzer, Terrier, Dachshunde, Spitze und Hunde vom Urtyp, Laufhunde, Schweisshunde und verwandte Rassen, Vor-
stehhunde, Apportier-, Stöber- oder Wasserhunde, Gesell-
schafts- und Begleithunde und Windhunde. Züchtungen, die
in keine dieser Kategorien passen, werden meist als »nicht
anerkannte Rasse« bezeichnet. Wenn dieses Etikett keine
Identitätskrise heraufbeschwört, frage ich mich ernsthaft, was
denn dazu angetan sein sollte, aber Sie wissen ja: »Was uns
Rose heißt, wie es auch hieße, würde lieblich duften.« Mehr
Informationen über einzelne Züchtungen finden sich auf se-
riösen Internetseiten wie der des Verbands für das Deutsche
Hundewesen.[3]

Zu den **Apportier-, Stöber- oder Wasserhunden** gehören Retriever, Spaniel, Pointer und Setter. Diese Hunde sind im Allgemeinen hyperaktiv. Sie sind extrem neugierige, aktive, liebenswerte, wohlproportionierte Hunde. Diese Züchtungen werden zum Jagen oder für andere Aktivitäten in Wald und Wasser eingesetzt und benötigen jede Menge Bewegung und Freilauf. Wenn Sie nicht genügend Zeit haben, mit diesen Knaben zu joggen, ausgiebig zu spielen oder zu jagen, ist dies womöglich nicht der richtige Typ Hund für Sie.

Bei den **Windhunden** variieren die Züchtungen vom Irischen Wolfshund bis zum Afghanen, sie wurden ursprünglich als Hetzhunde für die Jagd gezüchtet und haben, ebenso wie die **Lauf- und Schweißhunde** – Beagles zum Beispiel – und **Spitze und Hunde vom Urtyp** – Norwegischer Elchhund, Chow Chow – einen sehr hoch entwickelten Geruchssinn. Mit anderen Worten: Es kann sein, dass Sie da, wo Sie wohnen, Ihren Beagle wegen seines unbändigen Triebs, jedes verführerisch duftende Eichhörnchen zu jagen, nie von der Leine lassen können. Einige dieser Hundearten neigen auch zu einer besonderen Form des Bellens, dem Anschlagen. Das finden Sie am Anfang vielleicht sehr nett, aber Sie (und Ihre Nachbarn) werden sich daran gewöhnen müssen, damit ständig konfrontiert zu sein, etwas, das selbst Elvis' Songschreiber zu einer unsterblichen Metapher veranlasste: »You're nothing but a Hound Dog, crying all the time!« (zu Deutsch etwa: »Du bist nichts weiter als ein Hofhund, der den ganzen Tag nur jault«). Allerdings ist dazu auch zu sagen, dass diese Hunde extrem treu, anhänglich und ganz allgemein wenig anspruchsvoll sind. Da es unter diesen Typen eine so unglaubliche Vielfalt gibt, sollte man vor einer Entscheidung erst mit Züchtern und erfahrenen Hundebesitzern reden.

**Pinscher und Schnauzer** sind wahre **Arbeitshunde**, sie machen wirklich alles. Da gibt es Wachhunde, Polizeihunde, Schlittenhunde, allerdings auch einige Züchtungen, die sich inzwischen zu echten Sofahockern entwickelt haben. Beispiele für diese Gruppe sind Bernhardiner, Dobermann, Rottweiler, Mastiff und Dänische Dogge. Ihrer extremen Größe, Stärke, und in manchen Fällen auch ihrer Aggressivität halber sind diese Hunde grundsätzlich weniger für Familien mit Kindern in einem beengten Domizil geeignet. Allein ihrer Größe wegen sind sie schwer zu bändigen und sollten daher unbedingt ein entsprechendes Verhaltenstraining absolvieren.

Ach ja, und dann die **Terrier**. Sie wurden einst gezüchtet, um Nager und andere dem Menschen lästige Kleinsäuger aufzuspüren und ihnen den Garaus zu machen. Cool, oder? Yosemite Sam wäre als Terrier ideal besetzt: »Warte, dich krieg ich, du Ratte!« Weithin bekannte Beispiele für diese Gruppe sind West Highland White Terrier, Drahthaarfoxterrier, Norfolk Terrier, Cairn Terrier (Toto aus dem *Zauberer von Oz*), Parson Russell Terrier (früher Jack Russell Terrier) und American Staffordshire Terrier (auch Pitbull Terrier). Wie schon gesagt, man hat mich wiederholt als Terrier bezeichnet, und ich bin nicht sicher, ob das ein Kompliment ist oder ich darob persönlich beleidigt sein sollte. Hunde dieses Typs sind ganz allgemein energiegeladen, resolut, temperamentvoll und eher klein. Napoleon hätte einen prima Terrier abgegeben. Zwar handelt es sich um wunderbare Hunde, aber sie haben den Hang, sich zu überschätzen, will sagen, nicht ihrer Größe entsprechend zu benehmen und zeigen unter Umständen einen streitsüchtigen Charakter. Sie variieren von klein bis mittelgroß und tolerieren in der Regel andere Haustiere und Kinder nicht eben gut. Sie sind das perfekte Haustier für kinderlose, seit ewigen Zeiten verheiratete Ehepaare und unbarmherzige, knurrige alte Männer.

Der **Gesellschafts- und Begleithund** ist eigens darauf gezüchtet, Eindruck zu machen: Diese Hunde sind trotz ihrer in vielen Fällen kleinen Statur dafür bekannt, dass mit ihnen nicht immer gut Kirschen essen ist. Sie haben ein bisschen Ähnlichkeit mit mächtigen Filmagenten, die zigtausend Beziehungen haben und gerne mal vergessen, dass sie nur einen Meter fünfzig groß sind und ein Toupet tragen. Hier haben wir Chihuahuas, Japan Chins, Pudel in allen Größen, Formen und Farben, Möpse, Zwergspaniel (oder Papillons), Malteser, Tibet Terrier und Chinesische Schopfhunde. Zu den Gesellschaftshunden gehören unter anderem jene Rassen, die Sie dank der Trendsetterinnen unter den Hundebesitzerinnen wie Paris Hilton und Brittney Spears öfter mal in Handtaschen erblicken. Sie sind in perfekter Weise geeignet für Stadtbewohner mit beengten Wohnverhältnissen. Diese Züchtungen sind extrem anhänglich und können sehr gut in Wohnungen gehalten werden. Schon ihrer Größe wegen sind sie leicht zu handhaben und zu erziehen. Sie sind allerdings unter Umständen nicht gerade die kinderfreundlichsten Vertreter, sollten Sie also ein paar Rotznasen haben oder erwägen, solche in nächster Zukunft zu bekommen oder zu adoptieren, überlegen Sie es sich gut. Ich persönlich mache, wenn ich mich mit einem Kerl verabrede, einen großen Bogen um Typen mit solchen Hunden.

Zur Gruppe der **Hütehunde und Treibhunde** gehören, um nur einige zu nennen, Border Collie, Welsh Corgi, Belgischer Schäferhund, Bouvier des Flandres und Bouvier des Ardennes, Berger de Brie (auch Briard) und Australian Shepherd, eine der neuesten in die Liste vieler Hundeverbände aufgenommener Arten. Diese Hunde waren früher reine Arbeitshunde und sind bekannt für ihre Fähigkeit, die Aktivitäten anderer Tierarten aufgrund eines angeborenen Hirteninstinkts zu beaufsichtigen. Man kann diese Hunde mit Fug und Recht als Leittiere in der Hundewelt betrachten, denn die meisten Hütehunde sind extrem intelligent. Hütehunde benötigen unablässig ausgiebiges »Gehirnjogging« und brauchen Beschäftigungen wie Agility- und Gehorsamkeitstraining, sowie Hüte-Wettbewerbe. Wenn Sie einem solchen Hund keine adäquate geistige Stimulation bieten (ihn nicht zum Beispiel täglich eine halbe Stunde Frisbee-Scheiben fangen lassen) können, seien Sie so gut und schauen Sie sich nach einem anderen Hunde-Typ um. Wenn Sie in der Nähe eines Kinderspielplatzes oder einer Grünanlage wohnen, die einen Hundetreff darstellt, passen Sie auf – es kann gut sein, dass Ihr Hund versucht, seinem Talent zu frönen, und kleinen zweibeinigen Wesen beim Versuch, diese zu hüten und zusammenzutreiben, schonungslos in die Hacken beißt. Es kann Ihnen gut passieren, dass pingelige Mütter sich aufregen, sehen Sie also zu, dass Sie eine Leine bei sich haben, falls Sie ihnen Zügel anlegen müssen (den Hunden, nicht den Müttern).

Was für einen Hund kann ich mir leisten?

Es gibt für einen Tierarzt nichts Herzzerreißenderes, als Hundebesitzer, die soeben 1500 Dollar für ihren neuen Hund ausgegeben haben, und dann feststellen müssen, dass sie es sich nicht leisten können, ihn sterilisieren zu lassen, oder bei etwas so Trivialem wie einem Socken im Hundemagen für die lebensrettende Operation aufzukommen. Mit Hunden verhält es sich so ähnlich wie mit den spektakulären Leguanen in den Schaufenstern von Tierhandlungen. Ihr Anschaffungspreis ist in der Regel eine Lappalie verglichen mit dem, was Sie in den ersten paar Jahren ihres Lebens zu bezahlen haben werden. So ein Zwanzig-Dollar-Leguan wird Sie (vorausgesetzt, Sie verschaffen ihm die häusliche Umgebung, die er *wirklich* braucht) ein Hundertliter-Terrarium, eine Wärmelampe, Futter, eine UV-Lampe, Zeug zum Reinigen, Heuschrecken, Obst und vieles andere mehr kosten und sich locker zu einer Fünfhundert- bis Tausend-Dollar-Investition auswachsen. Ganz ähnlich braucht der Siebenhundertfünfzig-Dollar-Hund, den Sie soeben erstanden haben, als Welpe drei bis vier Impfungen, die nächsten zehn Jahre hindurch eine jährliche Routineuntersuchung plus Impfung, Wurmkuren (zweimal im Jahr, und das die nächsten zehn Jahre hindurch), etwa vier bis fünf Monate im Jahr Floh- und Zecken-Prophylaxe – Sie sehen, wo der Hase entlangläuft? – eine Kastration (100 bis 400 Dollar, je nachdem, ob Rüde oder Hündin), Spielzeug, Notfallchirurgie (hoffentlich nur einmal im Leben), Hundefutter, Leckereien, Halsbänder, Leinen, Hundesitter-Honorare und Hundesteuern!

Ich bin der Ansicht, dass *jeder* in der Lage sein sollte, sich den »Luxus« und das Vergnügen eines eigenen Hundes zu leisten. Hunde vermitteln so viel Freude, Glück und Treue, dass jeder, der im Besitz eines vierbeinigen Freundes ist, gar nicht anders kann, als ein besserer Mensch zu werden. Und sollten Sie schließlich nicht imstande sein, viel Geld für einen Hund auszugeben, so gibt es immer noch die Option, sich allmählich ein Polster auf einem »Hasso-Konto« anzusparen, oder eine Hundekrankenversicherung abzuschließen. Letztere ist vor allem in jenen Fällen von Nutzen, in denen Sie um zwei Uhr morgens die Notfallambulanz aufsuchen müssen, weil Ihr Hasso ohne Unterlass erbricht. Wenn es bei Ihnen eher knapp zugeht, haben Sie sicher mehr davon, einen Hund für 75 Dollar aus einem Tierheim zu holen, statt das Zehnfache für einen Rassehund auszugeben – was Sie dabei sparen, können Sie auf Hassos Unterhaltskonto einzahlen.

## 🐾 Spielt Größe eine Rolle?

Nun ja … natürlich. Was die richtige Größe eines Hundes ausmacht, hängt von mehreren Parametern ab, unter anderem von Ihrem Körperbau, der Weitläufigkeit Ihres Heims, davon, wie groß Ihr Grundstück ist, wie viel Bewegung Sie Ihrem Hund bieten können, wie viel Bewegung Ihr Hund braucht, den klimatischen Bedingungen an Ihrem Wohnort und davon, wie lange Sie Ihr Leben mit Ihrem Hund teilen wollen. Wenn Sie eine zierliche Frau sind, dann ist ein 75-Kilo-Rottweiler, der einem Eichhörnchen nachsetzt und dabei alle Anstalten macht, Ihnen den Arm abzureißen, wirklich kein Spaziergang. Wenn Sie obendrein auch noch in einer Stadtwohnung ohne Garten zu Hause sind, dann passt eine großgewachsene Rasse vermutlich nicht zu Ihren Lebensumständen. Aktive Hunde wie Labradore und Golden Retriever sollten bei aktiven Hundebesitzern leben, die gerne joggen, sich bewegen und Spaß daran haben, Bälle oder Frisbee-Scheiben zu werfen (»Komm her, Junge! Los, nun fang schon! Braver Hund ...«). Es gibt ein paar Ausnahmen, aber grundsätzlich empfehlen wir, dass jemand sich einen Hund anschaffen sollte, den er auch in angemessener Weise erziehen, bewegen und halten kann, und dies in einer Umgebung, die dem Hund gut tut. So ist es zum Beispiel hochgradig unfair, einen dichtbepelzten Husky in einer kleinen Wohnung in Florida oder Texas zu halten, in der nicht Tag und Nacht die Klimaanlage laufen kann. Umgekehrt ist es nicht minder schofel, einen haarlosen, ewig bibbernden Chinesischen Schopfhund irgendwo in die Arktis zu verpflanzen und ihn dort in einem Zwinger im Freien zu halten. Diese beiden Herrschaften sollten schlicht ihre Hunde tauschen und sich dann um einen etwas komfortableren Lebensstil bemühen. (Nun mal ehrlich Leute, ihr lebt nur einmal!)

Und noch etwas, woran man denken sollte, ist, dass Riesenrassen wie Bernhardiner, Deutsche Doggen und Irischer Wolfshund eine weit kürzere Lebensspanne haben als beispielsweise die meisten Gesellschaftshunde und demnach ihr Greisenalter womöglich bereits mit fünf bis acht statt mit zehn bis fünfzehn Jahren erreichen. Kleinere Hunde leben in der Regel länger. Das ist eine gute Nachricht für den lebenslangen Hundeliebhaber (wie Sie und mich), weniger gut hingegen für den trendgetriebenen Ludertyp (siehe Paris und Tinkerbell). Nicht vergessen: Sie haben ihn gekauft, Sie haben ihn zurechtgebogen und nun haben Sie ihn an der Backe – für mindestens zehn Jahre oder länger. Sie Glückspilz!

 ## Wie viele Hunde sind zu viele?

Ich selbst habe einen Hund, und das ist auch die Obergrenze dessen, was ich mir in meiner Siebzigquadratmeterwohnung leisten kann. Mein Pitbull hat etwas von einem »Muttersöhnchen«. Er kann ziemlich eifersüchtig sein – wenn ich eine meiner Katzen streichle, kommt er gerannt und will auch liebkost werden. Um Boscos Gefühle zu schonen würde ich, so Sie nicht einen Zwinger oder eine Farm besitzen oder Hunde zu züchten versuchen, davon abraten, sich mehr als drei Hunde pro Haushalt anzuschaffen. Mit mehreren Tieren wird es problematisch, jedem einzelnen die ihm individuelle Aufmerksamkeit und Fürsorge zukommen zu lassen, die es verdient. Es gibt vieles, was dafür spricht, statt vielen nur einen einzelnen Hund zu halten. In vielen Fällen wird Ihr Einzelhund eine engere Bindung an Sie haben, außerdem ist es leichter, einen Hundesitter zu finden. Die Rechnungen für Routinebesuche beim Tierarzt gehen nicht gar so schmerzlich ins Geld, und Sie müssen Ihr Haus nicht ganz so häufig putzen, wie wenn Sie viele Tiere haben (kleiner Tipp zum Zeitsparen: Legen Sie sich mehrere Teppiche zu). Dazu ist allerdings zu sagen, dass manche Besitzer es trotzdem hinbekommen, und ich kann bezeugen, dass viele Tierärzte oder andere Leute aus der Haustierindustrie Mehrhundhaushalte führen und daran jede Menge Freude haben. Letztlich läuft alles allein auf Ihre Persönlichkeit und Ihre finanziellen Verhältnisse hinaus, darauf, wie viel Platz Sie haben und ob Sie Zeit finden, Ihren Hund zu bewegen und zu pflegen. Mit anderen Worten: Sind Sie ein Superheld? Manchmal kommen zu mir Klienten, die eigentlich ganz normal aussehen, aber sehr streng riechen. Das sind diejenigen, die mir in der Regel sehr verschämt gestehen, wie viele Hunde sie haben. Nur los, legen Sie sich sieben zu. Sagen Sie hinterher nur nicht, ich hätte Sie nicht gewarnt! Der gelegentliche Verdruss, die vielen Nackenschläge und Fress- und Saufgelage, die mit einem Mehrhundhaushalt verbunden sind, mögen für sich genommen harmlos sein, können mit der Zeit aber durchaus lästig werden, daher macht man sich über all das besser vorher Gedanken.

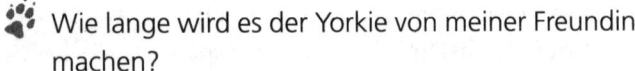 Wie lange wird es der Yorkie von meiner Freundin machen?

Tut mir leid, mein Bester – je kleiner der Hund, desto länger lebt er. Je größer, desto kürzer. Das ist einer der Gründe dafür, dass Hunde eine so viel kürzere Lebenserwartung haben als Katzen – sie sind einfach die größeren Tiere. Die durchschnittliche Lebensspanne hängt in erster Linie von Größe und Gewicht des Hundes ab. Kleinere Hunde wie Zwergpudel, Chihuahuas und Shih Tzus fangen mit ungefähr acht Jahren an zu vergreisen, können aber bis zu fünfzehn Jahre alt werden, wohingegen mittelgroße Hunde wie Mischlinge, Beagles und Cockerspaniel mit acht Jahren als alt zu bezeichnen sind und in der Regel nur zehn bis vierzehn Jahre leben. Große bis riesenhafte Hunde erreichen ihr Greisenalter zwischen fünf und acht Jahren und leben selten länger als zehn Jahre. Leider kommen unsere vierbeinigen Freunde oftmals vorzeitig durch Krebs- und Stoffwechselerkrankungen wie Nierenversagen, Lebererkrankungen oder Diabetes ums Leben.

Es gibt jedoch einen tollen Kunstgriff, der ihr Leben ein bisschen zu verlängern vermag: Schicken Sie sie hungrig zu Bett! In einer neueren Studie der Tiernahrungsfirma Purina wurden Hunde, die mit eingeschränkter Fütterung gehalten wurden, verglichen mit Hunden unter kontrolliert normaler Fütterung. Die Untersuchung ergab, dass die knapp gehaltenen Hunde weniger wogen und weniger Körperfett ansetzten, dadurch später an chronischen Krankheiten zu leiden hatten und insgesamt länger gesund blieben.[4] Der Studie zufolge verlängerte sich bei einer Futterbeschneidung um nur 25 Prozent die durchschnittliche Lebensspanne der Hunde deutlich. Das ist eine wichtige Erkenntnis, wenn man bedenkt, dass 40 Prozent aller amerikanischen Haustiere übergewichtig sind.[5] Hoffentlich befolgen die Tiernahrungshersteller baldmöglichst ihren eigenen Rat und gehen dazu über, die Portionsangaben für Hunde zu überarbeiten. Ich garantiere Ihnen, dass Sie Ihrem Hund gegenwärtig auch viel zu viel zu fressen geben – hören Sie auf, den Halunken zu verwöhnen!

Außer dass Sie aufpassen, was und wie viel Sie ihm in den Napf löffeln, sind jährliche Routinebesuche beim Tierarzt das Beste, was Sie einem alternden Hund antun können. Manche Tierarzneien können helfen, seine Lebensqualität zu verbessern, wenn er beginnt, unter Arthrose zu leiden oder sein Lager einnässt. Falls Ihr Hund bei Ihnen im Bett schläft, ist Letzteres vermutlich ein Punkt, der Ihnen besonders am Herzen liegt. Schließlich sollten Sie, wenn Ihr Hund altert, bei Ihrem Tierarzt nachfragen, inwieweit man die jährlichen Impfungen aufrechterhalten sollte, und ob es angebracht ist, Blutuntersuchungen durchzuführen, um sich ankündigende Gesundheitsprobleme früher erkennen zu können.

 Bekommt Ihr Shar-Pei im Wasser noch mehr Falten?

Der Shar-Pei – dessen Name aus dem Chinesischen übersetzt »Sandhaut-Hund« bedeutet – wurde ursprünglich in China gezüchtet und galt im *Guiness Buch der Rekorde* lange als »seltenster Hund der Welt«. Shar-Peis gibt es mit kürzerem und etwas längerem Fell (*horse coat* und *brush coat*), von beiden bekomme ich Juckreiz und Pusteln. Außerdem ist er bekannt für sein nilpferdähnliches Gesicht. Man hat dieser Rasse die Extrafalten im Antlitz angezüchtet, um sie vor schwereren Verletzungen beim Hundekampf zu schützen. Entgegen einer weit verbreiteten Ansicht sind die Extrafalten im Gesicht bei ihm nicht auf ein Kollagenproblem, eine Behaarungsstörung, Fetteinlagerungen oder den zu langen Aufenthalt im Bräunungsstudio zurückzuführen. Und nein, wenn Sie ihn im Wasser einweichen, wird er nicht noch schrumpeliger oder faltiger, es sei denn Sie zählen sein verwundertes Stirnrunzeln dazu.

Gibt es für den Handel mit Welpen einen
»Verbraucherschutz«?

In verschiedenen Ländern unterliegt der Handel mit Tieren gesetzlichen Bestimmungen, die Tier und Käufer schützen sollen. Trotzdem können Sie nie sicher sein, dass Sie nicht von einem dubiosen Händler hinters Licht geführt werden. (»Dermatitis? Nie gehört!«) Diese Regelungen betreffen Leute, die (wie Tierhandlungen und Züchter) mit dem Handel von Tieren Gewinne erwirtschaften, aber auch Leute, die (wie Tierheime und Zoos) Tiere für andere oder zur Ausstellung halten. Da Tiere in vielen Ländern – Deutschland zum Beispiel – juristisch wie Sachen zu behandeln sind und der Vertrag zwischen dem Züchter und Ihnen ein privater Kaufvertrag ist, kann dieser alle möglichen Vereinbarungen enthalten. Daher sind Sie gut beraten, sich vor der Unterzeichnung mit dem Züchter darüber zu unterhalten. In jedem Falle ist zu sagen, dass Sie, wenn Sie auf einen nicht eingetragenen Züchter treffen, der Ihnen die Gesundheit des von ihm abgegebenen Welpen nicht hinreichend garantieren kann oder will, sich postwendend einen anderen suchen sollten. Solchen Leuten sollte man auf keinen Fall die Taschen füllen, damit sie nicht immer weiter mit kranken oder defekten Tieren handeln. Ich bin ein echter Befürworter strenger Regelungen, denn ich will, dass jedermann Gelegenheit hat, einen gesunden und glücklichen Welpen zu erwerben. Lesen Sie weiter, wenn Sie erfahren wollen, wie Sie verhindern können, dass Sie irgendwann erkennen müssen, mit Zitronen gehandelt zu haben.

75

Erneut muss ich auf die Vorzüge des Heterosis-Effekts verweisen, den bereits erwähnten Umstand, dass sich in Mischlingen oftmals »besseres« Erbgut zusammenfindet als in Rassehunden, sodass diese weniger mit angeborenen oder ererbten Gesundheitsproblemen wie Hüftgelenksdysplasie, Herzerkrankungen und Krebs zu kämpfen haben. Nicht, dass diese bei Mischlingen *nie* vorkämen, aber sie sind hier definitiv seltener. Trotzdem scheint die Nachfrage nach genetisch fragilen Rassetieren – genau wie die nach halbverhungerten Mode-Models – ungebrochen. Das Leben am Rande des Ablebens ist ja so sexy!

Von Gesundheitsproblemen abgesehen besteht ein weiterer Grund für den Erwerb eines Mischlings natürlich darin, dass man damit die Überbelegung von Tierheimen verringert. Jedes Jahr fallen Millionen »ungewollter« Haustiere an, und wenn Sie eines davon zu sich nehmen, retten Sie nicht nur ein Leben (das Ihres hinreißenden Schützlings), sondern schaffen auch Platz im Tierheim. Meiner Meinung nach sollten Leute, die so edelmütig sind, ein Tier aus dem Tierheim zu holen, die Steuer erlassen bekommen – schließlich tun sie etwas für die Allgemeinheit. Wenn ich schon dabei bin, finde ich eigentlich auch, es sollte Steuergeschenke für Leute geben, die die Verrichtungen Ihres Lieblings adäquat entsorgen. Schreiben Sie an Ihren Abgeordneten!

Von alledem abgesehen ist natürlich absolut nichts Ehrenrühriges daran, einen Rassehund besitzen zu wollen, wenn dies nun mal das ist, wofür Ihr Herz schlägt. Ich hatte im

Laufe der Jahre auf so manchen Rassehund ein Auge (und spare noch immer auf einen). Ob Sie ein ausstellungsreifes Tier haben wollen oder nur eines, mit dem Sie bei Ihren Freunden Eindruck schinden können: Wenn Sie ein Faible für eine bestimmte Farbe, Eigenschaft oder Erscheinung haben, sind Rassehunde das Sicherste. Bevor Sie sich einen zulegen, sollten Sie sich jedoch als mündiger Konsument erweisen und Ihren Teil der Verantwortung übernehmen. Es ist wichtig, dass Sie sich vor dem Kauf die medizinische Vorgeschichte des Hundes vom Züchter geben lassen. Haben Eltern oder Tiere aus demselben Wurf irgendwelche Anzeichen von Krankheiten oder anderen Erbanlagen gezeigt, die für diese Rasse typisch sind? Verantwortungsbewusste Züchter sind solche, die Ihnen Gesundheitszeugnisse und Ahnentafel Ihres Welpen bereitwillig vorlegen, sie werden oftmals sogar verschiedene Fachtierärzte – Kardiologen, Augenarzt – mit der Untersuchung beauftragen, um sicherzugehen, dass bei ihrer Zucht keine unerwünschten Erbanlagen weitergegeben werden. Bei manchen Rassen treten bestimmte Krebserkrankungen gehäuft auf, und wenn irgend möglich sollten Sie von Ihrem Züchter eine Dokumentation darüber in der Linie Ihres Hundes erbitten. Vorsicht vor Züchtern, in deren gesamtem Zuchtbuch kein Hund mit Mängeln verzeichnet ist! Verantwortungsbewusste Züchter werden alle relevanten Informationen bereitwillig offenlegen, und ein leidenschaftlicher Züchter wird nicht die Welpen mit dem Bade ausschütten, nur weil deren Mama irgendwo eine Warze auf der Haut hat. Das ist nicht *Germany's Next Topmodel*, Leute. Lernen Sie die Macken Ihres Welpen zu mögen, aber beugen Sie künftigem Kummer vor, indem Sie sicherstellen, dass er im Prinzip gesund ist!

Als Nächstes sollten Sie den Züchter aufsuchen und sich anschauen, wie er seine Tiere hält und unterbringt. Sind die Zwinger sauber, trocken, gut beleuchtet und gut gelegen? Wenn Sie auf eine Unterbringung in einem dunklen Kellergeschoss oder einer Garage treffen, schauen Sie sich woanders um! Ich will keine Stereotypen verbreiten, aber solche Züchter werden Ihr Geld höchstwahrscheinlich eher für Schnaps und Zigaretten als für ihre Schützlinge ausgeben. Nix wie weg! Haben Sie die Möglichkeit, die Eltern anzuschauen? Sind beide Eltern ausreichend geimpft und tierärztlich versorgt? Gibt es eine Floh-, Zecken- und Wurmprophylaxe? Sind die anderen Tiere im Wurf gesund? Der Züchter sollte sie entwurmt und mit der ersten aus einer Reihe von vier Impfungen zur Grundimmunisierung versehen haben. Wenn sich ein Züchter diese Erstimmunisierung nicht leisten kann, kann er es sich nicht leisten, Züchter zu sein und sollte auch keiner sein! Auch in diesem Falle würde ich Ihnen raten, woanders zu suchen. Und schließlich sollte ein verantwortungsbewusster Züchter bereit sein, für die Gesundheit seiner Welpen einzustehen, indem er Ihnen im Rahmen des Kaufvertrags zusichert, den Welpen zurückzunehmen und durch einen anderen auszutauschen, beziehungsweise Ihnen einen Teil des Geldes rückzuerstatten, falls sich nachträglich Probleme herausstellen sollten. Gesundheitsprobleme, meine ich – ich fürchte, die Weigerung Ihres Gatten, die Häufchen im Welpenauslauf aufzusammeln, fällt nicht darunter. Das ist *Ihr* Problem!

Wenn Sie nicht sicher sind, wo Sie mit Ihrer Suche nach einem Rassehund anfangen sollen, lassen Sie sich von einem Tierarzt einen guten Züchter empfehlen. Fragen Sie Freunde und Familienangehörige. Recherchieren Sie im Internet. Seien Sie ein mündiger Verbraucher, denn es wird Ihnen das Herz brechen, wenn Sie sich mit einem Hund angefreundet haben und acht Wochen danach feststellen müssen, dass er an einer Erbkrankheit leidet. Ich kann Ihnen ziemlich sicher garantieren, dass Ihnen Ihr Hündchen ans Herz wachsen wird (auch mit Warzen), und Sie tun gut daran sicherzustellen, dass es von Anfang an gesund ist.

 Was sagt die Rasse meines Hundes über mich aus

Vorsicht, hier handelt es sich um sehr grobe Verallgemeinerungen, aber wenn Sie es wirklich wissen wollen, hier also, für was Ihr Tierarzt Sie hält, wenn Sie mit Ihrem Hund durch seine Tür kommen:

**Labrador Retriever**
Engagiert, gern im Freien, Feld-, Wald- und Wiesenmensch, loyal, ganz allgemein jemand, den man gern um sich hat. Kauft in Outdoorläden. Fährt einen Geländewagen.

**Chihuahua**
Möglicherweise bissig. Wie der Hund.

**Mischling:**
Engagiert, Feld-, Wald- und Wiesenmensch, loyal, ganz all-

gemein jemand, den man gern um sich hat. Trinkt lieber Bier als Wein. Kauft teures Hundespielzeug, aber auch bei Jack Wolfskin. Fährt ein praktisches Auto.

## Zwergpudel
Meist im Besitz einer goldigen greisen weißhaarigen Person.

## Golden Retriever
Familienmensch und ganz allgemein jemand, den man gern um sich hat. Hat außerdem noch zwei oder drei Menschenbabys.

## Yorkshire Terrier
Trägt gerne YSL- oder Gucchi-Taschen, oft mit Hund darin. Genießt das Gesellschaftsleben. Trinkt Wein, kein Bier.

## Terrier
Hat das Zeug zu einem loyalen, familienorientierten Menschen. Stänkert manchmal rum und gebärdet sich ein bisschen überheblich.

## Rottweiler
Harter Typ. Loyal. Beschützer. Kann es nicht leiden, wenn man ihn an der Nase rumzuführen versucht.

## Windhunde
Freundlich, gute Manieren. Hat neurotische Tendenzen. Sanft. Gelassen. Trinkt nur Wasser aus Flaschen (kein Leitungswasser). Sieht oft selbst aus wie sein Hund.

**Berner Sennenhund**
Finanziell abgesichert. Gebildet. Kauft bei Jack Wolfskin und
Land's End und hat hochwertige Elektrogeräte.

**Beagle**
Familienorientiert. Hohes Toleranzniveau für Gebell.

**Zwergschnauzer**
Familienorientiert. Meist fortgeschrittenen Alters. Kauft bei
Sealand und Land's End. Fährt Volvo.

**Malteser**
Hätte gerne Kinder oder Enkel. Umsorgt, was er liebt, mit
Passion und trägt es auf dem Arm herum. Sehr gut gekleidet.
Faible für rosa Schleifen.

### Kann ich einen Fuchs zähmen?

Der russische Genetiker Dimitri Beljajew hat zehn Generationen zunächst wilder, aggressiver Füchse auf »zah-
me Merkmale« hin gezüchtet.[6] Eines der Dinge, die ihm
auffielen, war, dass der Pelz der Füchse weniger ansehn-
lich wurde, je zutraulicher die Tiere wurden. Das Fell begann mehrfarbig, zerzaust und räudig auszusehen. Was
dieses wissenschaftliche Kreuzungsexperiment zeigt, ist,
dass das Gen für die Fellfarbe womöglich mit »Stresshormonen« wie Adrenalin gekoppelt ist. Zutrauliche Füchse haben allem Anschein nach einen geringeren Adrenalin-
Pegel (und sind daher weniger aggressiv), sehen aber leider

nicht mehr so cool aus. Alles in allem hat Beljajews Studie zwar gezeigt, dass es möglich ist, wilde Tiere zu zähmen, aber auch, dass Sie, so Sie nicht nach einem echt hässlichen Haustier suchen, bitte die Finger von Füchsen lassen sollten!

🐾 Welcher Hund ist am »windschnittigsten«?

Grundsätzlich gilt der Saluki in dieser Kategorie als der Hund mit dem besten Design.[7] Bei einem Rennen über fünf Kilometer vermag dieser Hund angeblich fast jedes andere Säugetier auszustechen. Die Mechanik seines Körpers ist beeindruckend, er ist schlank, sehnig und muskulös, man kann seine Rippen zählen: Salukis nehmen mit einem Satz drei Meter auf einmal, ihr Brustkorb ist schmal und weit nach unten ausladend, was eine maximale Lungenausdehnung und einen erhöhten Sauerstoffaustausch garantiert.

Als man angefangen hat, Salukis zu züchten, legten die Menschen beim Hundezüchten keinen Wert auf ein bestimmtes Aussehen. Man züchtete auf die Merkmale und Eigenschaften hin, die den Hund in besonderem Maße auszeichneten – mit anderen Worten, ob sie schnell genug waren, um ein Häschen zum Abendessen zu fangen, oder anderweitig gute Jäger abgaben. Das Zusammenführen von Hündinnen und Rüden mit solchen Eigenschaften hält diese Art am Leben, voilà, der Saluki.

Sind Tiere mit weißem Pelz und blauen Augen wirklich grundsätzlich taub?

Zwar rümpft jeder die Nase, wenn man Menschen nach ihrer Hautfarbe pauschal irgendwelche Eigenschaften zuerkennt, bei Tieren aber scheint dies nach Ansicht mancher Leute völlig in Ordnung. Aber, ich muss auch zugeben: Es ist wahr – das Fell eines Tieres ist in manchen Fällen mit gewissen physischen Merkmalen assoziiert. Bei weißen Katzen mit blauen Augen wurde zum Beispiel bereits 1828 Taubheit nachgewiesen und in Darwins *The Origin of Species* (zu Deutsch: *Der Ursprung der Arten*) aus dem Jahr 1859 ist dieser Fall weidlich dokumentiert.[8] Fast vierzig Jahre später wurde berichtet, dass blauäugige Dalmatiner taub seien. Seither ist eine Beziehung zwischen weißer Pigmentierung, blauen Augen und Taubheit bei Hunden und Katzen in vielen Studien gezeigt worden.[9] Es handelt sich um ein genetisches Faktum oder zumindest um eine solide Wahrscheinlichkeit.

Zurückzuführen ist diese Korrelation vermutlich auf eine Störung bei der Entwicklung der Melanozyten, jener Zellen, die für die Pigmentierung von Haut und Haaren verantwortlich sind. Diese Zellen haben ihren Ursprung in der Neuralleiste des Embryos, aus der sämtliche neuralen Zellen des Nervensystems hervorgehen. Die Verknüpfung zwischen Pigmentierung und einer Vielzahl an neurologischen Problemen bei Tieren liegt demnach auf der Hand – was die Entwicklung des einen beeinträchtigt, beeinträchtigt vermutlich auch die des anderen. Ich will Sie nicht mit langatmigen Erklärungen zu den Pigmentgranula von Melanozyten oder abnormen Wanderungen von Neuralleistenzellen langweilen (geiles Zeug, glauben Sie mir!), was Sie wissen müssen, ist, dass Genetiker in der Tat gezeigt haben, dass viele (aber nicht alle) Tiere mit weißem Pelz und blauen Augen taub sind. Seltsamerweise haben Sie, wenn Ihr Hund ein paar dunkle Kleckse oder Fäden im Fell, irgendeine Schattierung von Schwarz oder verschiedenfarbige Augen hat, möglicherweise Glück, denn dann ist die Wahrscheinlichkeit, dass er taub ist, sehr viel geringer. Alles in den Genen! Wenn Sie mehr darüber wissen möchten, empfehle ich vier Jahre auf einer Tierärztlichen Hochschule. Das sollte Ihren Wissensdurst stillen …

 Brauchen taube Hunde einen Hörhund?

Wenn Sie zufällig im Besitz eines weißen, blauäugigen Dalmatinerwelpen sein sollten, verzweifeln Sie nicht, wenn er auf Ihre Kommandos nicht reagiert. Lassen Sie ihm ein paar Wochen Zeit, um zu sehen, ob er wirklich taub ist. Wie bitte? Klar, Taubheit äußert sich durch das Ignorieren gesprochener Worte, aber nicht alle Ignoranz ist ein Zeichen von Taubheit. Ihr Hund ist vielleicht zu sehr damit beschäftigt, die Übernahme der Weltherrschaft zu planen, um den Befehl, Ihnen das Ersehnte zu bringen, wahrnehmen zu können. In der Praxis nehmen wir Hörtests in einer beruhigenden Umgebung vor, lassen den Hunden hinreichend Zeit, sich zu akklimatisieren, um auszuschließen, dass Pünktchen vielleicht einfach nur gelangweilt oder total gestresst ist. Bevor Sie zu einer offiziellen Untersuchung erscheinen, sollten Sie Ihren Hund zu

Hause einem Verhaltenstest unterziehen. Reagiert er, wenn Sie eine Dose Hundefutter aufmachen oder die Milchdropsdose schütteln? Versuchen Sie außerhalb seines Gesichtsfelds oder wenn er schläft, ein Geräusch zu machen und verfolgen Sie, ob er darauf reagiert. Aber seien Sie vorsichtig: Sie werden nicht wollen, dass er erschrickt und Sie vor lauter Stress beißt. An dem Sprichwort von den schlafenden Hunden, die man besser nicht weckt, ist nämlich durchaus etwas Wahres.

Auch wenn Ihr Hund völlig taub ist, ist nicht alles verloren. Die meisten tauben Hunde finden sich rasch mit ihrem Handicap ab und bedienen sich anderer Sinne – des Sehens und des Tastsinns (über ihre Schnurrhaare oder Vibrissen nehmen sie feinste Berührungen und Luftbewegungen, über die Pfoten Erschütterungen wahr), um dieses zu kompensieren. Sie wären erstaunt zu hören, wie viele Besitzer überhaupt keine Ahnung haben, wie viel von seinem guten Gehör Charlie, ihr Cockerspaniel mit den chronischen Ohrinfektionen, eingebüßt hat. Hunde können sich auch an einseitige Taubheit gewöhnen: Sie hören wohl noch immer, dass Sie eine Dose Hundefutter öffnen, aber sie wenden vielleicht den Kopf in die falsche Richtung, um herauszufinden, woher das Geräusch gekommen ist. Wenn der Kopf allerdings anfängt, sich ständig um mehr als 180 Grad zu drehen, dann ist Ihr Hund besessen – rufen Sie einen Exorzisten!

Zwar braucht ein tauber Hund keinen Hörhund als Führer, doch einen Hundekumpel im selben Haushalt zu haben, kann für ihn sehr von Vorteil sein. Wenn Sie beide Hunde zum Fressen rufen, wird der Hörende die Botschaft vernehmen und zu Ihnen laufen. Aus Gewohnheit, Rudelmentalität oder platter Eifersucht wird sein gehörloser Kumpan ihm folgen und auf diese Weise feststellen, dass Sie etwas Gutes für ihn haben.

Leider werden Sie Ihre Gewohnheiten ein bisschen ändern müssen, wenn Sie einen gehörlosen Hund haben. Sie werden ihn nie von der Leine lassen können, auch nicht auf dem Tobeplatz, weil Sie ihn nicht rufen oder vor etwaigen Gefahren warnen können. Wenn Sie Kinder haben, ist ein gehörloser Hund womöglich nicht der ideale Hausgenosse, denn wenn Ihr Kind sich Ihrem guten alten Beethoven versehentlich unbemerkt nähert und ihn zu Tode erschreckt, kann es sein, dass dieser nicht minder unbeabsichtigt zubeißt.

Einen gehörlosen Hund auf sich aufmerksam zu machen, kann schwierig sein, sodass Sie sich andere Signale einfallen lassen müssen – leichtes Schulterklopfen, Aufstampfen mit dem Fuß, um Vibrationen zu erzeugen, Papierkügelchen, mit denen Sie auf ihn zielen … was auch immer funktioniert. Manche Besitzer von gehörlosen Hunden verwenden sogenannte Erziehungshalsbänder, die dem Hund einen Elektroschock versetzen, es gibt sie mit verschiedenen Impulsstärken bis hin zu leichten Vibrationen. Ich rate zum Vibrationsmodus und dazu, ihm, wenn Sie ihn damit »gerufen« haben und er gefolgt ist, mit einer Beifallsgeste zu signalisieren, dass er seine Sache gut gemacht hat, und ihm einen Leckerbissen zu geben oder ihn zu kraulen. Auf diese Weise wird er darauf trainiert, bereitwillig zu Ihnen zu kommen, wenn er die Vibration im Halsband spürt.

Mit positiver Rückkopplung und ein bisschen Training,

dazu hier und da vielleicht noch dem Rat eines Tier- oder
Hundetrainers, werden Sie nicht allzu viele Probleme haben.
Im Internet gibt es bereits eine Menge Seiten über gehörlo-
se Hunde, die Ihnen phantastische Informationen darüber
geben, wie Sie Ihren tauben Hund trainieren sollen. Wenn
Sie viel Herz und Mitgefühl haben und sich die zusätzliche
Zeit nehmen wollen, einem gehörlosen Hund eine Grunder-
ziehung zukommen zu lassen, wenden Sie sich an das Tierheim in Ihrer Nähe, man wird dort hocherfreut sein, einem so
prachtvollen Hundehalter wie Ihnen zu begegnen.

 Brauchen blinde Hunde Blindenhunde?

In manchen Fällen ist die Blindheit bei einem Hund genetisch bedingt, in anderen ist sie züchtungs- oder altersspezi-
fisch. Bei jungen Welpen kann Blindheit durch eine Fehl-
bildung der Hornhaut oder sogar durch Linsentrübungen
(Grauer Star, Katarakte) bedingt sein, die sich chirurgisch behandeln lassen. Ältere Hunde verlieren ihr Augenlicht meist
durch Grauen oder Grünen Star (Glaukom), Netzhautab-
lösungen, Sehnerventzündungen, Hirnerkrankungen oder
durch Tumoren in Auge oder Gehirn. Einige vermeidbare
Fälle von Sehverlust sind auf zugrunde liegende Stoffwechselstörungen zurückzuführen. Ein unbehandelter Diabetes
kann zum Beispiel Grauen Star mit sich bringen, schwerer
Bluthochdruck durch Erkrankungen von Herz oder Nieren
kann einen Hund akut erblinden lassen.

Angenommen Sie verfügen nicht über einen Wunderhei-
ler oder ein spirituelles Medium, was also kann das geplag-

te Herrchen eines blinden Hundes tun? Nun, ich habe gute Nachrichten für Sie: Sie wären überrascht, wie gut Ray Charlie in seiner Umgebung zurechtkommen kann – solange Sie nicht anfangen, Möbel umzustellen, versteht sich. Er braucht keinen Blindenhund, weil er ehrlich gesagt, nicht viel draußen sein sollte – außer freilich, um Ihren Teppich zu schonen. Versuchen Sie, seine heimische Umgebung besonders freundlich und sicher zu machen. Stellen Sie vor den Treppen Babygitter auf. Lassen Sie Schlafplatz, Spielzeug, Näpfe und Leckereien immer am selben Ort. Versehen Sie Ihre Hausschuhe mit einem Glöckchen oder erstehen Sie ein paar dieser raschelnden Hosen aus Fallschirmseide, damit Ray Charlie immer weiß, wo im Haus Sie sich gerade aufhalten. Arbeiten Sie mit Ihrer Stimme, reden Sie viel mit ihm. Bringen Sie ihm neue Kommandos »Schritt!«, »Pass auf!«, »Bananenschale!«, »Pack die Katze!« (natürlich nicht!) bei, die ihm helfen, Hindernisse zu überwinden. Ray kann mit diesen Kommandos einen Teil seines nicht vorhandenen Sehsinns kompensieren. Und keine Sorge – ich garantiere Ihnen, dass er sehr genau vernehmen wird, wenn Sie Trockenfutter in seinen Napf schütten.

 Haben Pitbulls Kiefer, die beim Zubeißen einrasten?

Nein. Pitbulls haben so etwas nicht. Keine Ahnung, wie es zu diesem Ammenmärchen kommen konnte, aber kein Hund verfügt über die Fähigkeit, seinen Kiefer einrasten zu lassen, das ist anatomisch nicht drin. Pitbulls haben starke Nacken- und Schultermuskeln (sie sind das Caniden-Äquivalent eines Gewichthebers oder Ringers), es ist also nicht das »Einrasten« ihrer Kiefer, das ihren Biss so heftig macht, sondern es sind ihre riesigen Muskelpakete. Man darf nicht vergessen, dass die Vorfahren unserer Pitbulls im 19. Jahrhundert gezüchtet worden waren, um tonnenschwere Bullen niederzuringen, gelang ihnen das nicht, liefen sie Gefahr, niedergetrampelt zu werden. Die Bullenbeißer, die nachgaben, waren, so ist anzunehmen, wohl diejenigen, die der natürlichen Selektion unterlagen und es nicht bis in die nächste Generation geschafft haben (immerhin stand hier ein halber Zentner Hund gegen einen wütende Tonne Bulle im Ring).

 Warum hat der Rhodesian Ridgeback einen Aalstrich?

Der Rhodesian Ridgeback ist ein großer muskulöser Hund mit kurzem, meist weizenfarbenem oder rötlich-weizenfarbenem Fell. Diese ehemaligen Jagdhunde haben oberhalb des Rückgrats einen auffälligen dunklen Streifen – den Aalstrich –, der dadurch zustande kommt, dass dort das Fell in die entgegengesetzte Richtung wächst wie am übrigen Körper. Das mag zwar cool aussehen, ist aber, genau genommen, ein Geburtsfehler, so etwas wie ein Mensch mit drei Brustwarzen. Der Aalstrich kommt durch eine abnorme Wanderung von Neuralleistenzellen zustande, mit anderen Worten, Embryonalzellen im Fötus, die es normalerweise gen Süden ziehen sollte, wandern unangebrachterweise in die falsche Richtung, und das ergibt jene »Ich-weiß-nicht-wie-rum-ich-dich-streicheln-soll«-Frisur. Und speziell an die Rhodie-Besitzer unter Ihnen: Wenn Sie das nächste Mal jemand fragen sollte, warum das Fell Ihres Hundes so etwas tut, geben Sie einfach von oben herab zurück, »Das liegt an abnormen Neuralleistenzellwanderungen. Ich meine, ach, was soll's …«, seufzen dann deutlich hörbar und wandeln Ihres Wegs.

🐾 Verstehen Deutsche Schäferhunde Deutsch?

Jawohl, tun sie. Na ja, wenigstens ein paar! Hunde, die in Deutschland gezüchtet wurden, werden höchstwahrscheinlich in der Landessprache trainiert worden sein. Tierärzte stoßen immer wieder auf »mehrsprachige« importierte Hunde, die zu Trainingszwecken, für die Polizeiarbeit oder als Wachhund eingesetzt werden. Der Hund meiner Kindheit verstand sowohl Chinesisch als auch Englisch (oder eher das, was wir als Chinglisch bezeichnen würden), und reagierte auf gemischtsprachige Kommandos, indem er beide Sprachen vermischte. Unterschätzen Sie nie die sprachdeuterischen Fähigkeiten Ihres Hundes!

🐾 101 Gründe, sich keinen Dalmatiner zuzulegen.

Der Dalmatiner entstammt der kroatischen Provinz Dalmatien – genau, daher der Name. Wenn Sie im Internet nach Dalmatinern suchen, sehen Sie sich vor, dass Sie nicht bei jemandem landen, der diese Züchtung Dalmatiner schreibt. Wer diese Tiere nicht schreiben kann, wird sie vermutlich auch nicht vernünftig züchten können. Diese durch den Disney-Film *101 Dalmatiner* 1961 über Nacht berühmt gewordene Rasse ist von mittlerer Körpergröße und berühmt für ihr weißes Fell, auf dem sich scharf umrissene schwarze oder dunkelbraune Flecken tummeln.

Dalmatiner kommen weiß zur Welt und entwickeln ihre Flecken erst in den ersten Lebenswochen. Mit zunehmendem Alter verlangsamt sich die Fleckenbildung. Dalmatiner sind bekannt dafür, ihren Haltern gegenüber von ausgesprochener Loyalität zu sein, können daher ein aggressiv-beschützendes Wesen an den Tag legen und eignen sich aus diesem Grund weniger für Haushalte mit kleinen Kindern.

Die auch als »Kutschenhund« bekannte Rasse galt im viktorianischen England als begehrtes, modisch-elegantes Accessoire einer Pferdekutsche.[10] Die Dalmatiner sprangen neben dem Wagen her oder preschten voraus und halfen, den Pferden den Weg freizumachen. Man hat Dalmatiner damals wohl auch für die Fuhrwerke der Feuerwehr verwendet, sodass aus ihnen nach und nach »Feuerwehrhunde« wurden. Leider sind es vermutlich medizinische Gründe, die sie zu so willigen Maskottchen der Brandbekämpfung gemacht haben: In dieser Rasse ist erbliche Taubheit weit verbreitet, sodass die Dalmatiner dem hohen, ohrenzerfetzend durchdringenden Ton der Sirenen, der jeden anderen Hund in den Wahnsinn getrieben hätte, womöglich duldsamer gegenüberstanden. Kleine Bemerkung am Rande: Wenn Sie auf einen blauäugigen Dalmatiner treffen, ist die Wahrscheinlichkeit hoch, dass er auf der Seite taub ist, auf der er das blaue Auge hat.

Disney legte seine *101 Dalmatiner* aus dem Jahr 1961 zwischen 1969 und 1992 mehrmals als Zeichentrickfilm auf Video neu auf. Im Jahre 1996 aber wurde der Film mit echten Tieren und Schauspielern noch einmal gedreht (Stellen Sie sich mal vor, Sie hätten die etwa 200 Dalmatiner-Welpen für ihre »Auftritte« zu trainieren!). Während der gesamten Drehzeit mahnten etliche Nachrichtensender, Tierheime, Tierärzte und Züchter die Zuschauermassen, ja nicht spontan loszuziehen und sich einen solchen Hund zuzulegen, ohne sich zuvor gründlich informiert und mit einem Züchter Rücksprache gehalten zu haben. Ich kann das zwar nicht mit wissenschaftlichen Untersuchungen belegen, aber ich habe den Eindruck, diese Hunde waren Ende der Achtziger- und Anfang der Neunzigerjahre zumindest Tierärzten gegenüber weit aggressiver als heute. Ich hatte seit Langem keinen heimtückischen Fiesling mehr zu behandeln. Vielleicht züchten sie ja das »Ich-hasse-Tierärzte-Gen« allmählich heraus, so steht zu hoffen. Das einzig Gute an ihren häufigen Angriffen war, dass sie Sie meist mit einem Lächeln gewarnt haben: »Ich hebe sacht die Oberlippe, um dich anzuknurren, ab dann hast du zwei Sekunden zurückzuspringen, bevor ich dir an die Kehle gehe.«

Echt goldige Kerlchen!

🐾 Hatten Bernhardiner in den kleinen Holzfässchen an ihrem Halsband wirklich Schnaps?

Der Ursprung der Bernhardiner reicht bis ins 17. Jahrhundert zurück, damals hielt man diese Hunde in der Schweiz als Hüte- und Wachhunde.[11] Diese sanftmütigen Riesen haben ein ruhiges, verträgliches Temperament, und das ist auch gut so, denn sie wiegen locker irgendwas zwischen fünfzig und hundert Kilo. Diese haarige, schwerfällige Rasse braucht nicht viel Auslauf, wohl aber ein Sabbertuch (bei der großen Triefschnauze!).

Die Legende vom Bernhardiner als Rettungshund geht zurück auf einen Hund namens »Barry«, der von 1800 bis 1814 gelebt hat. Sie können seinen ausgestopften Körper im Naturhistorischen Museum der Stadt Bern betrachten. Zwar sieht Barry ein bisschen anders aus als die heutzutage offiziell als Bernhardiner eingetragene Rasse, aber er ist ein klassischer Bernhardiner und soll seinerzeit mehr als vierzig Leute aus Schneelawinen gerettet haben. Zwar hat er nie ein Schnapsfässchen um den Hals getragen, aber irgendwie ist diese Stereotype aus einem älteren Porträt von Barry hängengeblieben. Seither werden Bernhardiner immer und überall mit einem solchen Fässchen um den Hals und unablässig Menschen rettend dargestellt.

Dem berühmten Barry wurde übrigens zunächst in einem uralten Kinofilm, später in einem amerikanischen Fernsehfilm (*Barry of the Great St. Bernhard*) und noch später im Kinofilm *Beethoven* ein Denkmal gesetzt. Heutzutage würden diese Hunde, glaube ich, keine so phantastischen Rettungs- und Spürhunde mehr abgeben – sie bleiben lieber in ihrem klimatisierten Zuhause und sehen fern.

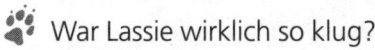 War Lassie wirklich so klug?

Klar war Lassie klug. Sie war eine Frau!
Genau genommen kam Lassies Rasse bei Stanley Coren,

Autor von *Die Intelligenz der Hunde*[12], der die Hirnleistung verschiedener Hunde bewertet und verglichen hat, nicht allzu gut weg. Auf die Gefahr hin, Sie bitter zu enttäuschen, kann man es auch anders ausdrücken: Sollen wir wirklich glauben, dass alle Hunde Lassies Fähigkeit haben, Timmy aufzuspüren, wenn der (mal wieder) in den Brunnen gefallen ist? Jawohl, sollen wir! Während manche Hunde einen angeborenen Instinkt für das Aufspüren und Retten von anderen Wesen, andere eher den Instinkt, Hab und Gut zu verteidigen, haben, so verfügen doch alle Hunde über einen außerordentlich guten Geruchssinn, der sie vertraute Gerüche aus sehr, sehr weiter Entfernung wittern lässt. Vielleicht sind sie nicht offiziell in der Lage, die Uhr zu lesen (wie Lassie, die genau wusste, wann es drei Uhr und an der Zeit war, Timmy vom Bus abzuholen), doch tun sie die mentalen Fertigkeiten eines Hundes nur nicht zu rasch ab. Der Pekinese meiner Kindertage vermochte das Geräusch unseres Familienautos sehr genau von dem jedes anderen Autos, das an unserem Haus vorbeifuhr, zu unterscheiden, und wusste, wann er uns an der Tür begrüßen konnte.

Manche Hunde sind echt schlau. Und da jedermann sie als heroischen Jagdhund liebt, lasse ich Sie in dem Glauben, dass Lassie dazugehört.

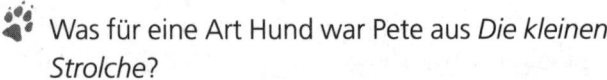 Was für eine Art Hund war Pete aus *Die kleinen Strolche*?

An alle Pitbull-Schmäher unter Ihnen: Ich habe eine Neuigkeit für Sie: Der Hund der kleinen Strolche war ein Pitbull!

Wahrscheinlicher noch war er ein American Staffordshire Terrier, ein Staffordshire Bull Terrier oder ein American Pit Bull Terrier, alle vier sind ziemlich nahe miteinander verwandt. »Pete«, manchmal auch »Petey« oder »Pal, der Wunderhund« genannt, wurde von mehreren Hunden gespielt. Der monokelähnliche Ring um sein rechtes Auge war übrigens kein reines Werk der Natur (er war aufgemalt), nur der allererste Pete hatte einen Teilring, den man mit Farbe aufgefüllt hat. Seinen ersten Auftritt in Amerika hatte Pete als »Buster Browns Hund« (in der Comicreihe Buster Brown), mit der zunehmenden Popularität der Kleinen Strolche in den Zwanziger- und Dreißigerjahren gelangte er zu Weltruhm. Sein Sonnenbad im Rampenlicht dauerte über 50 Jahre, und meiner Ansicht nach kann man nicht wesentlich amerikanischer werden, als er es war!

 Was für einer Hunderasse gehört das Budweiser-Maskottchen Spuds MacKenzie an?

Spuds war ein Bullterrier, ein mittelgroßer, muskulöser, robust gebauter Hund mit einem Gesicht, für das nur eine Mutter Liebe aufbringen kann. Bekannt für seinen dreieckigen Schädel und seinen starken Nacken wurde dieser Hund ursprünglich für Hundekämpfe eingesetzt. Diese Rasse kann infolgedessen ziemlich aggressiv gegen andere Hunde ausfallen, ich empfehle Leuten, die sich dafür interessieren, daher dringend, ihre Hausaufgaben zu machen, bevor sie sich einen ihrer Vertreter zulegen. Verstehen Sie mich nicht falsch, mir sind in meinem Leben ein paar wunderbare Bullterrier mit absolut glücklichen Besitzern begegnet, die diese Rasse von ihrer stolzen römischen Nase bis hinunter zu ihrem stämmigen ausladenden Hinterteil abgöttisch lieben. Allerdings ist das dieselbe Hunderasse wie jenes Geschöpf, das seinerzeit, am 24. Dezember 2003, Königin Elisabeths Corgi Pharos im Buckingham Palace brutal um die Ecke gebracht hat. Nachdem man zunächst Prinzessin Annes Bullterrier Dotty (der bereits früher zwei Kinder gebissen hatte) im Verdacht gehabt hatte, ergab eine genauere Untersuchung, dass Florence, der andere Bullterrier der Prinzessin, die Schuldige gewesen war. Kurz darauf biss einer der beiden Bullterrier eine königliche Zofe. Bullterrier sind klar nichts für schwache Nerven. Ich bin mir nicht sicher, warum Budweiser sich diese ungewöhnliche Erscheinung unter den Hunderassen als Maskottchen ausgesucht hat, aber man muss zugeben, Spuds sieht aus wie ein bulliger Rausschmeißer, der nicht lange fackelt, wenn ihm ein aufgetakelter Cocktailschlürfer krummkommt und jemand ihm zeigen muss, wo der Hammer hängt. Es geht das Gerücht, Spuds sei in Wirklichkeit ein Weibchen gewesen (wie Benji auch). Budweiser wechselte später dann zu den etwas gutmütiger wirkenden sprechenden Fröschen und den weit weniger gutmütigen Leguanen.

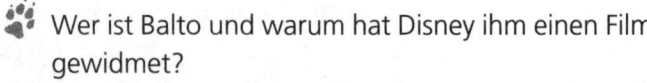 Wer ist Balto und warum hat Disney ihm einen Film gewidmet?

Am 20. Januar 1925 erging über das Radio ein verzweifelter Hilferuf aus Nome, Alaska, der Beistand für eine Diphterie-Epidemie erflehte, der die Kinder des Ortes eines nach dem

anderen zum Opfer fielen. Anchorage konnte das Antitoxin bis nach Nenana bringen, doch aufgrund des nicht enden wollenden Schneesturms mussten die verbleibenden ungefähr 1000 Kilometer mit Hundeschlitten und mutigen Schlittenlenkern (Mushers) bewältigt werden. Schlittenteams aller in Alaska ansässigen Ethnien (Inuit, Indianer, Weiße) arbeiteten buchstäblich Hand in Hand, um die Arznei zu befördern, und schafften es in 130 Stunden bis nach Nome. Das Iditarod-Trail-Schlittenhunderennen erinnert noch heute an diesen lebensrettenden Wettlauf mit der Zeit.

Balto war der Leithund des Teams, das 1925 die letzte Etappe dieser berühmten Reise zurückzulegen hatte. Man hat ihn nach seinem Tod ausgestopft und im Naturhistorischen Museum von Cleveland ausgestellt. Sollten Sie den Film noch nie gesehen haben, lohnt es sich, ihn auszuleihen (sogar, wenn Sie keine Kinder haben). Er schildert eine monumentale Begebenheit – das »Wunder auf dem Eis« – des Jahres 1925.

Der Bildhauer Frederick Roth hat diese unglaublichen Schlittenhunde mit einer Bronzestatue im New Yorker Central Park East (auf der Höhe der 37. Straße) geehrt. Baltos Denkmal ist eine Riesenattraktion für Kinder, in eine Platte zu seinen Füßen eingraviert ist die wunderbare Inschrift:

Dem unbeugsamen Geist jener Schlittenhunde, die im Winter 1925 zur Rettung des vom Schicksal gebeutelten Nome über 660 Meilen hinweg Antitoxin aus Nenana über unwegsames Eis, durch tückische Gewässer und arktische Schneestürme gebracht haben. Ausdauer – Treue – Intelligenz.[13]

Warum ist Uga, der heißgeliebte Bullterrier der
University of Georgia, das denkbar ungeeignetste
Maskottchen für diesen Staat?

»Uga« wurde 1956 zum Maskottchen der University of Georgia in Athens (kurz UGA) ernannt, damals erhielten Sonny Seiler und Cecilia Gunn zur Hochzeit einen English Bulldog geschenkt.[14] Auf einer Party vor dem Beginn eines Fußballspiels wurde Uga rasch zum Liebling der Uni-Elite und avancierte zu deren langlebigstem Maskottchen, er brachte es auf zehn Jahre. Ihm folgten in lückenloser Folge Uga II bis Uga VI, allesamt Nachfahren des Ugas der ersten Stunde und in der Obhut der Seiler-Familie. Uga II war die kürzeste Dienstzeit als Maskottchen vergönnt (lediglich fünf Jahre). Ersetzt wurde er, weil er an einem Bilderbuchtag des Jahres 1967 einen schweren Hitzschlag erlitten hatte und zusammengebrochen war. Zum Glück überstand Uga II den Hitzschlag mit Hilfe von Infusionen und der medizinischen Betreuung durch die Tierärztliche Hochschule an der UGA. Gegenwärtig ist die Universität stolze Besitzerin von Uga VI, der eine fünfzigjährige Tradition fortführt. Uga V hat es 1997 sogar auf eine Titelseite von *Sports Illustrated* geschafft und wurde zum Top-Collegemaskottchen des Jahres gewählt.[15] Mit seiner breitschultrigen Rausschmeißer-Statur macht er unbestreitbar eine blendende Figur. Zu dumm nur, dass er Spaß daran hat, fremde Footballspieler zu attackieren, die sich bei einem Besuch zu nahe an seine Seitenlinie wagen (unter anderem fiel er im Jahre 1996 den damaligen Passempfänger, Anspielpartner des Quarterbacks, im Team der Auburn University, Robert Baker, an)!

Zu dumm auch, dass English Bulldogs oftmals mit medizinischen Problemen geschlagen sind. Zuerst einmal sind sie zwar die süßesten Welpen, die man sich denken kann, aber es ist sehr teuer, sie zur Welt zu bringen, weil sie auf diesen riesigen Schädel hin gezüchtet wurden und häufig nur per Kaiserschnitt geholt werden können. Zweites Zuchtziel ist ein zerknautschtes Gesicht, und dieses hat gerne etwas im Schlepptau, das wir als Brachycephalensyndrom bezeichnen.[16] Mit anderen Worten, ihre abnorm geformte Nase und Luftröhre erschweren den Vertretern dieser Rasse das Atmen, und dadurch neigen sie zur Überhitzung. Dazu noch 92 746 Personen in einem Football-Stadion, feuchtheißes Wetter, Stress, Anfeuerungsrufe und jede Menge anderer Lärm, schon wissen Sie, warum Uga als Maskottchen speziell für diese Uni nicht übermäßig gut geeignet ist. Zum Glück sind die Seilers sehr fürsorglich um ihn bemüht und haben ihm eine klimatisierte Hundehütte angeschafft, in der er während des Spiels Stress und Hitze entfliehen kann. Und besser noch: Sie haben bequemerweise eine der besten Tierärztlichen Hochschulen auf der anderen Straßenseite.

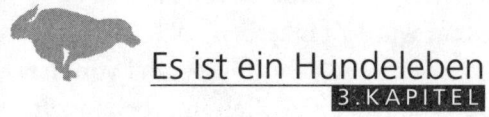

## Es ist ein Hundeleben
### 3. KAPITEL

Willkommen im reichen und schillernden Glamourhundeleben. Dank des Hollywoodglanzes von Paris Hilton und Tinkerbell, trefflich porträtiert in der Doku-Soap *The Simple Life* (zu Deutsch: *Das einfache Leben*) wissen wir, dass es für eine Dame der Gesellschaft völlig normal ist, ein Handtaschen-Hündchen oder irgendein anderes tierisches Accessoire mit sich herumzutragen. Natürlich hat es auch seine Schattenseiten, reich, berühmt und magersüchtig zu sein. Im August 2004 verschwand das kostbare Schoßhündchen der jungen Dame. Hatte Tinkerbell mit Vorsatz versucht, der rosafarbenen Kreation von Louis Vuitton zu entkommen? Vielleicht hatte sie das Leben in der High Society satt und war zu dem Schluss gekommen, dass sie lieber nackt herumlaufen will! Im Verlauf des Ganzen wurden anonyme »Hundentlaufen«-Schilder aufgehängt, die eine Belohnung von 1000 Dollar für das Wiederauffinden eines gewissen »Napoleon« verhießen. Letzten Endes erhöhte Paris den Einsatz, obschon sie sich sorgte, Tinkerbell werde nur ihrer Millionen und Abermillionen halber gefangen gehalten. Vermutlich hatte sie recht, denn schon ihre Schilder »Hund entlaufen: 5000 Dollar Belohnung« wurden am Ende auf eBay verramscht. Trotz alledem wurde Tinkerbell nach nur sechs Tagen heil und gesund zurückgebracht. Die Moral von der Geschichte: Verwöhnen Sie Ihr Hündchen und behandeln Sie es wie eine Königliche Hoheit, solange Sie es haben!

In diesem Kapitel werden Sie lernen, Ihren Hund zu behandeln, wie es die Hollywoodstars tun. Sollten Sie Ihren Hund im Welpenkindergarten der Hundetagesstätte anmelden? Lassen die Vier Jahreszeiten oder das Ritz Ihr Tierchen in ihre Fünf-Sterne-Etablissements? Können Sie es mit auf Ihre Ferienreise nehmen? Können Sie mit ihm in Ihrem Privatjet fliegen? Für den Rest von uns, die wir zu den Nichtbesitzern von Privatjets gehören: Können wir unseren Hund im öffentlichen Personentransport mit Bus und Bahn befördern? Auf welche Weise reist es sich mit ihm am besten? Wenn Sie ins Schwimmbad gehen, kann Ihr Hund sich dort währenddessen pediküren lassen? Lernen Sie, Ihren Hund zu verwöhnen, wir verraten, welche Sorte Nagellack die beste ist, ob man ihm das Fell färben kann, und ob man ihm nicht dazu noch ein schickes Tattoo verpassen sollte. Gleichzeitig ist das Leben mit einem vierbeinigen Anhängsel nicht nur eitel Sonnenschein. Der Job hat auch seine schmutzige Kehrseite – sie heißt Hundehaufen. Wie beseitigen Sie die Hinterlassenschaft Ihres Lieblings – gibt es da eine bestimmte Technik? Ich finde es wichtig, Ihnen solche Dinge zu vermitteln, denn Ihr Tierarzt wird davon ausgehen, dass Sie wissen, was Sie zu tun haben, und Ihnen daher keinerlei Hilfe sein. Das Leben ist kurz (und kürzer noch, wenn Sie ein Hund sind), also tun Sie alles, um Ihr Haustier zu verwöhnen.

Was hat es mit Hundetagesstätten auf sich?

Eine Hundetagesstätte ist so ziemlich dasselbe wie eine Kindertagesstätte – ein Ort, an dem Sie Ihren Augenstern ein paar Stunden am Tag abliefern, damit er unter Hunde kommt und mit anderen spielen kann, statt den ganzen Tag über daheim eingesperrt auf Sie zu warten, während Sie bei der Arbeit sind. Und genau wie beim Kindergarten gibt es gewisse Vorsichtsmaßnahmen, die Sie treffen sollten. Sie wissen doch, wie viel stärker Kinder, die in Gruppen herumtoben, mit Schniefnasen und irgendwelchen unschönen Keimen in Berührung kommen? Dasselbe gilt für Welpen. Suchen Sie sich eine Tagesbetreuung mit gutem Leumund, die darauf achtet, dass alle Impfungen auf dem neuesten Stand sind und dass Ihr Hund gegen Zwingerhusten geimpft ist. Sorgen Sie dafür, dass Ihr Welpe mindestens drei seiner Grundimpfungen bereits intus hat, beziehungsweise dafür, dass bei Ihrem erwachsenen Hund die Impfungen stets aktualisiert (sie haben jährlich zu erfolgen) und nicht gerade in den letzten ein oder zwei Tagen vor seinem ersten Besuch dort gegeben wurden. Sie wollen, dass der Impfstoff greift, bevor Sie Augenstern all diesen Viren und Bakterien aussetzen.

Eine weitere Mahnung zur Vorsicht, die es im Zusammenhang mit einer Hundetagesbetreuung zu beachten gilt, hat mit dem Umstand zu tun, dass unter Hunden von Natur aus eine Hierarchie besteht. Wenn Sie also einen dominanten oder aggressiven Hund Ihr eigen nennen, sollten Sie mit Ihrem Tierarzt oder einem Hundetrainer reden, bevor Sie ihn zu einem Hundebolzplatz oder in eine Tagesbetreuung geben. Grundsätzlich rate ich davon ab, Hunde, die gegen andere Hunde oder gegen Spielzeug aggressiv werden, sowie dominante Tiere an solche Orte mitzunehmen, weil sie dazu neigen, Kämpfe vom Zaun zu brechen, und man am Ende Sie für die Versorgung der Bisswunden beim Unterlegenen finanziell haftbar machen wird, was Sie eine Stange Geld kosten kann. Wenn Sie andererseits einen sehr kleinen unterwürfigen Hund besitzen, wird er auf Hundespielplätzen oder in der Tagesbetreuung womöglich »gemobbt«. Halten Sie nach einer Tagesstätte mit angemessener »Spielgruppenaufteilung« Ausschau (eine für Hunde unter fünf Kilo, eine für Hunde zwischen zehn und fünfundzwanzig Kilo und eine für Hunde über fünfundzwanzig Kilo).

Suchen Sie eine Tagesstätte, die sauber ist und in der sich mehrere Leute die Aufsicht teilen. Eine, in der es mehrere Wassernäpfe gibt und die über strenge Impf- und Gesundheitsstandards verfügt. Gehen Sie ein paarmal zum Anschauen hin, bevor Sie Ihren »Kleinen« dort abliefern. Beobachten Sie, ob es unter den Hunden irgendwelche Schlägertypen gibt. Lassen Sie sich erklären, wie man dort mit Verletzungen umgeht und wer der Tierarzt für die Notfallambulanz ist. Verlangt die Einrichtung eine »Patientenverfügung« für Augenstern? Mit anderen Worten, hat man dort von Ihnen Notrufnummer, Kreditkartennummer und klare Anweisungen betreffs Ihrer medizinischen Wünsche? Wenn Sie, im Falle, dass etwas passieren sollte, die Privatpatientenzusatzversicherungsextraversorgung für Ihren Hund haben wollen, sorgen Sie dafür, dass die Leute in der Tagesstätte wissen: »Für Augenstern nur das Beste!« Grundsätzlich ist eine Hundetagesstätte für umgängliche Hunde eine wunderbare Gelegenheit, in sicherer Umgebung mit anderen Hunden herumzutollen. Achten Sie nur darauf, dass sie Ihren hohen elterlichen Ansprüchen in vollem Umfang entspricht!

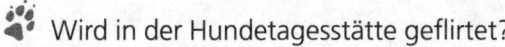 Wird in der Hundetagesstätte geflirtet?

Wird Sammy in der Tagesbetreuung der Hündin seiner Träume begegnen? Möglich wäre es! Mein Hund hat nicht viele Freunde, aber er hat eine alte Flamme, Aggie, die erste Hündin, die er kennengelernt hat. Vielleicht werden Sie feststellen, dass auch Sammy auf ein oder zwei Gefährtinnen ein besonderes Auge geworfen hat.

Ein weiteres Plus an der Hundebetreuung ist, dass sich dort auch Menschen näherkommen. Hundetreffs oder Tagesstätten für Hunde sind die perfekten Singlebörsen für Hundehalter, die nach nicht allergischen vorurteilslosen Partnern Ausschau halten. Und es gibt nichts Unschuldigeres als eine harmlose Verabredung zum Spielen außerhalb der Öffnungszeiten …

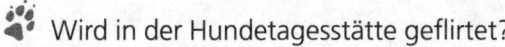 Sollte ich meinen Freund verlassen, weil er meinen Hund nicht mag?

Ja. Wenn Sie mir nicht glauben oder näherer Beweise bedürfen, lesen Sie weiter.

Genau wie man es erwarten würde, tendieren Frauen eher dazu, Ihre Haustiere zu lieben, als Männer. Laut einer Studie des Marktforschungsinstituts Harris Interactive im Auftrag eines Herstellers von Floh- und Zeckenhalsbändern spüren offenbar 31 Prozent aller Frauen zu ihrem Hund eine stärkere Bindung und verbringen mehr Zeit mit ihm als ihre zweibeinigen Partner. Nur 15 Prozent aller Männer empfinden ebenso.[1] Die Beziehung zum eigenen Hund hat auch Auswirkungen darauf, wer mit wem ausgeht: Offenbar schicken dreimal so viele Frauen wie Männer (16 Prozent) ihren Partner in die Wüste, wenn ihr Hündchen bei ihm nicht vor Freude Männchen macht. Bei den Herren der Schöpfung sind es im umgekehrten Falle nur sechs Prozent.[2] Das könnte nun freilich heißen, dass Männer nüchterner sind und konkretere, triftigere Gründe brauchen, um uns fallenzulassen. Es könnte aber auch heißen, dass Männer herzlos und leichtfertig sind und sich locker zwischen zwei »großen Lieben« aufteilen können, die ihnen letztlich beide nicht allzu viel bedeuten. Stoff zum Grübeln, Mädels!

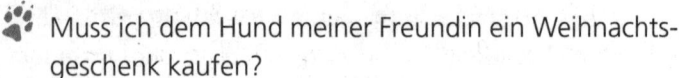 Muss ich dem Hund meiner Freundin ein Weihnachtsgeschenk kaufen?

Gerade angefangen, mit der »Frau des Lebens« auszugehen? Den Eindruck, die neue Freundin könnte ein Geschenk für ihren vierbeinigen Handtaschenbewohner erwarten? Darauf können Sie Gift nehmen! Es mag nicht zwingend sein, aber ich kann Ihnen garantieren, dass Sie mit sorgsam ausgesuchten Geschenken zwei Herzen auf einen Schlag für sich gewinnen werden. Schauen Sie im Internet nach Hundezubehör und -firlefanz. Es wird Sie erschlagen. Erledigen Sie Ihre Surferei nur nicht am Arbeitsplatz: Wenn Ihre Kumpels

Sie dabei erwischen, wie Sie in rosafarbenen, mit Fleece gefütterten kuschligen Handtäschchen schwelgen, avancieren Sie rasch zur Lachnummer des Bürowürfelbiotops.

In Ihren freien Stunden aber sollten Sie eine gigantische Vielfalt an Hundepräsenten aller Art auftun können, einen »Zwölf-Leckerli-Kalender« zum Beispiel, Gold- und Silberdiademe, welpensichere Perlenketten, Socken und Hundedecken mit Monogramm oder aufgesticktem Namen, interaktives Spielzeug, Hundehelme (für den Fall, dass der betreffende Vierbeiner gerne mit seinem Harley oder Fahrrad fahrenden Besitzer mitfahren will), Hundebuggys, Hundeglückskekse, Sonnenbrillen und beruhigende Videos oder CDs, damit privilegierte Vierbeiner fernsehen oder sich das Miauen einer Katze anhören können, wenn Sie nicht im Haus sind. Sie können es auch mit was ganz Besonderem versuchen, einem Strickpulli etwa nach einem Muster von Anna Tillman, die Stricksüchtigen beibringt, wie man Legwarmer (willkommen in den Achtzigern!), Mäntel und Hundepullis für den gepflegten Hund fertigt.[3] Eine andere Möglichkeit wäre der gegenwärtig neueste Schrei: Kaubälle (von Planet Dog) mit Pfefferminzaroma, in denen ein Leckerbissen versteckt ist.

Sie finden die Geschenke zu »mädchenhaft«? Wenn Sie finden, dass Timmy nach einem langen Tag auf dem Sofa lieber ein Bier mit Rindfleischaroma hätte, kaufen Sie ihm Happy Tail Ale. Das Hundebier gibt es in verschiedenen Geschmacksrichtungen, unter anderem mit Rindfleischaroma, es wird im praktischen Sixpack geliefert und kostet so viel wie ein 24er-Kasten von Ihrem Lieblingsbier. Probieren Sie es mal – das Bier enthält sogar knorpelstärkende Inhaltsstoffe wie Glucosamine.

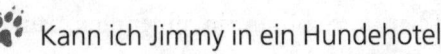 Kann ich Jimmy in ein Hundehotel geben?

Es ist mehr als wahrscheinlich, dass Sie das können. Als weiteren Beweis dafür, dass die Wallstreet uns nicht aus den Augen lässt, hat Tom Sullivan vom Anlegermagazin *Barron's* kürzlich berichtet, dass wir in den vergangenen fünf Jahren 35 Prozent mehr für unsere geliebten vierbeinigen Freunde ausgegeben haben.[4] Junge Karrieremenschen realisieren, dass Jimmy ein gutes Kind zum Trainieren abgibt, und so mancher Babyboomer und mancher verwaiste Hüter eines eben noch bevölkerten Nestes mag zu der Überzeugung gelangen, dass Jimmy sehr viel loyaler und dankbarer ist als ein Menschenkind. Die Folge von alledem ist, dass die Marktführer unter den Vertreibern von Hundefutter und Hundezubehör nicht nur angefangen haben, die Dienstleistungen für Hundebesitzer allgemein zu verbessern, sondern darüber hinaus Hundehotels wie Pilze aus dem Boden schießen lassen, inzwischen gibt es in Europa sogar eine Hotelkette der Luxusklasse. Für läppische 20 bis 30 Euro kann Ihr Jimmy solche Annehmlichkeiten wie individuelle Tagesbetreuung, Welpenspielstunde, Rund-um-die-Uhr-Fürsorge, tierärztliche Rufbereitschaft, Spaziergänge im Freien, Hundekörbchen, ja sogar hypoallergene Lammfelldecken genießen. Separate Lüftung, Klimaanlage, Temperaturkonstanz, Pediküre (okay, Krallenstutzen) und Zielgruppenfernsehen für Hunde sind ebenfalls verfügbar, ebenso große Fensterfronten für den Fall, dass Jimmy Gefallen daran findet zu verfolgen, was da draußen vor sich geht. Manche Angebote beinhalten obendrein Kong-Spielzeug, fettfreie, laktosefreie Eiscreme und sogar ein Hundehandy – ein Telefon, über das Sie mit Jimmy kommunizieren können, während der am anderen Ende andächtig Ihrer Stimme lauscht. Sollten Sie Jimmy also nicht mit ins Vier Jahreszeiten nehmen können, seien Sie gewiss, dass er seine eigene Luxuswelt genießen wird, während Sie unterwegs sind! Sollten Sie es nicht ertragen, auf Reisen von Ihrem Hund getrennt zu sein, suchen Sie sich ein Hotel, das Hunde erlaubt. Vielleicht wird er nicht ganz so verwöhnt, aber Ihr Hund wird Sie vermutlich ohnehin jedem Hundefernsehprogramm vorziehen.

 Soll ich meinen Hund mit in die Ferien nehmen?

Einer Umfrage eines amerikanischen Hundezubehörherstellers zufolge erwägen inzwischen 45 Prozent der Hundebesitzer, ihren Familienurlaub mit Hund zu verbringen.[5] Schon John Steinbeck hatte erkannt, wie wichtig es ist, den eigenen Vierbeiner mit auf Reisen zu nehmen, und seine Erfahrungen in *Die Reise mit Charley*[6] in schönster Weise verewigt, einer Abenteuerreise, die ihn zusammen mit seinem Französischen Pudel Charley quer durch den amerikanischen Kontinent führt. Es gibt eben nichts Neues unter der Sonne, Leute! An alle Workaholics und mit Aktien jonglierenden Ehemänner da draußen: Lasst euch mal diese Zahlen auf der Zunge zergehen: 31 Prozent aller Tierbesitzerinnen geben an, mehr Zeit mit ihrem Haustier zu verbringen als mit ihrem Ehemann.[7] Wenn Ihr Gatte oder Ihre Gattin nicht mit Ihnen in Urlaub fahren kann, ist es womöglich die Überlegung wert, einen Kurztrip mit Hunderundumbetreuung zu buchen.

Hat Ihr Hund Spaß daran, im Strandurlaub der vierbeinigen Weiblichkeit Muscheln ausbuddelnd und Treibholz apportierend zu imponieren? Das Hilton São Paulo Morumbi hat etwas im Angebot, das jedes Ihrer sechs Beine verwöhnen wird! Sie haben nicht nur tagtäglich Frühstück und zwei Wellnessoptionen frei (nur für Menschen natürlich), nein, Ihr Hund wird obendrein den Tag über betreut und bekommt jede Menge Wanderwege durch Brasilien gezeigt. Andere Urlaubsoptionen beinhalten Hundecamps, zum Beispiel in Gestalt einer Flucht in die unberührten Herbstwälder Neuenglands, wo Sie mit Ihrem Hund herumtollen und andere, Hunden ebenfalls zugetane, Freizeitgestalter kennenlernen können. Es gibt Camps, die Agility-Training anbieten, ganztägiges Frisbee-Spiel, ja sogar Unterricht im Schafe- und Ziegenhüten (vor ein paar Jahren wurde ein Mops namens Muggles zum besten Hütehund preisgekrönt, siehe Anmerkungen). Wenn es nicht so sehr Ihr Ding ist, an der Seite Ihres Vierbeiners Schafe und Ziegen jagend durch Schlamm und Mist zu stapfen, bietet das Camp auch Unterricht für das zweibeinige Volk. Titel: »Ernährung«, »Wiederbelebung und Erste Hilfe bei Hunden« und »Vermeidung und Behebung von Verhaltensproblemen«. Dieses Camp bietet sogar Handwerkliches und Workshops wie »Massage für Hunde«, »Tellington Touch und Kommunikation mit Tieren« und »Hundehaar spinnen«.

Wenn Sie weniger der Typ für durchorganisierte Kursangebote sind und eher auf Abenteuer in der Wildnis stehen, schauen Sie einmal unter http://www.dogpaddlingadventures. com nach, dort finden Sie und Ihr Hund das ganze Jahr über Angebote wie Skijoring, Wandern, Paddeln, Schneeschuhwandern und Schwimmen. Solche Unternehmungen können sich auch als perfekte Gelegenheit erweisen, für Ihren Hund einen »Partner« zu finden (und praktischerweise für Sie gleich mit!). Das Internet wimmelt von Ferien mit Haustierbetreuung! Sie sind die perfekte Möglichkeit, zusammen mit Ihrem geliebten Vierbeiner eine denkwürdige Reise zu unternehmen. Ach ja, beinahe hätte ich es vergessen: Ihre Kinder und Ihre bessere Hälfte können natürlich auch mit.

 Kann ich meinen Hund mit zur Arbeit nehmen?

Oben bereits zitierter Umfrage zufolge, sowie laut einer Studie der Vereinigung Amerikanischer Tierzubehörhersteller (APPMA), einer Online-Umfrage des Forums für Hundebesitzer Dogster und der Job-Suchmaschine SimplyHired. com zufolge, wären 30 bis 60 Prozent aller Leute daran interessiert, ihren Hund mit zur Arbeit nehmen zu können.[8,9] Diese Studien zeigen auch, dass die Leute tatsächlich effizienter und länger arbeiten, wenn sie wissen, dass sie nicht nach Hause düsen müssen, um ihren Hund pünktlich rauszulassen.[10] Hallo, ihr Chefs: Ihr wollt ein effizientes, hart arbeitendes Team, in dem es wie geschmiert läuft, könnt es euch aber nicht leisten, jedem dasselbe sechsstellige Gehalt zu zahlen? Nun werfen Sie uns schon den Knochen hin und lassen Sie uns unsere Vierbeiner mit zur Arbeit nehmen. Von allem anderen abgesehen sind unsere Hunde sowieso besser um sich zu haben als die meisten unserer Kollegen!

Schätzungsweise 10 000 nordamerikanische Firmen lassen es zu, dass Hunde ihre Besitzer zur Arbeit begleiten.[11] Warum? Weil Umfragen ergeben haben, dass Haustiere am Arbeitsplatz dazu beitragen, Stress abzubauen, die Beziehung zwischen Kollegen am Arbeitsplatz verbessern und für eine zufriedenere Belegschaft sorgen. Befragte Angestellte glaubten, dass Hunde am Arbeitsplatz auch dazu beitrügen, Fehlzeiten zu verkürzen, die Beziehung zwischen Managern und ihren Beschäftigten zu verbessern (Schau an, Timmy!) und die Arbeitnehmer zu mehr Kreativität und längeren Arbeitszeiten anzuspornen. Gibt es in Ihrem Betrieb einen »Casual Friday«, an dem eine legerere Kleiderordnung gilt? Wie wäre es mit der Einführung eines »Furry Friday« (zu Deutsch etwa: Haariger Freitag), an dem die Beschäftigten ihren Hund mit zur Arbeit bringen dürfen?

Natürlich wäre all das ein Albtraum für jeden Mitarbeiter mit Allergien. Wenn es in Ihrem Bürogebäude mehrere Stockwerke gibt, können Sie Ihrem Chef ja vorschlagen, dass alle Allergiker und Nichthundefans auf einem Stockwerk oder in einer Abteilung zusammengelegt werden. Auch wäre eine strukturierte Haustierpolitik unerlässlich. Ich persönlich plädiere sehr für gewisse Normen und die konsequente Ahndung von Wiederholungsvergehen: Wenn Ihr Hund zu temperamentvoll ist, wenn er sabbert, Bürogegenstände anknabbert, besonders garstig ist oder was von einem Belloholic hat, ist es einfach nicht fair, den Kollegen so etwas zuzumuten. Am Arbeitsplatz sollten strenge Regeln gelten, zum Bei-

spiel: Keine Hunde auf Möbeln, keine Hunde in Konferenz-
zimmern und Essbereichen und strikter Leinenzwang. Und
es versteht sich von selbst, dass jeder, der die Hinterlassenschaften seines Hundes nicht prompt beseitigt, auf der Stelle sein Privileg verliert. Und schließlich: Denken Sie daran,
auch diejenigen zu respektieren, die nicht so viel für unsere
vierbeinigen Babys übrighaben. Wenn wir einen »Bringen-
Sie-Ihr-brüllendes-Kleinkind-mit-zur-Arbeit«-Tag hätten,
würde ich auch streiken.

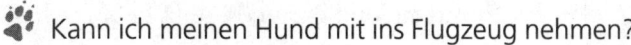 Kann ich meinen Hund mit ins Flugzeug nehmen?

Viele Hunde verängstigen der Lärm, das Vibrieren und
das Gefühl von Schwindel und Übelkeit, das sie in einem
Flugzeug befällt. Wenn Sie nur übers Wochenende oder
für eine Woche verreisen, sollten Sie sich reiflich überlegen, ob dies den Stress wert ist, den Sie Ihrem Hund damit aufbürden. Er schläft unter Umständen wirklich lieber
zu Hause, als viele Stunden verwirrt und in Furcht vor lauten Geräuschen durchzustehen. Wenn Sie natürlich zu Ihrem Blockhaus am See aufbrechen und Ihr Hund ein begeis-
terter Schwimmer ist, dann kann der Gewinn am Ende den
Stress davor durchaus wert sein. Im Folgenden ein paar ganz
allgemeine Tipps für eine sichere Flugreise, die Sie beherzi-
gen sollten, bevor Sie Ihr Gepäckstück Nummer eins befördern.

Als Erstes sollten Sie bei Ihrem Tierarzt einen Sonder-
termin für eine Routineuntersuchung vereinbaren. Ihr Hund
muss ein gültiges Gesundheitszeugnis jüngeren Datums

haben, damit Sie nachweisen können, dass er keine äußeren oder inneren Parasiten an sich hat und ordnungsgemäß geimpft worden ist. Es ist im Regelfalle ratsam, dies etwa zehn Tage vor der Abreise zu erledigen. Denken Sie daran, die Bescheinigung auf der ganzen Reise stets griffbereit zu halten, für den Fall, dass Sie an einem Polizeiposten oder einer Grenzkontrolle danach gefragt werden sollten. Wenn Sie beim Tierarzt sind, bitten Sie die Angestellten, dem Hund die Krallen zu stutzen, damit sie sich nicht in Bettzeug verfangen, Flughafenpersonal verletzen oder die Hundebox zerkratzen, wenn Ihr Hund jaulend darum bettelt, herausgelassen zu werden.

Besprechen Sie, wenn Sie mit Ihrem Hund eine Flugreise machen müssen, Ihre Flugpläne mit der Fluggesellschaft. Verschiedene Luftfahrtunternehmen stellen eine ganze Reihe von Bedingungen, die einzuhalten sind, bei manchen sind nur bestimmte Rassen zugelassen (Continental zum Beispiel befördert Pitbulls und Rottweiler nicht – trotzdem werde ich mich hüten, zum Boykott aufzurufen), darf die Hundebox nur bestimmte Maße haben oder muss gar von einem bestimmten Hersteller sein, es kann bestimmte Kennzeichnungsvorschriften geben, ja sogar Vorschriften für Futter und Wasser. Bitte halten Sie Wochen im Voraus Rücksprache mit der Fluggesellschaft, damit Sie nicht in letzter Minute rotieren müssen. Manche Fluggesellschaften erlauben Minihunde in einem weichen Behältnis in der Fahrgastkabine, das kostet oftmals eine Gebühr von 50 bis 100 Dollar, und Ihr Hund muss *die ganze Zeit* über in seinem Tragekorb unter dem Sitz bleiben (wozu Sie ihm unter Umständen ein Beruhigungsmittel werden verabreichen müssen). Damit soll den steifen, verklemmten Leuten um Sie herum Respekt gezollt werden, die keine Tiere mögen oder allergisch sind. Manchmal können Sie diese Leute besänftigen, indem Sie Ihnen ein Geschenk machen, das den Nutzen von Tieren unter Beweis stellt – einen selbstgestrickten Pullover aus Hundehaaren zum Beispiel. Auf diese Weise schaffen Sie einen Ausgleich dafür, dass sie den Hund neben sich dulden müssen, und am Ende hat jeder gewonnen!

Wenn Sie Ihren Flug buchen, dann entscheiden Sie sich für einen Direktflug, damit Ihr Vierbeiner keinen langen Zwischenstopp oder lange Wartezeiten auf der Rollbahn bei sengender Hitze erdulden muss. Wenn Sie im Sommer fliegen, sollten Sie darauf achten, dass Sie einen Flug früh am Morgen oder spät am Abend nehmen, um die Höchsttemperaturen am Tag zu meiden. Im Winter sollten Sie den kürzesten Flug nehmen, den Sie bekommen können, und ihm eine kuschlige Decke geben, um ihn warm zu halten (solange Sie sicher sein können, dass er diese nicht auffrisst), von den meisten Fluglinien wird er (werden selbst Sie, so Sie nicht deutlich erkennbar einen Schock durch Unterzuckerung erlitten haben) nämlich nichts zu futtern bekommen.

Als Nächstes müssen Sie sich eine Tragebox von passender Größe zulegen (oder leihen) und dem Hund Gelegenheit geben, sich *langsam* daran zu gewöhnen. Mit anderen Worten: nicht erst am Abend vorher! Weitere Hinweise finden Sie in dem Abschnitt zur Gewöhnung von Hunden an eine Hundebox. So Ihr Hund kein Diabetiker ist und auch keine andere Stoffwechselstörung hat, die längeres Fasten verbietet, sollten Sie ihn vier bis sechs Stunden vor dem Flug zum letzten Mal füttern. Damit verhindern Sie, dass er sich erbricht, wenn ihm im Flugzeug übel wird, und er womöglich Erbrochenes in die Atemwege bekommt. Viel Spaß übrigens, wenn Sie danach den Käfig heimtragen müssen!

Und schließlich sollten Sie, wenn es losgeht, hinreichend viel Zeit einplanen, um den Schalter zu finden, an dem Tiere abzugeben sind, mit dem Hund Gassi zu gehen (Das ist mein Ernst, nun mach schon, Hund!) und ihr eigenes Reisefieber in den Griff zu kriegen. Denken Sie daran, dass Ihr Hund Ihre Hysterie spürt, versuchen Sie also ruhig zu bleiben! Sie werden es beide heil überstehen ... und sollten Sie im allerschlimmsten Falle auf irgendeiner Gruselinsel stranden, kann er Sie immer noch vor dem Verhungern bewahren! War ein Scherz! Menschen überleben einen Flugzeugabsturz nicht. Viel Glück!

🐾 Ich muss mit Fiffi quer durchs Land fliegen. Kann ich ihr eine von meinen Valiumpillen geben?

Ruhigstellen oder nicht ruhigstellen ... das ist hier die Frage. Wenn Ihr Hund ohnehin die Gewohnheit hat, unterwegs durchzudrehen, zu hecheln und zu sabbern und sich hysterisch gegen das Autofenster zu werfen, ist es vielleicht ratsam, den Tierarzt nach einem leichten Beruhigungsmittel zu fragen (etwas wie Azepromazin oder Benadryl), um einen Flug »erträglich« zu machen. Ich bin durchaus für eine Ruhigstellung, solange ein paar Tage oder Wochen vorher zu Hause ein »Probedurchlauf« stattgefunden hat. Allerdings sollten

Sie Fiffi auf keinen Fall ein Beruhigungsmittel verabreichen ohne zuvor mit einem Tierarzt gesprochen zu haben. Und solange das Medikament wirkt, sollten Sie Fiffi nicht ans Steuer setzen und keine schweren Maschinen bedienen lassen.

 Trocknet Hundenagellack Daisys Krällchen aus?

Na toll. Dreizehn Jahre Ausbildung, acht davon auf Eliteschulen, und was mache ich? Ich beantworte Fragen über Hundenagellack. Kein Wunder, dass meine Eltern versucht haben, mich zum Humanmedizinstudium zu überreden …

Es ist nichts dagegen einzuwenden, dass Sie Daisy die Zehennägel bepinseln. Es macht Spaß, sieht süß aus und gibt Ihnen beiden ein wohliges Gefühl von Nähe. Die Firma Color Paw bietet siebenundzwanzig verschiedene Farben an von »Baby Blue« und »Blueberry Pearl« über »Green Tea« und »Spearmint Pearl« bis hin zu »Jet Black« für die Goth-Hund-Besitzer unter Ihnen. Eine Schicht genügt, Hundelack trocknet rasch und ist wasserbeständig, hält lange und blättert nicht ab. Warum gibt es so was nicht für uns! Sie können die Krallen sogar mit einem Desinfektionsspray oder einem Trockenspray vorbehandeln, das den Lack noch schneller trocknen lässt. Wenn Daisy allerdings eine Verhornungsstörung oder trockene, splitternde und sich leicht ablösende Krallen haben sollte, ist es sicher gesünder, von der Lackiererei Abstand zu nehmen. Ansonsten steht dem nichts im Weg. Fragen Sie Ihren Tierarzt, ob Daisys Krallen gesund genug sind, und Ihre Kinder, welche Farbe Sie nehmen sollen.

Kann ich meinem Hund ein Ohr-Piercing machen lassen?

Zwar bin ich das schon mehrfach gefragt worden, und ja, praktisch ist das möglich, aber ich empfehle es im Allgemeinen nicht. Hunde sind wunderbare Geschöpfe, unter anderem weil ihnen Eitelkeit und Selbstsucht abgehen. In vielen Fällen projizieren wir unser menschliches Verlangen in unsere Haustiere. Weil das Ganze eine so schmerzhafte (wenn auch kurze) Prozedur ist und ein Hund den Sinn eines Ohr-Piercings nicht verstehen würde, sich überdies beim Kratzen das Ohr verletzen könnte, sodass sich ein Ohrhämatom bildet, das beim Vernarben zum bekannten »Blumenkohlohr« mutiert, wie es viele Boxer, Ringer und Kampfsportler haben, finde ich die ganze Aktion überflüssig. Ein kleines Glitzerteilchen im Ohr mag sich niedlich anhören, ein dick geschwollenes Blumenkohlohr ist alles andere als niedlich. Wenn Ihr Hund unbedingt einen Ohrring haben muss – er hört nicht auf zu quengeln, stimmt's? –, kaufen Sie ihm einen billigen Clip. Oder besser noch eine ganze Tüte. Und passen Sie auf, dass er sie nicht aus Rache auffrisst.

 Kann ich meinen Hund tätowieren lassen?

Manche Hunde werden von ihrem Züchter oder Tierarzt tätowiert. Vor allem Hunde, die sich auf der Rennbahn tummeln, erhalten eine Tätowierung. Man sieht so etwas am häufigsten bei Zuchthunden und Rennhunden, weil diese viel auf Reisen sind und rasch zu identifizieren sein müssen. Mit der Einführung von Mikrochips (die Besitzer und Tierarzt auf einem winzigen Chip, der unter die Haut gepflanzt wird, Informationen liefern), ist die Tätowierung seltener geworden. Generell muss diese unter Vollnarkose oder starker Betäubung erfolgen und kann sehr schmerzhaft sein. Genau wie bei Piercings in Hundeohren rate ich – außer zum Zwecke der Identifizierung – davon ab. Eine Einstellung à la »Hunde sind wunderbare Geschöpfe, unter anderem weil ihnen Eitelkeit und Selbstsucht abgehen« macht es einem sehr schwer, eine Ausrede dafür zu finden, dass man die Haut des eigenen Hundes missbrauchen sollte, um die eigene Ideologie zu Markte zu tragen. Bitte schreiben Sie sich das hinter die Ohren: Hunde sind keine Modeartikel. Tätowierungen sind sehr schmerzhaft und, noch einmal, sie sind für sie mehr oder minder nutzlos. Also keine »Mami-ich-hab-dich-lieb«-Tattoos, bitte, ja?

 Kann ich meinem Pudel das Fell färben?

Obschon manche Leute, unter anderem auch manche Tierärzte, ein weltanschauliches und moralisches Problem mit gefärbtem Hundefell haben, lautet die gute Nachricht, dass das Färben im Prinzip harmlos ist. Hunde und Katzenhaar ist jedoch nicht dasselbe wie Menschenhaar, verwenden Sie also ein für Tiere geeignetes, von Tierdermatologen abgesegnetes Produkt, wenn Sie Flöckchen einfärben wollen. Ich persönlich finde, dass Hunde und Katzen großartig sind, wie sie sind (*au nature* eben), und dieselbe Einstellung habe ich auch zu Menschen (minimales Make-up. Man sieht was man hat!). Ich habe ein paar meiner Patienten eingefärbt gesehen – vor allem um Halloween herum –, und bei manchen sah das echt süß aus. Wie war das nochmal mit jenem Pink Poodle, der den Frauen rund um die Welt Schreie des Entzückens entlockt?

🐾 Wenn ich meinem Hund den Schwanz kupieren lasse, wächst der dann wieder nach?

Ein Schwanz besteht aus Wirbelknochen und Steißbein. Das ist bei jedem so, selbst bei Ihnen und mir, nur ist bei uns der Schwanz sehr, sehr viel kürzer als bei anderen Geschöpfen. Schwänze sind in der Evolution aus den verschiedensten Gründen entstanden: Bei manchen Arten sind sie zum Ausbalancieren da und dazu, lästigen Besitzern gegenüber Ärger auszudrücken (Katzen), bei anderen wird mit ihrer Hilfe Gift in andere Tiere gespritzt (Skorpione), manche greifen mit ihnen Zweige, um sich festzuhalten und an ihnen entlangzuturnen (Affen), andere brauchen sie zum Schwimmen (Fische), um Gefahr zu signalisieren (Rehe), einen Partner zu finden oder schlicht anzugeben (Pfauen). Ihr Hund braucht seinen Schwanz als Mittel zur Kommunikation und zum Ausdruck von Emotionen (es macht nämlich Spaß, Ihnen das Weinglas vom Tisch zu wedeln, um Ihnen zu zeigen, wie froh er ist)! Manche Echsen-Arten können als Teil eines eingebauten Mechanismus zur Flucht vor einem Räuber ihren Schwanz abwerfen. Bei Ihrem Hund ist das nicht der Fall, zerren Sie also bitte nicht daran!

Bei bestimmten Rassen sehen die Regeln aus ästhetischen Gründen einen kupierten Schwanz vor (vor allem bei Boxern, Welsh Corgis und Australian Shepherds ist das der Fall). Der amerikanische Hundezüchterverband AKC (American Kennel

Club) hat ein Kupieren des Schwanzes unlängst als »akzeptabel« und »entscheidend wichtig zur Erhaltung des Rassecharakters und/oder zur Verbesserung des Gesundheitszustands« bezeichnet.[12] Aufgrund ethischer Bedenken haben andere Länder, darunter Deutschland, jedoch das Kupieren inzwischen verboten, und manche Tierärzte weigern sich auch bei uns, diesen Eingriff durchzuführen.[13] Nein, der Schwanz wird nicht nachwachsen, genauso wenig wie ein verlorener Finger oder ein anderes abgetrenntes Glied nachwachsen werden. Manchmal passieren Unfälle (Frauchen hat die Tür zugeknallt, und meinen Schwanz dabei eingeklemmt), und man muss aus medizinischen Gründen eine Teilamputation des Schwanzes durchführen. Anderweitig gibt es keine echten physiologischen Gründe, den Schwanz abzunehmen. Ich persönlich hab's zu gern, wenn JP mit dem seinen wedelt, hat er doch keine bessere Möglichkeit auszudrücken, wie sehr er sich freut!

 Lässt Fee sich gerne verkleiden und mag sie Kleider?

Auch wenn sie damit noch so unwiderstehlich aussieht, ist noch lange nicht gesagt, dass Fee es toll findet, Verkleidungen, Ballettröckchen, Hüte oder Sonnenbrillen tragen zu müssen. Wenn Sie bemerken, dass sie (a) ihr von Ihnen selbst geschneidertes Kostüm abzustreifen versucht, (b) sich auf dem Fußboden wälzt oder (c) vor Ihnen davonrennt, dann ist das ein untrügliches Zeichen dafür, dass sie Ihre Kreativität nicht zu schätzen weiß. Im Allgemeinen ist ein Hund, der Klamotten an sich duldet, eher selten. In aller Regel wird Fee so etwas lästig finden.

Pullover oder Mäntel hingegen finden viele Hunde zum Glück toll, vor allem, wenn sie damit assoziieren, dass es nun auf einen Spaziergang geht. Mir sind ein paar Hunde begegnet, die herbeigerannt kamen und Männchen machten, um sich einen Pullover überstreifen zu lassen. Sie werden Ihren Hund diesbezüglich auf die Probe stellen und austesten müssen, ob er so was toleriert oder nicht – wenn es ihm stinkt, wird er es Sie wissen lassen. Wenn Sie die Wahl hätten, würden Sie dann lieber splitterfasernackt herumrennen oder sich in Ihren Bewegungen durch beengende Kleidung einschränken lassen? Klar, oder? Nackt! Auf jeden Fall nackt!

 Muss man einen Hund auf die Handtasche trainieren?

Manche Leute haben Spaß daran, ihren Hund in der Handtasche oder einem Rucksack herumzutragen, vielleicht gar in einem Kinderwagen herumzukutschieren. Leider ist es, nur weil Sie einen kleinen flauschigen Hund besitzen, der in einer Gucci-Tasche umwerfend aussieht, noch lange nicht gesagt, dass er oder sie dies ebenfalls ohne Wenn und Aber berückend finden wird. Sie werden ihn vielleicht ein bisschen darauf trainieren müssen. Ob Sie es glauben oder nicht, solches Training ist tatsächlich wichtig, denn wenn er unvermittelt herausspringt, kann er sich verletzen.

Wenn Sie die Gelegenheit haben, sollten Sie mit dem Training beginnen, solange er noch klein ist. Versuchen Sie, ihn mit positiver Verstärkung zu belohnen, wenn er brav stillhält, füttern Sie ihm sein Lieblingsleckerli, es reicht auch ein einfaches »braver Hund«, verbunden mit einem liebevollen

Kopfkraulen. Fangen Sie mit kurzen Intervallen an, setzen Sie sie ihn ein paar Minuten in die Handtasche, belohnen Sie ihn und lassen Sie ihn noch während er brav ist wieder frei. Wenn Sie das nämlich tun, während er jault und sich frei zu strampeln versucht, belohnen Sie ihn für »schlechtes Benehmen« und vermitteln ihm den Eindruck, dass Strampeln, Jaulen und Heulen mit sofortiger Aufmerksamkeit bedacht wird. Keine Sorge: Mit der Zeit wird Ihr Hund lernen, die Tasche zu lieben, weil ihm schon bald aufgehen wird, dass diese einen Stadtbummel verheißt (auf dem er und Sie sich die Nägel lackieren lassen können).

🐾 Versteht mein Hund Babysprache (versteht er überhaupt Sprache)?

Ob Sie es glauben oder nicht, Ihr Hund versteht unter Umständen sehr wohl, was Sie von ihm wollen, auch wenn er es nicht immer unbedingt hören will. Kaum jemand glaubt mir, wenn ich sage, dass mein Hund etwas von Buchstaben versteht und kapiert, was ich zu ihm sage, aber er tut es wirklich. Er kennt »Ausgehen« und ein paar andere Wörter. Manche Hunde verfügen über ein größeres Vokabular als andere, aber ein Hund, der überhaupt nicht auf ein gesprochenes Wort reagiert, ist die Ausnahme.

Je »geschwätziger« Sie ein Kommando erteilen, desto schwieriger ist es allerdings für den Hund, die Bedeutung herauszuhören. Sie kennen vielleicht den klassischen Gary-Larson-Cartoon, in dem ein Mann seinen Hund Ginger schilt, er solle, verflixt nochmal, der Mülltonne fernbleiben, und der Hund nur hört: »Blah, blah, blah, blah, Ginger, blah, blah, blah, Ginger, blah, blah.« Aus diesem Grunde raten wir, Kommandos knapp, treffend und präzise zu formulieren (zum Beispiel nur in einem Wort: »Sitz!«). Denken Sie, wenn Sie mit Ihrem Hund reden, auch an die Wirkung Ihres Tonfalls und Ihrer Tonhöhe. Wie auch immer das Kommando lautet, Ihr Hund könnte die Betonung oder ihre Stimmlage falsch deuten und darauf reagieren statt auf den Inhalt (so wie er auf das Geräusch des Dosenöffners reagiert).

Ich persönlich glaube, dass Hunde die Stimme ihres Besitzers erkennen und oftmals beruhigend finden. Ich spreche mit meinem Hund zwar keine »Babysprache«, aber ich kenne eine Menge Leute, die das tun. Nun habe ich natürlich einen Pitbull, und da würde so etwas ziemlich töricht wirken, oder? Ich mache mir gerne den Spaß, meinen Hundesitter anzurufen, um mit meinem Hund per Freisprechanlage »reden« zu können – vielleicht nicht gerade in Babysprache, aber ich tröste mich gerne damit, dass er sich vielleicht freut, mich zu hören. Also, ich würde sagen, halten Sie das wie Sie wollen, ich erkläre Sie garantiert nicht für verrückt.

 Sehe ich meinem Hund ähnlich?

Nun, wenn Sie das schon fragen müssen … Als ich mit meinem Pitbull einmal auf dem Unigelände spazieren ging, sagte ein Tiermedizinstudent zu mir: »Das ist genau die Art Hund, die ich mir für Sie vorgestellt habe!« Nun, ich bin nicht sicher, dass ich wissen will, ob er diesen Kommentar nun auf unsere Persönlichkeiten oder auf unser Aussehen gemünzt hatte.

Zugegeben, ich bin eher der dunkle Typ mit schwarzen Augen – genau wie mein rehbrauner Pitbull (der genauso dunkle Augen hat wie ich). Außerdem ist er sehr muskulös und ich bin auch sportlich, also könnte es vielleicht das sein. Hoffentlich ist es das, andernfalls müsste der Student gemeint haben, dass wir beide nach harten Knochen, Ghetto und rauer Schale (mit weichem Kern) aussehen. Das hier ist die Hochschule, nicht *Dangerous Minds!*

Wenn jemand durchblicken lässt, dass Sie Ihrem Hund ähneln, würde ich das nicht als persönliche Kränkung empfinden (es sei denn, Sie sind wirklich sehr, sehr stark behaart). Wie wir alle wissen, gibt es zahllose Hunde, die zufällig genauso aussehen wie ihre Besitzer. Die Frage ist: Sehen sie *wirklich* aus wie ihre Besitzer oder vermenschlichen wir sie nur und suchen bei ihnen auf dieselbe Weise nach Ähnlichkeiten, wie wir dies auch tun, wenn wir Wolken und den Mond erblicken? Boah. Das ist knifflig … Andererseits sagt man ja auch, dass alternde Ehepaare einander mit den Jahren immer ähnlicher werden, warum sollte das bei Ihnen und Ihrem Hund also nicht so sein? Wenn das wahr ist, so hoffe ich, Sie denken zweimal nach, bevor Sie sich einen Shar-Pei zulegen. Der Himmel weiß: Das Letzte, was Sie im Alter brauchen können, ist ein paar Dutzend Extrafalten im Gesicht.

 Warum haben Hunde auf Fotos grell leuchtende Augen?

Das Tapetum lucidum ist eine Gewebeschicht im Augenhintergrund, genau genommen hinter der Netzhaut, und

125

die ist für die grell leuchtenden Augen vieler Tiere auf Fotos verantwortlich. Es handelt sich um eine reflektierende Gewebeschicht, die einfallendes Licht zurückwirft und so den Eindruck erweckt, als leuchteten die Augen im Dunkeln von sich aus. Sie ermöglicht Hunden, bei schlechten Lichtverhältnissen besser zu sehen, weshalb sie, wenn sie im Düstern in freier Wildbahn herumlungern, nicht nur schauriger wirken, sondern auch gefährlicher sind. In Ihrer Wohnung hingegen gibt dieser Effekt Ihrem kleinen Schnüffelpeter nur eine geheimnisvolle Aura. Wenn Sie ein Foto von ihrem Hund machen, wird das Blitzlicht Ihrer Kamera vom Tapetum lucidum reflektiert, und so bekommt Ihr Hund glühende Augen. Ich fürchte also, es handelt sich bei ihm doch nicht um die Reinkarnation Ihrer flamencobesessenen Großmutter. Bei manchen Rassen ist dieser Effekt ausgeprägter als bei anderen, Hunde mit blauen Augen zum Beispiel haben oft ein rötlich, Hunde mit braunen Augen ein grünlich schimmerndes Tapetum. Dank moderner Kamerafunktionen zur Verringerung solcher Effekte lassen sich diese heutzutage deutlich reduzieren, wenn nicht, gibt es noch immer den Adobe Photoshop.

🐾 Wie oft muss ich meinem Hund die Krallen kürzen?

Das kommt darauf an, wie sehr Sie an Ihrem Ledersofa hängen. Es ist grundsätzlich immer das Sicherste, die Krallen von Anfang an so kurz wie möglich zu halten. Denn das hält die Blutgefäße, die in die Krallen hineingehen, ebenfalls kurz. Je länger diese werden, desto schwieriger wird es mit der Zeit, dem Hund die Krallen zu schneiden. Die Klauen der Bekrallten im Haushalt kurz zu halten ist vor allem dann wichtig, wenn Sie Kinder oder andere Haustiere haben, weil die sich beim Spielen leicht daran verletzen können.

Bei alledem ist allerdings auch zu bedenken, erstens, was für ein Aufstand es ist, einen Hund zu maniküren, und zweitens, wie häufig Sie mit ihm auf Asphalt laufen. Ich versuche daran zu denken, dass ich meinem Hund allmonatlich die Krallen schneiden sollte, und dies besonders, wenn er mich gerade mal wieder angesprungen und seine Kratzspuren auf mir hinterlassen hat. In Wirklichkeit muss ich allerdings einräumen, dass ich ihm die Krallen höchstens ein paarmal im Jahr stutze (böses Frauchen), denn JP gebärdet sich jedes Mal wie ein schreiendes Baby, wenn ich mich ans Werk mache, und wir finden das Ganze beide höchst unerquicklich. Was soll ich sagen? Halten Sie sich an das, was ich schreibe, nicht an das, was ich tue.

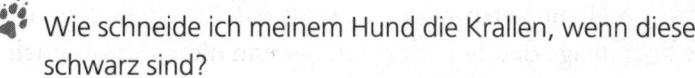 Wie schneide ich meinem Hund die Krallen, wenn diese schwarz sind?

Oh weh, Sie haben es mit dem gefürchteten Fluch der Schwarzen Kralle zu tun. Helle Krallen sind leichter zu schneiden, weil Sie an den rosafarbenen Umrissen erkennen können, wo Nagelbett und Blutgefäße enden, bei schwarzen Krallen aber ist das schwer zu sehen, und das macht das Schneiden gefährlich. Leider gibt es für Sie nur die beiden Möglichkeiten, (a) sich einen Hund zuzulegen, der helle Krallen hat, oder (b) zu raten. Nicht eben dazu angetan, viel

Vertrauen zu säen, oder? Na ja, machen Sie sich keine Sorgen. Das Raten wird durch Üben leichter. Wenn Sie im Zweifel sind, wie viel Sie abnehmen sollen, fangen Sie zunächst mit winzigen Nagelschnipseln an. Das kann eine zähe Angelegenheit sein, aber Ihr Pfotenheld wird es Ihnen danken, denn es tut ihm scheußlich weh, wenn Sie das Nagelbett erwischen. Achten Sie auf den Grund der Kralle, dann werden Sie sehen, dass ein runder weißer Ring anfängt, sichtbar zu werden, sobald Sie sich dem Nagelbett nähern. Wenn Sie den sehen, hören Sie auf mit dem Schneiden und seien Sie froh über das winzige Stückchen Horn, das Sie haben entfernen können. Denken Sie auch daran, dass Sie, je länger Sie zwischen den Terminen zum Krallenstutzen abwarten, desto weniger werden abschneiden können. Ein- bis zweimal im Monat zur Krallenzange zu greifen, hilft, das Nagelbett schön kurz zu halten.

Bevor Sie sich jedoch an eines von diesen Dingen wagen, sollten Sie Ihren Tierarzt oder Ihren Hundefriseur bitten, sich die Zeit zu nehmen, Ihnen genau zu zeigen, wie man Krallen stutzt. Dabei ist es egal, ob Sie ein Hüne von einem Meter neunzig oder ein Harley-Typ sind, Hundebesitzer aller Couleur sparen Zeit und Geld, wenn sie lernen, das selbst zu machen. Üben Sie mit Humphrey schon im Welpenalter, bringen Sie ihn beim Spielen dazu, dass er es zulässt, wenn Sie ihn an den Zehen berühren. Das gewöhnt ihn daran, dass jemand sich an seinen Krallen zu schaffen macht. Trimmen Sie ein oder zwei Krallen, wenn er in einer ruhigen Gemütsverfassung ist und belohnen Sie ihn umgehend mit einem Leckerbissen, damit er das Krallenschneiden mit etwas Positivem assoziieren lernt. Es hilft, wenn Sie für die richtige Ausrüstung sorgen. Nagelklipper für den Menschen sind für Hunde übrigens komplett ungeeignet.

Sollten Sie schließlich doch einmal die Kralle zum Bluten gebracht haben, bewahren Sie Ruhe. Stillen Sie die Blutung mit einem trockenen Stück Tuch oder Mull. Es gibt im Handel blutungsstillende Präparate wie Clip-Stop (Eisen(III)-Sulfat) oder Adrenochrom, die die Blutung rasch zum Stillstand bringen. Geben Sie ein bisschen von dem Puder auf den umgedrehten Deckel der Verpackung und tupfen Sie mit der verletzten Kralle vorsichtig hinein. Zur Not können Sie auch Mehl oder Kartoffelstärke nehmen oder die Kralle in mildes Seifenwasser halten (wobei Ihr Hund dies wegen des Schmerzes, den ihm der durchtrennte Nerv dabei bereitet, vermutlich nicht allzu gut tolerieren wird). Im Zweifelsfalle keine Panik. Die Blutung sollte sich rasch von selbst legen, und der Blutverlust ist nur gering.

Mein Hund verabscheut es, die Krallen geschnitten zu bekommen – ungeachtet allen Welpentrainings und aller Versuche zur Verhaltensmodifikation, ich habe es mit positiver Verstärkung versucht, immer nur alle paar Tage eine Kralle geschnitten und ihm brav eine Belohnung gegeben, sobald es überstanden war, habe viel an seinen Pfoten herumgespielt, damit er sich daran gewöhnen konnte, dass jemand sich an seinen Krallen zu schaffen macht. Trotz und alledem windet er sich, fängt an zu fiepen und läuft davon, sobald ich die Zange hervorhole. Jetzt gehe ich mit ihm einfach vorzugsweise auf Asphalt und befestigten Wegen spazieren, sodass seine Krallen auf natürlich Weise abgewetzt werden – ist auch ein Supertrick, wenn Sie es zum Beispiel mit einer ausgewachsenen Dogge zu tun haben.

### 🐾 Kann mein Hund Blut spenden?

Ja, bitte, und danke! Genau wie menschliche Patienten benötigen auch manche Tierpatienten Bluttransfusionen, wenn sie unter einer Anämie oder einer Gerinnungsstörung leiden oder wenn es verletzungsbedingt zu akutem Blutverlust gekommen ist. Hundeblutspender sollten unserer Ansicht nach jung bis mittelalt (ein bis sieben Jahre), von sanftem Gemüt, über fünfundzwanzig Kilo schwer, gesund und geimpft sein und nur die üblichen Präventivpräparate gegen Flöhe, Zecken und Würmer erhalten. Blutspender sollten selbst noch nie eine Transfusion bekommen haben und im Idealfalle auch nicht kurz zuvor verpaart worden oder trächtig sein. Jedes Tier wird auf eine Reihe von Infektionskrankheiten, seine Hämoglobin-Konzentration im Blut und verschiedene Stoffwechselstörungen untersucht (was sich auf 700 bis 1000 Dollar pro Hund beläuft). Den Besitzern werden dann sämtliche Ergebnisse der Blutuntersuchung zur Verfügung gestellt, so gesehen ist es eine tolle Möglichkeit, eine umfassende Untersuchung Ihres Hundes »geschenkt« zu bekommen!

Wenn Sie in der Nähe einer Tierklinik wohnen, können Sie sich dort registrieren lassen und das Blut Ihres Hundebabys zur Verfügung stellen. An unserer Klinik bitten wir die Besitzer in einem solchen Fall, ihre Hunde vier- bis sechsmal im Jahr spenden zu lassen, als Gegenleistung erhalten sie Hundefutter, sowie alle Routineuntersuchungen, Blutuntersuchungen und Wurmkuren für ihren Vierbeiner unentgeltlich. Sehen Sie zu, dass Ihr bepelzter Faulenzer lernt, sich seinen Lebensunterhalt selbst zu verdienen!

Die Prozedur ist nicht schmerzhaft, und man muss den Hund dafür in der Regel nicht narkotisieren. Er liegt bequem auf der Seite (manche Hunde stehen auch lieber) und erntet während der etwa fünfzehnminütigen Blutspende jede Menge Streicheleinheiten und guten Zuspruch. Danach darf er sich dann auch noch ein Spielzeug oder Knochen seiner Wahl aussuchen.

 Gibt es bei Hunden plastische Chirurgie?

Bei Hunden sind drei bis vier verschiedene »kosmetische Operationen« mehr oder minder üblich, als da wären: Das Entfernen der Wolfskralle, das Kupieren von Ohren und Schwanz und ein Eingriff am Stimmapparat, mit dem sich das Bellen unterdrücken lässt. Letzteres ist in vielen Ländern, unter anderem in Deutschland, per Tierschutzgesetz verboten, in vielen Ländern gibt es auch ein Einfuhrverbot für kupierte Hunde, das verhindern soll, dass jemand den Eingriff im Ausland durchführen lässt, desgleichen existieren in manchen Ländern Ausstellungsverbote für kupierte Tiere. Ich selbst führe diese Eingriffe nicht durch, das hat mit meiner persönlichen ethischen Einstellung zu tun, gestehe in diesem Zusammenhang aber jedem seine persönliche Ansicht zu. Der amerikanische Hundezüchterverband AKC (American Kennel Club) hält das Kupieren von

Schwanz und Ohren, sowie das Entfernen der Wolfskralle, wie es für einige Rassen in den Zuchtstandards festgeschrieben ist, »für eine akzeptable Praxis«, die der Bewahrung des Rassecharakters sowie der Erhaltung der Gesundheit dient.[14]

Andererseits hat die tierärztliche Vereinigung von Amerika AVMA (American Veterinary Medical Association) unlängst eine Stellungnahme veröffentlicht, in der sie den Standpunkt vertritt, dass sie einige dieser Eingriffe gerne eingestellt sähe, sofern diese allein aus kosmetischen Gründen durchgeführt werden.[15] Letztlich läuft es in vielen Fällen auf Ihre persönliche Entscheidung hinaus. Ihr Dobermann sieht mit Schlappohren vermutlich sehr viel weniger gefährlich aus, aber vielleicht liegt Ihnen daran, ihm unnötige Schmerzen zu ersparen. Suchen Sie sich einen Tierarzt, der Sie in Bezug auf diese Entscheidung angemessen beraten kann. Ich selbst will hier niemandem meine unbedeutende Meinung aufzwingen, außer vielleicht: Mit Botox sehen Hunde echt bescheuert aus. Sagen Sie nein.

 Wohin mit Boscos Hundehaufen?

Es ist Ihnen peinlich, Ihren Tierarzt zu fragen, wie Sie Boscos Hinterlassenschaft am besten entsorgen? (Heißer Tipp: Halten Sie sie weit weg von Ihrer Nase). Zieren Sie sich nicht – wir wollen verantwortungsbewusste Hundebesitzer, die beherzt zupacken! Es ist nicht nur gesünder für Bosco und sämtliche Kinder im Viertel, für andere Hunde, Katzen und den Blutdruck des kratzbürstigen alten Nachbarn, es ist auch Ihre gesellschaftliche Pflicht als Hundebesitzer. Nichthundebesitzer sehen Parks und Bürgersteige eben nicht gerne durch Hundekot verunziert, und jeder verantwortungsbewusste Hundebesitzer wird angesichts verirrter Hundehaufen ebenfalls die Nase rümpfen, schließlich verschafft es uns allen eine schlechte Presse! Als analfixierte Person sammle ich beim Spazierengehen sogar sämtliche herrenlosen Hundehaufen ein, auch wenn Sie nicht von meinem Hund stammen. Nein, man kann mich nicht mieten, und ich werde auch nicht in Ihr Wohnviertel ziehen. Es sei denn freilich, Sie machen mir ein Angebot, dem ich nicht widerstehen kann. Anfragen aller Art sind übrigens zu senden an den Dr.-Justine-Lee-Umsiedelungs-Fonds, zu Händen des Verlegers.

Zuerst einmal ist es alles andere als umweltfreundlich, den Kot in einer Plastiktüte aufzunehmen und diese dann am Straßen- oder Wegesrand liegen zu lassen. Schande über Sie, wenn Sie solches vorhaben! Ich habe die Nummern sämtlicher investigativen Nachrichtenmagazine in meinem Schnellwahladressbuch – wollen Sie, dass Ihre Mutter das sieht? Also zwingen Sie mich nicht, davon Gebrauch zu machen. Es ist umweltfreundlicher, den Haufen mit einem Stock ins Gebüsch zu schleudern als die Landschaft mit einer biologisch nicht abbaubaren Plastiktüte zu verschandeln. Die Maxime lautet: Müll von der Straße weg und in den Abfalleimer zu befördern. Ist das verstanden!?

An Sie, meine frommen, Fleißsternchen sammelnden, regelgläubigen Hundebesitzer: Am besten entfernen Sie den Hundehaufen Ihres Lieblings mit der Hand. Nehmen Sie sich eine Einkaufstüte aus Plastik, einen Frühstücks- oder Gefrierbeutel oder auch einen dieser schicken Gassi-Beutel und stülpen Sie ihn sich wie einen Handschuh über Ihre Arbeitshand. Nehmen Sie den Kothaufen sachte mit Ihren plastikbewehrten Fingern auf, krempeln Sie die Tüte um und schälen Sie sich die Bescherung von der Hand. Verschließen Sie das Behältnis mit einem Knoten und – voilà – das Häuflein ist entsorgt, Ihre Hände sind sauber. Sollte sich im Boden der Tüte freilich ein Loch befinden, so ist das saublöd … aber vielen Dank trotzdem, Sie haben einen Tierarzt stolz gemacht und den Haufen Ihres Vierbeiners beseitigt. Sie sind unübertroffen! Ist das nicht Lohn genug? An einem klirrend kalten Tag in Minnesota kann das sofortige Entfernen eines Hundehaufens einem eine noch sehr viel direktere Entschädigung bieten, glauben Sie mir!

Als eingefleischte, leidenschaftliche Naturschützerin hebe ich für diesen Zweck alle Plastiktüten auf, derer ich habhaft werden kann – von Einkaufstüten angefangen bis zu gebrauchten Frühstücksbeuteln. Bei einem Frisbee-Turnier, das kürzlich stattfand, hatte man mich zum Scheibenverkäufer auserkoren, ich habe die Verpackung sämtlicher verkauften Frisbee-Scheiben eingesteckt. Klar, die Leute haben mich ein bisschen scheel angesehen, aber wenn Ihr Hund zweimal am Tag sein Geschäft macht, brauchen Sie eine Menge Tüten. Sollten Sie dies lesen und selbst kein Hundebesitzer sein, seien Sie doch so nett und spenden Sie Ihre Plastiktüten einem Hundebesitzer – er wird von Ihrer Gabe freudig überrascht sein. (Nur zu Ihrer Information: das gilt nicht für Geburtstage oder sonstige Festtage.)

Welche Städte erfreuen sich der verantwortungsvollsten
Hundebesitzer?

Hut ab vor San Francisco, Los Angeles, Chicago, Philadelphia und Minneapolis-St. Paul, es sind dies die fünf
Topstädte mit den verantwortungsvollsten Hundebesitzern![16] Natürlich wird das gesundheitsbewusste Kalifornien alle anderen von uns alt aussehen lassen. Ich bin
sicher, sie nehmen als Gassi-Beutel dort recycelte, von Sci-
entologen entworfene Biohanftüten ohne Duftstoffzusatz,
weil Plastiktüten in Kalifornien soeben verboten worden
sind…

 Und welche Städte stinken in puncto Hundehaufen zum
Himmel?

Schäm dich, Houston! Du bist, was das angeht, die schlimmste unter den Städten. Atlanta, Dallas, Phoenix und Seatt-
le machen die unteren Fünf voll.[17] Nun kommt schon, Ihr
Southwesterners … Bloß weil es bei euch so heiß ist, ver-
dampfen Hundehaufen bei euch noch lange nicht von selbst!
Macht uns stolz und greift zur Tüte!

# Der Wauwau-Flüsterer
## 4.KAPITEL

Ständig werde ich von den Leuten gefragt, ob ich glaube, dass Hunde einen sechsten Sinn haben. Jemand, der mit Tieren nichts am Hut hat, würde das vermutlich verneinen, aber es stimmt trotzdem … Hunde haben einen sechsten Sinn. JP hat eine super Nase für geplatzte Beziehungen, und obwohl er stets der Mann Nummer eins in meinem Leben sein wird (dicht gefolgt von Nummer zwei und drei, Ben und Jerry), rührt er mir bei den seltenen Gelegenheiten, da mich ein anderer Mensch traurig oder verstört gemacht hat, das Herz, indem er mich mit seiner kalten feuchten Schnauze liebkost, sie mir liebevoll unter den Arm schiebt, schmusen und mir nahe sein will. Ich glaube, es ist seine Art, mir zu sagen, dass er auf immer der Loyalste in meinem Umfeld sein wird. Er, der raubeinige und schroffe Pitbull (jawohl), ist normalerweise nicht übermäßig zugewandt, scheint aber über ein äußerst sensibles Gespür dafür zu verfügen, wann ich wirklich durchhänge.

Sie glauben, Ihr Hund besitzt dieselbe Fähigkeit, anderen Menschen ins Herz zu schauen? Sie wollen wissen, was er wirklich denkt? Menschen fragen sich häufig, ob Hunde wirklich Emotionen haben, oder ob wir unsere Gefühle einfach in sie hineinmenscheln. Wenn Sammy zum Beispiel Ihr Heim zerlegt, während Sie weg sind – tut er das mit Absicht, aus Rache? Kann er weinen, trauern oder lächeln? Sollten Sie als guter Hundebesitzer das Radio anlassen, wenn er allein zu Hause ist (vor allem, wenn Sie Besitzer eines Vertreters jener fünf »intelligentesten« Hunderassen sind)? Lesen Sie weiter und lassen Sie sich von einem Hundeflüsterer das Gemüt erheitern.

🐾 Gibt es wirklich Hundeflüsterer oder Irrenärzte für Haustiere?

Jawoll, die gibt's! Gehirnwäsche ist nicht nur etwas für kleine Gangster und unerfüllte Hausfrauen mit zu viel Geld. Jetzt können auch Sie Ihr Haustier – oder zumindest sein Verhalten – mit Hilfe eines Verhaltenstherapeuten psychoanalysieren lassen. In der amerikanischen Tiertherapeutenvereinigung ACVB (American College of Veterinary Behaviorists; in Deutschland gibt es den Verband der Tierpsychologen und Tiertrainer, einen Ableger der Association of Animal Psychologists and Behaviour Counselors) haben sich Tierärzte zusammengefunden, die nach ihrem Tierarztstudium innerhalb einer zwei- bis dreijährigen Facharztausbildung ein gesondertes Aufbaustudium zur Verhaltenstherapie bei Tieren absolviert haben. Nun werden sich die vom ACVB zugelassenen Verhaltenstherapeuten vermutlich nur ungern als Seelenklempner, Irrenärzte oder Klapsdoktoren für Haustiere titulieren lassen, doch ihre Arbeit besteht darin, dafür zu sorgen, dass Ihrem Hündchen die passende Erziehung, möglicherweise auch eine entsprechende Arznei und das richtige Modifikationstraining zuteilwird, damit es mit seinen psychischen Problemen klarkommt. Zu den häufigsten Klagen, die einen Besuch beim Tiertherapeuten rechtfertigen, gehört aggressives Verhalten aus folgenden Gründen: als Dominanzgebaren, aus Angst, wegen eines unangemessenen Hangs zur Revierverteidigung, aus Schmerz, zügellosem Besitzverhalten, Raubtiergebaren, mütterlicher Aggression, Aggression zwischen Hunden oder gegen sich selbst gerichteter Aggression (Autoaggression).[1] Wenn Ihr Hund stinksauer ist, weil die Katze ihn gekratzt oder ihm sein Fressen gemopst hat, ist das eine Sache, wenn aber besagte Katze daraufhin in Stücke gerissen wird, sollten Sie mit ihm vielleicht doch mal vorbeischauen. Auch ist für Sie selbst womöglich ein bisschen psychische Unterstützung fällig. Lieber Himmel! Verhaltenstherapeuten können Hunde auch wegen ihrer Trennungsängste behandeln, bei Angst vor Gewitter, Einnässen und Einkoten ihres Zuhauses, Lärmphobie, nächtlicher Ruhelosigkeit oder übermäßigem Gebell oder Gejaule.[2] Wenn nötig bekommt ihr vierbeiniger Gefährte sogar ein Antidepressivum (ja, es gibt Psychopillen für Hunde) – Fluoxetin, den gleichen Wirkstoff, den auch Menschen einnehmen.

Außerdem gibt es da draußen tatsächlich veritable Hundeflüsterer: Manche Tiertrainer, Züchter oder andere Leute mit umfassender Tiererfahrung bieten ihre Dienste auf freiberuflicher Basis an. Sie verwenden in vielen Fällen Methoden, die sich an die ausgewiesener Tierpsychologen anlehnen, aber jeder hat seine eigene Methode und verleiht dem Repertoire an klassischen Techniken zur Verhaltensmodifikation seine eigene Handschrift. Was keinesfalls bedeuten soll, dass sie danebenliegen. Denken Sie nur an den Erfolg des Hundeflüsterers Cesar Millan! Es ist wichtig, dass Sie Ihren Tierarzt zurate ziehen oder sich selbst ein umfassendes Bild machen, bevor Sie entscheiden, wie und von wem Sie Ihren Hund behandeln lassen wollen.

 Ist ein Tierpsychiater knapp zweihundert Dollar die Stunde wert?

Vermutlich nicht. Verstehen Sie mich nicht falsch. Ich glaube wirklich, dass es Hunde- und Pferdeflüsterer gibt, die über eine angeborene Fähigkeit verfügen, mit Tieren zu reden und diese zu beruhigen. Der Amerikaner Richard Webster gibt Ihnen in *Is your pet psychic?* sogar Ratschläge, wie Sie Ihre eigenen psychischen Fähigkeiten so trainieren können, dass Sie der Kommunikation mit Ihrem Haustier mächtig werden.[3] Bei alledem ist allerdings zu sagen, dass ich Wissenschaftlerin bin, und solange ich keine kalten harten Fakten in der Hand habe oder auf umfassende eigene Erfahrungen zurückblicken kann, bin und bleibe ich skeptisch. Manche Tierpsychiater verdienen sich eine goldene Nase mit Auskünften, die für Ihren Nero ebenso gelten wie für jedes andere Tier, vor allem, wenn sie ihm zuvor nie begegnet sind. (»Ich sehe für die Zukunft Spaziergänge voraus. Viele, viele Spaziergänge. Oh, und was ist das? Hundehäufchen. Vielleicht ein oder zwei Näpfe Trockenfutter ...«) Sparen Sie Ihr Geld, surfen Sie im Internet und schauen Sie Tierarztseiten durch oder ziehen Sie einen x-beliebigen Tierarzt zurate, der Ihnen auf einer Party über den Weg läuft, und versuchen Sie, kostenlos an dessen Weisheit zu kommen. Wenn Sie sich noch immer nicht sicher sind, überweisen Sie mir die Kohle und ich beantworte Ihre Frage mit mehr wissenschaftlichem Hintergrund! Und für noch einmal sechzig Dollar werde ich nicht einmal über Sie lachen.

 Verfügt mein Hund über eine innere Uhr?

Sie wissen, dass manche Leute grundsätzlich zehn Minuten vor dem Weckerklingeln aufwachen? Meist wird diese Fähigkeit der Präzision ihrer »inneren Uhr« zugeschrieben, und die tolle Neuigkeit ist, dass Tiere diese auch haben (wobei mir allerdings kaum einfallen will, bei was um alles in der Welt sie sich verspäten könnten). Eine meiner Katzen weckt mich allmorgendlich um sechs Uhr in der Frühe, um mit mir zu schmusen, und Lassie wusste genau, wann sie Timmy an der Bushaltestelle abholen musste. Tiere in freier Wildbahn wissen genau, wann es Zeit ist, sich auf den Zug gen Süden zu begeben oder mit der Jagd zu beginnen. Ist Ihnen je aufgefallen, dass Ihr Hund nicht bellt, wenn Sie nach Hause kommen, aber wie ein Wilder anschlägt, sobald ein Fremder die Auffahrt hochkommt? Jetzt wissen Sie warum.

 Sind Tiere rachsüchtig?

Die meisten Tiertrainer und Tiertherapeuten sind nicht der Ansicht, dass Tiere rachsüchtig sind. Dazu ist allerdings zu sagen, dass es mir als Tierbesitzerin durchaus so scheinen will, als wüssten meine Tiere, wie sie zurückschlagen können. Wenn ich von einer längeren Dienstreise zurückkomme, hecken meine Katzen am ersten Abend sämtliche Dinge aus, die sie eigentlich nicht tun sollen. Sie nehmen die Wohnung auseinander und koten neben das Katzenklo. Mein Hund würdigt mich ein paar Stunden nach meiner Heimkehr keines Blickes und ignoriert mich danach noch mehr oder minder den ganzen ersten Tag. Obwohl JP in dem Augenblick, da ich ihn beim Hundesitter abhole, zunächst vor Freude völlig aus dem Häuschen ist, verweigert er später am Abend sein Fressen und geht mir aus dem Weg. Da habe ich es fast lieber, wenn er bitterböse dreinschaut!

Dabei ist allerdings zu bedenken, dass Verlustangst nicht dasselbe ist wie »Rachsucht«. Zerstörerisches Verhalten seitens Ihres Hundes (wenn er zum Beispiel Ihr Mobiliar zerlegt, sobald Sie fort sind), ist keine vorsätzliche Vergeltung; es kann vielmehr ein Zeichen dafür sein, dass er Angst hat, wenn Sie gehen, oder sich langweilt und anderweitig Beschäftigung sucht. Ihre Reaktion auf das Chaos kann für ihn übrigens wie eine Belohnung wirken, achten Sie also darauf, wie Sie agieren. Wenn Sie zum Beispiel im Begriff sein sollten, ihn ein paar Stunden allein zu lassen, und Ihren Hund kraulen, um ihn zu beruhigen, kann es sein, dass dieser Signale aufschnappt (aus der Art, wie Sie Ihre Schlüssel ergreifen, Ihren Mantel anziehen, sich setzen, um Ihre Schuhe zu binden), die ihm signalisieren: »Zeit für Randale!« Wenn Sie nun heimkommen und ein verwüstetes zerkautes Heim vorfinden und dann auf den Hund zueilen, um ihn zu beruhigen (»Alles in Ordnung, Jackie! Frauchen ist wieder zu Hause!!«), vermitteln Sie Ihrem Hund eine positive Verstärkung (»Was war ich doch für ein braver Hund, dass ich Frauchens Hab und Gut geschreddert habe!«) Gleichzeitig sollten Sie sich allerdings auch klarmachen, dass es auch nicht sehr hilfreich ist, ihn anzuschreien, wenn es bereits drei Stunden her ist, dass er Ihnen die nette Überraschung auf dem Teppich hinterlassen hat. Er wird Ihr Gezeter nicht mit seinem Geschäft assoziieren. Ja, Ihr Vierbeiner wird Ihren Tobsuchtsanfall vielmehr mit seiner letzten Aktion in Zusammenhang bringen (der Begrüßung an der Tür nämlich). Sperren Sie Ihren Hund im Zweifelsfalle in einen Zwinger, und wenn er dann bei Ihrer Rückkehr wie wild den Kopf hin und her wirft, sich wie ein rasender Zombie gegen die Tür fallen lässt, hat das nichts mit Selbstzerstörung zu tun, sondern mit Liebe. Mama ist wieder zu Hause!

 Können Hunde unter Klaustrophobie leiden?

Ehrlich gesagt, wir sind nicht sicher, ob Hunde wirklich unter Klaustrophobie leiden können. Wenn Sie an wilde Hunde oder Wölfe denken, so leben diese in kleinen engen Bauen – und ich meine damit *wirklich* eng. Andererseits haben wir Menschen freilich auch in kleinen Höhlen oder Bauen gelebt und sind trotzdem neurotisch wie der Teufel! Im Allgemeinen versucht das Boxtraining sich an dieser urtümlichen Wolfshöhle zu orientieren, die für alles, was Canide heißt, im Prinzip eine Art sichere Zuflucht sein sollte. Bei der Wahl einer Hundebox sollten Sie darauf achten, dass diese so groß ist, dass der Hund darin aufrecht stehen und sich umdrehen kann, aber nicht so groß, dass er versucht sein könnte, sein Geschäft darin zu verrichten. Hunde, die an eine Transportbox gewöhnt sind, betrachten diese wirklich als ihren Bau und vermeiden es, diesen zu beschmutzen. Wenn ein erwachsener Hund hingegen nicht daran gewöhnt ist, hin und wieder eingesperrt zu werden, kann es sein, dass er Angst hat und sich fühlt, als säße er »in der Falle«, das heißt, sei leichter verwundbar. Zeichen dieser Angst wie Jaulen oder Kratzen an der Boxtür werden unter Umständen als Zeichen von Klaustrophobie gedeutet, in diesem Falle aber hat das pathologische Verhalten eine völlig andere Ursache – die Furcht, dass ihm jemand ans Leder gehen könnte! Wiederholte »sichere« Erfahrungen könnten diese Angst mit der Zeit dämpfen.

🐾 Muss ich Charlie das Radio anlassen, wenn ich nicht zu Hause bin?

Ich bin mir nicht ganz sicher, ob es sich um ein Schuldgefühl handelt, weil man sein Haustier allein zurücklässt, aber meinem Empfinden nach lassen sehr viele von den Leuten, die ich kenne, für ihre Haustiere Radio und Fernsehen an. Ich zähle mich selbst dazu – ich denke immer, wenn das Radio mich schlauer macht, hilft es meinen Tieren vielleicht auch.

Unsere Haustiere haben es gerne, wenn wir uns mit ihnen unterhalten, es ist demnach nicht unwahrscheinlich, dass sie den beruhigenden Klang einer Stimme im Hintergrund zu schätzen wissen. Auf diese Weise haben sie womöglich das Gefühl, dass jemand in der Nähe ist. Dazu ist allerdings zu sagen, dass ich – auch wenn es stimmen mag, dass Mozart Babys intelligenter macht –, ernsthafte Zweifel daran hege, dass Asta vom Anhören des Kultursenders unmittelbar profitiert. Außerdem verfügen unsere Hunde über ein sehr viel besseres Gehör als wir, es ist daher durchaus möglich, dass das Geräusch des Alltagslärms in und um ein Haus für sie nicht minder trostreich ist – von den Soaps und geflüsterten Unterhaltungen der Nachbarn um Sie herum ganz zu schweigen (ach, was unsere Hunde uns alles erzählen könnten).

## 🐾 Träumt Hasso?

Das Sprichwort »schlafende Hunde soll man nicht wecken« hat aus mehreren Gründen seine Berechtigung. Zum einen wollen Sie Hasso nicht im Schlaf überraschen oder erschrecken, sein Instinkt wird ihn, wenn er sehr plötzlich aufgeweckt wird, womöglich dazu veranlassen, sich zu verteidigen. Zweitens könnten Sie Hasso aus seinem Lieblingstraum reißen! Mein Hund träumt so gut wie jeden Tag. Er winselt und rennt im Schlaf offenbar, ich kann nur spekulieren, dass sein Lieblingstraum von einer wilden Hatz auf Eichhörnchen oder Kaninchen handelt, die von ein paar großzügigen Streicheleinheiten auf dem Sofa gekrönt wird. Der eindeutige Beleg dafür, dass Hunde träumen, zeigt im Grunde nur, wie wenig wir darüber wissen, wie Hunde denken. Sie verfügen ohne Frage über ein Bewusstsein, doch was Ironie, Phantasie, Spott oder Emotionen betrifft, wer kann da schon etwas darüber sagen, wie weit ihre mentalen Fähigkeiten reichen.

## 🐾 Verfügen Hunde über Erinnerungen?

Schon mal gefragt, warum Ihr Hund jedes … aber auch jedes Mal, wenn Sie den Weg zum Tierarzt antreten, kurz vor dessen Praxis verzweifelt zu fliehen versucht? Ihr Hund verfügt in der Tat über Erinnerungen und denkt womöglich an ein traumatisches Erlebnis dort zurück (»Oh nein! Nix da von wegen Krallen stutzen und Rektaluntersuchung!«). Manche Tierheimhunde haben »Altlasten« aus alten Erinnerungen, wenn sie beispielsweise von Kindern oder Männern gequält wurden, kann es passieren, dass sie in deren Gegenwart ängstlich oder scheu sind (oder aber aggressiv reagieren).

Ob Ihr Hund sich an Sie erinnert, wenn Sie ihn für ein paar Monate verlassen, hängt von Ihrem Hund ab. Je enger die Beziehung ist, je mehr Zeit Sie mit ihm verbringen, und je stärker sein Leben von Ihrem abhängt (und damit meine ich nicht, dass Sie derjenige sind, der den Hundesitter bezahlt), desto stärker wird die Bindung zwischen Ihnen beiden sein. Wenn diese Tier-Mensch-Bindung sehr stark ist, wird er sie nicht vergessen. Leute, die selbst keine Tiere haben, unterschätzen oftmals die Stärke dieser Bindung zwischen Tier und Mensch, oder auch, dass diese in beide Richtungen funktioniert – sie haben einfach keinen Begriff davon, wie vital Hunde für unser Leben werden können. Unsere vierbeinigen Freunde werden mit Sicherheit genauso wichtig für uns wie wir für sie sind. Ich habe meinen Hund und meine Katzen schon für Wochen allein gelassen, und wenn ich wiederkam, haben sie sich immer an mich erinnert. Wenn Sie Ihren Hund für Jahre verlassen, kann die Sache allerdings wesentlich anders aussehen. Ihr Hund wird sich vielleicht noch immer daran erinnern, wer Sie sind, aber es kann sein, dass er, wenn Sie schließlich zurückkehren, längst eine Bindung zu jemand anderem aufgebaut hat und nicht mehr vor Begeisterung von Sinnen ist, wenn Sie zur Tür hereinmarschieren. Aber keine Sorge, vermutlich werden Sie von Sinnen sein, und ich bin sicher, binnen kürzester Zeit sind Sie wieder alte Kumpel.

 Warum jagen Hunde ihren Schwanz?

Nicht alle Hunde jagen ihren Schwanz, einige der etwas neurotischeren, auf mehr Aufmerksamkeit bedachten hingegen schon! Es gibt dafür keine medizinische oder logische Begründung; Hunde freuen sich einfach zu gerne ihres Lebens, und ihr Schwanz ist ein kostenloses, jederzeit verfügbares Spielzeug, das Stunden der Alleinunterhaltung garantiert. Wenn Ihr Hund dem allzu sehr frönt, ist es womöglich angebracht, sich mehr Zeit für ausgedehnte Parkspaziergänge zu nehmen oder dafür, sich mit ihm wie ein Vollidiot auf dem Fußboden zu wälzen oder sinnlos Ihr Vermögen zu verprassen und ihm ein paar neue Spielsachen zu kaufen. Wenigstens ist das meine professionelle Meinung.

Sind Tiere jemals schwul?

In freier Wildbahn gibt es tatsächlich Arten, bei denen man von Homosexualität weiß. Rinder, Kehlstreifenpinguine, Schafe, Flughunde, Orang-Utans, Delphine und Makaken,

147

sie alle erfreuen sich des homosexuellen Austauschs von Intimitäten.[4] Betrachten wir als Beispiel das Hausrind. Ein Ochse (das kastrierte männliche Tier) wird alles bespringen, was ihm über den Weg läuft: einen anderen Stier oder Ochsen, eine Kuh oder einen Zaunpfahl. Die Pinguine Roy und Silo sorgten seinerzeit in New Yorks Central Park für eine Menge Wirbel, als man feststellte, dass die beiden »schwul« waren. Sie waren nicht nur unzertrennlich, sondern machten auch alle Anstalten sich zu paaren (gaben die entsprechenden Laute von sich und schlangen balzend ihre Hälse umeinander, wobei sie die anwesenden Mädels – oder sollen wir sagen Pinguinessen? – schlichtweg ignorierten).[5] Wir sind nicht sicher, ob das heißt, dass es wirklich so etwas wie von Natur aus »schwule« Tiere gibt, sondern wissen nur, dass in der Natur so etwas vorkommt. Nun weiß ich nicht, ob es wirklich schwule Hunde gibt, aber Aufspringen oder Aufreiten ist auch immer Teil des Dominanzverhaltens, und ich habe viele sterilisierte Hunde gesehen, die auf andere Hunde aufspringen und damit mehr oder minder zu zeigen versuchen, dass sie »über« dem anderen stehen. Das bedeutet nicht notwendigerweise, dass sie schwul sind, natürlich gibt es auch Arten, die ihre Jungen fressen, andere vertilgen die Plazenta nach der Geburt oder fressen den eigenen Kot, machen Sie mit der Information also, was immer Sie wollen.

 Erkennt mein Hund seine Geschwister?

Das steht zu bezweifeln. Zwar reagieren getrennte Hunde aus demselben Wurf unter Umständen höchst beglückt, wenn sie einander begegnen, aber es kann ebenso gut sein, dass sie einfach nur froh sind, einen anderen Hund zu treffen oder ein neues Hinterteil zu beschnüffeln. Andererseits sollten junge Welpen, die mit ihrer Mutter und ihren Geschwistern aufgewachsen sind, noch eine Weile imstande sein, einander am Geruch (oder Geschmack) zu erkennen. Sind die Welpen jedoch erst einmal für längere Zeit getrennt gewesen, ist es unwahrscheinlich, dass sie einander noch als Geschwister erkennen – so ihnen nicht von irgendeiner Familienzusammenführungsinitiative dabei geholfen wird.

 Spricht die Rute meines Hundes eine eigene Sprache?

Die Hauptkommunikationsmittel Ihres Hundes bestehen in der Haltung von Schwanz, Ohren und Körper, sowie seinem Bellen, wobei der Schwanz in dieser Sammlung eine der *sichtbarsten* Möglichkeiten ist herauszufinden, wie Ihr Hund sich fühlt. Wenn er zum Beispiel die Ohren zurückgelegt hat, seine Schwanzspitze nur langsam hin und her pendelt und er dumpf knurrt, ist er angefressen. Stehen hingegen bei hoch aufgestelltem Schwanz und leicht geneigtem Kopf die Ohren aufrecht, ist er neugierig oder aufmerksam. Duckt er sich einem anderen Hund gegenüber mit hoch aufgerichtetem Schwanz sprungbereit in Positur, so signalisiert er dem anderen, dass er spielen möchte. Ein eingeklemmter Schwanz dagegen kann seine Art sein, Unterwürfigkeit zu demonstrieren. Achtung aber: Ein wedelnder Schwanz bedeutet nicht immer, dass Ihr Hund guter Dinge ist. Wenn bei aufgestelltem Schwanz nur die Spitze leicht hin und her bewegt wird, kann das durchaus auch einen aggressiven Hund signalisieren. Der »Ich-werde-den-Kaffetisch-schon-leer-kriegen«-Trommelschwanz dagegen ist ein Zeichen wahrer Glückseligkeit. Es ist der für einen Hundebesitzer höchste und schönste Ausdruck von Glück!

Kürzlich erschien in der Wissenschaftszeitschrift *Current Biology* eine Studie mit dem Titel »Asymmetric tail-wagging responses by dogs to different emotive stimuli« (zu Deutsch etwa: »Asymmetrisches Schwanzwedeln als Reaktion auf verschiedene emotionale Reize bei Hunden«).[6] In dieser Studie kamen Biologen und Tiermediziner zu dem Schluss, dass die Richtung des Schwanzwedelns in der Tat damit korrespondiert, wie gut oder schlecht Sammy sich an dem Tag fühlt. Sie stellten fest, dass Sammy glücklicher war, wenn er mehr rechtslastig wedelte, tendierte der Schwanz hingegen zur linken Seite, war er weniger gut drauf. Ganz ähnlich stellten die Wissenschaftler auch fest, dass Tiere eine Seite ihres Gehirns (und zwar das linke Auge und die rechte Hirnhälfte) bevorzugt verwenden, um nach Nahrung zu suchen, die anderen hingegen (das rechte Auge und die linke Hirnhälfte), um nach Räubern Ausschau zu halten – auf diese Weise optimierten die Tiere den Einsatz ihrer Hirnstrukturen. Ich kann mich irren, aber als Tierärztin habe ich den Eindruck, dass die meisten Hunde ihren Schwanz mittig tragen, und darauf, dass JP mehr in die eine als in die andere Richtung wedelt, warte ich auch noch. Wenn er natürlich auf dem Fußboden liegt, wedelt sein Schwanz »nach oben«, gegen die Richtung, auf der er liegt, aber ich glaube nicht, dass es das ist, worüber die Wissenschaftler gesprochen haben. Wenn Sie also Ihren

Hund das nächste Mal von hinten anschauen, achten Sie auf seinen Schwanz – wenn er nach rechts wedelt, sind Sie offenbar ein guter Hundebesitzer!

 Erkennt mein Hund meine Stimme über die Freisprechanlage, wenn sie über den Lautsprecher kommt?

Geben Sie's zu, Sie machen es auch – ich kann nicht der einzige Hundenarr sein, der seinen Hundesitter anruft und von ihm verlangt, die Freisprechanlage anzustellen, damit ich mit meinem Hund reden kann! Ich halte es zwar für ein bisschen verwirrend für Ihren Hund, wenn er Ihre Stimme hören, Sie aber nicht sehen kann, doch andererseits auch für wahrscheinlich, dass es ihm guttut. Es gibt zwar keine Studien zur Stimmerkennung bei Hunden, aber ich rede mir ein, das JP meine Stimme erkennt – vielleicht auch nur meine Art zu sprechen –, Klangkombinationen, Sprachmelodie. Man hat mir gesagt, er lege den Kopf schief, wenn ich mit ihm per Lautsprecher rede, hört zu und wirkt verwirrt. »Wo ist Frauchen?«

Können Hunde an gebrochenem Herzen sterben?

Der klassische Kinderroman *Wo der rote Farn wächst* ist ein Muss für jeden Hundebesitzer. Ich will Ihnen das Buch nicht verderben und das Ende vorwegnehmen, wenn Sie es nicht gelesen haben, überspringen Sie daher diesen Absatz am besten und wenden sich dem nächsten zu. Wenn Sie es – in Jugendtagen vielleicht – gelesen haben, nehmen Sie es erneut zur Hand. Die herzerweichende Geschichte von Billy und seinen beiden Jagdhunden Little Ann und Old Dan zeigt uns eindrücklich, wie eng nicht nur die Bindung zwischen uns und unseren Haustieren sein kann, sondern auch die zwischen zwei Haustieren: Als Little Ann am Ende des Buchs stirbt, lässt sich Old Dan auf ihrem Grab nieder und steht nie mehr auf. Er ignoriert in seiner Trauer alle menschliche Zuwendung, verweigert sein Fressen und stirbt schließlich an gebrochenem Herzen. Damit steht die Frage im Raum: Können Hunde wirklich an gebrochenem Herzen sterben?

Nun ist diese Geschichte Fiktion, aber Studien haben gezeigt, dass Tiere in der Tat den Verlust eines wichtigen Begleiters in ihrem Leben betrauern. Sie sterben nicht im physiologischen Sinne an gebrochenem Herzen, will sagen, sie erleiden kein Herzversagen und keinen Herzinfarkt, aber die begleitende emotionale oder mentale Depression kann den Körper dazu bringen, seltsam zu reagieren und in physiologischen Anomalien wie der erhöhten Ausschüttung von Stresshormonen münden, die eine Menge Unheil im Körper anrichten.

## 🐾 Weinen Hunde?

Seppi, das Sensibelchen, kann wie die Angehörigen der meisten anderen Spezies auch, Tränen hervorbringen, damit schützt und befeuchtet er seine Hornhaut, aus emotionalen Gründen aber vermag er nicht zu weinen. Ich bin zwar der Ansicht, dass Hunde definitiv über Gefühle verfügen, doch Weinen ist eine vom Großhirn gesteuerte rein menschliche

Fähigkeit und wird bei anderen Tieren nicht beobachtet. Wenn Sie also bemerken, dass Seppis Tränen fließen, liegt das sicher nicht an ihrem ach so sentimentalen Film *Freundinnen*. Erwägen Sie, mit ihm zum Tierarzt zu gehen, vielleicht hat er eine Hornhautverletzung, die für einen übermäßigen Tränenfluss sorgt, vielleicht sogar einen blockierten Tränennasengang. Das hat nix mit Romantik zu tun, sondern ist eine Verstopfung eines Tränenkanals, die dazu führt, dass die Tränen sich im unteren Lid anstauen und schließlich überfließen, weil sie nicht über den Verbindungsgang zur Nase ablaufen können.

 ## Trauern Hunde?

Hundebesitzern fallen bei ihren Hunden oftmals Verhaltensänderungen auf, wenn ein Familienmitglied stirbt – ob dies nun ein anderer Hund ist oder ein Mensch. Er oder sie reagiert womöglich scheuer, verliert den Appetit oder wird in seiner Trauer lethargisch. Es kann sein, dass er an ungewöhnlichen Orten zu schlafen beginnt oder stärker an seinem menschlichen Gefährten »klebt«. Da aber »die Zeit alle Wunden heilt«, ist der Hund unter Umständen nach ein paar Wochen oder Monaten ohne weiteres Zutun wieder der Alte.

Im Jahre 1996 wurde von der amerikanischen Tierschutzorganisation American Society for the Prevention of Cruelty to Animals (ASPCA) eine Studie zum Thema Trauern bei Tieren vorgelegt (Animal Mourning Project).[7] Diese Studie bewertete die Reaktion hinterbliebener Haustiere nach dem Tod eines vierbeinigen Kompagnons und kam zu dem

Schluss, dass 63 Prozent der Hunde entweder stiller wurden oder umgekehrt zu mehr Lautäußerungen neigten. Mehr als die Hälfte der Haustiere wurden dem Betreuer gegenüber zutraulicher, in vielen Fällen verlegten sie ihren Schlafplatz beziehungsweise veränderten ihre Schlafdauer. Es gab 36 Prozent Hunde, die weniger fraßen, elf Prozent verweigerten das Fressen ganz. Die Studie kam zu dem Schluss, dass 66 Prozent der Hunde nach dem Verlust eines vierbeinigen Hausgenossen vier oder mehr Verhaltensänderungen an den Tag legten.[8]

Aus dieser Studie und den vielen Begegnungen mit Hundebesitzern, die solches durchgemacht haben, weiß ich, dass Hunde trauern und sie das Fehlen vier- oder zweibeiniger Lebensgefährten deprimiert. Wenn Sie ein Haustier verloren haben, sollten Sie übrigens nicht auf der Stelle losziehen und sich ein neues zulegen, das ist für Sie und Ihren Hund nicht nur emotional zu belastend, sondern es schafft auch unbotmäßige Ängste zur falschen Zeit. So wie wir Menschen Zeit brauchen, um einen Verlust zu verarbeiten und zu gesunden, ergeht es auch Ihrem traurigen kleinen Timmy.

 Haben Hunde Persönlichkeit und Gefühle?

Wenn Sie sich fragen, ob Hunde grantig, ungeduldig, aufsässig, traurig oder jähzornig werden können, muss ich Sie fragen – haben Sie schon jemals einen Hund besessen? Die meisten Menschen können instinktiv sagen, wenn Ihr Hund »schlechte Laune« hat. Manche Hunde gehen Kindern aus dem Weg und konzentrieren ihre Zuneigung auf ein einzelnes Familienmitglied, andere hingegen haben jeden im Haushalt gleich gern. Solche Persönlichkeitszüge unterscheiden sich von Rasse zu Rasse und auch in verschiedenen Altersstufen, werden aber auch durch verschiedene Faktoren – wie die Mensch-Tier-Beziehung, die Sozialisation des Hundes, das angeborene Spektrum an Emotionen oder sein Training – beeinflusst. Hunde können auch »menschliche« Gefühle wie Trauer, Traurigkeit, Eifersucht, Loyalität und Besorgnis empfinden.

Ein Beispiel für die Macht der Gefühle bei Tieren ist eine berühmte Episode mit dem berühmten Gorillaweibchen Koko, das der amerikanischen Gebärdensprache ASL (American Sign Language) mächtig war. Koko lebte zusammen mit einem nicht minder berühmten Kätzchen namens All Ball, das eines Tages aus dem Käfig entwischte und durch einen Autounfall ums Leben kam. Koko reagierte darauf überaus menschlich: Sie deutete auf das Symbol für »Weinen«, als ihr klarwurde, dass All Ball nicht wiederkommen würde. Ein anderes Beispiel entstammt Dr. Jane Goodalls Arbeit mit Primaten. Sie musste mit ansehen, wie ein Schimpanse nach dem Tod seiner Mutter Flo an gebrochenem Herzen zugrunde ging. Die ersten Zeichen, die sie beobachtete, waren Lethargie, Teilnahmslosigkeit und Appetitverlust. Flint begann sich zu verstecken, wimmerte, gab schluchzende Laute von sich und mied die Begegnung mit anderen, bis er schließlich starb. Beispiele wie diese liefern reichlich Stoff für Diskussionen darüber, ob Tiere Emotionen haben oder nicht, doch die meisten Menschen, die näher mit Tieren zu tun gehabt haben, würden dies ohnehin nie in Frage stellen, da sie aus erster Hand das Spektrum an Gefühlen haben beobachten können, dessen Tiere mächtig sind.

 Lächeln Hunde?

Jeder Hundebesitzer wird Ihnen versichern, dass Hunde wirklich lächeln! Wenn Sie einen Verhaltensforscher fragen, wird er allerdings womöglich etwas anderes sagen. Ihr Hund zieht die Oberlippe vielleicht nur im Rahmen einer Unterwerfungsmimik oder auch beim ersten Ansatz eines Knurrens zurück. Man hat mir auf der Hochschule zwar beigebracht, dass ich menschliche Emotionen gefälligst nicht auf Hunde übertragen solle, aber ich glaube schon, dass bis zu einem gewissen Grad etwas dran ist an Goofys Fähigkeit, entsprechende Emotionen zu empfinden. Hunde mögen nicht notwendigerweise über einen Sinn für Humor verfügen, aber sie können übermütig und verspielt sein, und das sieht sehr ähnlich aus. Wenn ich anfange, eine meiner Katzen zu kraulen, kommt JP herbeigeflitzt, will auch bedacht werden und schiebt mir seinen Schädel unter die Hand – es ist meines Erachtens also klar, dass Hunde Eifersucht empfinden. Da ich JP auch schon in der Obhut eines Hundesitters zurückgelassen habe, weiß ich auch, dass er über Emotionen wie Sorge oder Angst verfügt. Das Schönste aber: Nach einer feinen, entspannten, wunderschönen Fünfzehnkilometertour könnte ich schwören, dass JP mich lächelnd anblickt. Klar, er mag heftig hecheln, vielleicht nebenbei auch ein paar Fürze loswerden, aber für mich sieht sein Gesicht nach einem lupenreinen Lächeln aus!

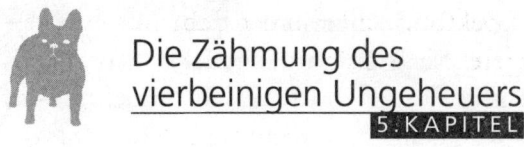

# Die Zähmung des vierbeinigen Ungeheuers

**5. KAPITEL**

Unmittelbar nachdem ich JP – damals ein Welpe von sechs Wochen – zu mir geholt hatte, habe ich mit den grundlegendsten Gehorsamsübungen angefangen (zuerst die einfachen Kommandos wie »Sitz«, »Platz« und »Bleib«). Nennen Sie mich Alphafrauchen, wenn Sie wollen (was soll das heißen, Sie haben es im Hundehaltereignungstest nur auf den Durchschnittswert gebracht?), aber ich habe bereits vor den ersten Welpenlektionen in der Hundeschule mit der Erziehung begonnen. Ich wollte, dass er ein für alle Mal lernt, dass (a) ich der Rudelführer bin, er (b) gehorchen, sowie sich (c) seinen Unterhalt verdienen muss (hinsetzen, bevor es Futter gibt), und dass (d) Mini-Hotdogs das Training zum Vergnügen machen. Ach, wenn mein Freund das alles nur lernen könnte – es ist *dermaßen* viel schwieriger, ihn zu erziehen (ich will es bei der nächsten Einheit vielleicht mal mit Biereis am Stiel probieren). Im Vergleich zu den anderen Welpen wirkte JP bei seiner ersten Unterrichtsstunde in der Welpenschule wie ein Spitzenabsolvent. Genau genommen hat das, glaube ich, ein paar andere Frauchen aufgebracht (»Was haben Sie in der Hundeschule verloren?«), aber, was soll's – Ihren Hund zu erziehen ist ein wichtiger Schritt auf dem Weg eines jeden Hundebesitzers. Nach den Anfängerlektionen ging es zu den Lektionen für Fortgeschrittene. Ich betrachtete das als willkommene Möglichkeit, JP mental zu trainieren, vorhergegangenes Training zu verfestigen und ihm ein paar der anspruchsvolleren Kommandos beizubringen (um alle meine Freunde auf Partys zum Staunen zu zwingen).

Sie wissen nicht genau, wie Sie Ihren Hund erziehen sollen? Sie haben ein Würgehalsband gekauft und wissen nicht, wie eng Sie es stellen sollen? Sie haben noch nie eine Box verwendet? Finden Sie heraus, ob Sie einem alten Hund wirklich keine neuen Kunststücke mehr beibringen können und wie wichtig es ist, den eigenen Hund zu erziehen. Es ist nicht so einfach wie es scheint.

### 🐾 Sind Elektroschockhalsbänder Tierquälerei?

Fragen Sie zehn verschiedene Tierärzte, und Sie werden zehn verschiedene Antworten bekommen. Die meisten Tiertrainer würden in Anbetracht dieser Erziehungshalsbänder lauthals Foul rufen, ich tendiere allerdings dazu, sie gutzuheißen, *falls* Sie einen schwer zu erziehenden, halsstarrigen Hund haben und falls Sie bereits alle anderen verbalen Erziehungsmethoden und Verhaltensmodifikationen ausprobiert haben. Wenn alles andere versagt, halte ich es für in Ordnung, zum Erziehungshalsband zu greifen. Bei manchen Hunden ist das die einzige Möglichkeit, ihnen beizubringen, dass sie nicht unablässig bellen dürfen, oder ihnen abzugewöhnen, blindlings mitten auf die Straße zu preschen. So ein Schock aus dem

Halsband mag nicht angenehm sein, aber er kann Charlie das Leben retten. Wenn Sie sämtliche anderen Möglichkeiten ausprobiert haben und diesen Schritt tun wollen, sollten Sie dazu allerdings Rücksprache mit einem Tierpsychologen, Tierarzt oder Hundetrainer halten, damit Sie Ihren flegelhaften Kumpel nicht völlig sinnlos schocken.

 Was hat es mit diesen Sprayhalsbändern auf sich?

Halsbänder, die Citrusnebel oder andere Duftnoten versprühen, wurden als humane Alternative zu Elektroschockhalsbändern entwickelt. Der Spray ist sicher, schädigt die Ozonschicht nicht und ist in der Regel auch nicht toxisch und, ähm, Ihr Hund wird während des Trainings nicht elektroimmun. Wenn Ihr Hund bellt, nimmt das Mikrophon dies wahr und setzt vor seiner Nase eine Wolke von Citrusspray frei. Während Ihnen das Zeug nichts ausmacht (vielleicht gefällt Ihnen dieser Lufterfrischer ja sogar), empfinden Hunde es als unangenehm und werden in vielen Fällen zu bellen aufhören. Training durch gezielte erzieherische Unannehmlichkeiten! Es ist erstaunlich, dass die CIA noch nicht darauf gekommen ist. Solche Sprayhalsbänder kann man auch mit Fernbedienung bekommen, sodass Sie es in der Hand haben, wann Ihr Hund eine Nase voll Citrus gepustet bekommt (nur was für reife Erwachsene … denn das Gesicht, das der arme Teufel dabei macht, ist schon verflixt ulkig). Ein solches Halsband funktioniert womöglich nicht bei allen Hunden, vor allem nicht bei solchen mit einem sehr dichten langen Fell. Der Nebel bleibt dann im Fell haften. Und ja, er hält vermutlich auch Schnaken und Moskitos fern, aber das wohl weniger zu Ihrem Besten als zu dem Ihres Hundes.

Können Sie Ihrem Hund beim Zappen mit der Fernsehfernbedienung versehentlich einen Elektroschock verpassen?

Jawohl, können Sie. Und das kommt nicht einmal selten vor. Nehmen Sie ihm deshalb bitte das Erziehungshalsband ab, sobald er das Haus betritt oder wenn Sie mit ihm im Auto die Auffahrt hochfahren, denn da viele unsichtbare Schrankensysteme oder Elektroschockhalsbänder per Fernbedienung gesteuert werden, kann es hin und wieder vorkommen, dass die Fernbedienung für Ihren Fernseher einen Kurzschluss auslöst. Ihr Hund wird nicht nur anfangen, den Fernseher zu hassen, sondern Sie unterlaufen damit Ihre gesamte Erziehung, denn nun weiß er gar nicht mehr, für was er eigentlich bestraft wird (war das nun fürs Soap- oder fürs Talkshow-Gucken?)

Wie kann ich meinen Hund an eine Hundebox gewöhnen?

Tierärzte, Tiertrainer und Tiertherapeuten sind dafür, dass Sie Ihren Hund – und zwar vor allem einen Welpen – an den Aufenthalt in einer Box und/oder einem Zimmerkennel gewöhnen, selbst wenn Sie nicht vorhaben, ihn ein Leben lang darin zu halten. Solche Behältnisse sind sehr hilfreich, wenn es darum geht, Schäden im Haus und etwaiges Verschlucken von Fremdkörpern zu umgehen (wenn Sie einen Labrador Retriever Ihr Eigen nennen und trotzdem noch Socken und Unterwäsche behalten möchten, ist so etwas sogar ein Muss), desgleichen den Kontakt zu Giftstoffen zu verhindern, wenn Ihr Hund allein und unbeaufsichtigt zu Hause bleiben muss. Denken Sie daran, dass der moderne Haushund vom Wolf abstammt und dieser es gewohnt war, in engen Bauten zu leben. Solche Boxen sollten hoch und breit genug sein, dass Ihr Hund sich darin bequem aufrichten und ausstrecken kann, aber nicht so groß, dass er versucht sein könnte, sein Geschäft in einer Ecke zu verrichten. Konzentrieren Sie sich darauf, Ihrem Welpen zu vermitteln, dass der Kennel sein »Zuhause« und ein »sicherer Ort« ist. Er sollte darin Spielzeug zu Verfügung haben und hin und wieder gefüttert werden. Lassen Sie die Tür in den ersten Wochen grundsätzlich offen, damit er nach Belieben ein und aus gehen kann. Machen Sie das Innere gemütlich, indem Sie eine weiche Decke oder ein Lieblingsspielzeug darin deponieren – es sei denn freilich, er hat die üble Angewohnheit, Decken anzukauen, kaputtzubeißen und die Einzelteile aufzufressen. Achten Sie darauf, dass zu jeder Zeit genügend Wasser im Napf vorhanden ist – Hunde sollten immer und überall ungehindert Zugang zu frischem Wasser haben.

Eine Box oder ein Zimmerkennel sollten niemals als Strafe empfunden werden, denn das läuft der Höhlenphilosophie zuwider. Wenn Sie anfangen, Ihren Hund einzusperren, dann sollten Sie das zunächst immer nur für kurze Zeit tun. Lassen Sie ihn nicht raus, wenn er anfängt zu winseln, sonst belohnen Sie ihn unfreiwillig für schlechtes Betragen. Lassen Sie ihn raus, wenn er schläft oder sich ruhig verhält und loben Sie ihn mit einem »Gut gemacht!« oder »Braver Hund!«. Dehnen Sie ganz allmählich die Zeitspanne aus, die er darin zu verbringen hat, sodass er sich zwanglos daran gewöhnt. Ich habe JP die ersten Lebensmonate hindurch jeden Tag in einer Box gehalten und ihn erst dann ganz allmählich in kurzen Versuchsphasen daraus entwöhnt, bis ich das Gefühl hatte, dass ich ihm bei freiem Auslauf im Haus trauen konnte. Gegenwärtig geht er mit mir zur Arbeit (ein großer Vorteil am Tierarztberuf), aber die Tür steht immer offen, für den Fall, dass er sich lieber daheim in seine Box zur Ruhe legt.

Einen erwachsenen Hund, der noch nie eingesperrt war, an eine Box zu gewöhnen, ist ungleich schwieriger (mit anderen Worten, er wird – zumindest am Anfang - schier durchdrehen). Wenn Sie jedoch die Geduld bewahren und sich konsequent an ein System der positiven Verstärkung halten, wird er es letztlich auch lernen, damit zurechtzukommen. Fragen Sie Ihren Tierarzt oder einen Tiertrainer um Rat, wenn Sie Probleme bekommen sollten.

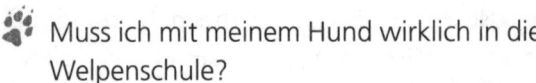 Muss ich mit meinem Hund wirklich in die Welpenschule?

Was glauben Sie, werde ich nach den seitenlangen Ausführungen über Elektroschockhalsbänder, Boxtraining und Methoden der positiven oder negativen Verstärkung darauf antworten? Tut mir leid, aber Sie brauchen eine Welpenerziehung, auch dann, wenn Sie mein Buch schon haben. Jeder, der mit Hunden zu tun hat, empfiehlt den Besuch einer Welpenschule aufs Dringlichste. Er macht Ihnen nicht nur das Leben leichter, sondern stellt obendrein sicher, dass Cora auf Ihr Kommando zu Ihnen kommt, wenn Gefahr droht (ein zu schnell fahrendes Auto zum Beispiel oder eine Zombieattacke). Neben allem anderen bringt das Training in einer Welpenschule vor allem auch Ihnen bei, wie Sie einen Hund richtig erziehen. Der Gebrauch von blumenreichen Aufforderungen wie »Komm her, Cora, meine Süße, komm, setz dich und sei ein braver Hund« transportiert für Ihren Hund nämlich absolut keine Botschaft. Alles, was Cora hört ist Gary Larsons: »Blah, blah, blah, Cora, blah, blah, blah, blah.« Kurze und knappe Kommandos sind das Erste, was Sie (und Cora) dort lernen. Ihr Hund wird sich rasch ans Lernen gewöhnen und daran, Ihnen zu gehorchen, und das kommt auf lange Sicht Ihnen beiden zugute. Hunde legen eine Menge Eifer an den Tag, wenn es um das Lernen von Kommandos oder Geschicklichkeitsaufgaben geht, denn sie empfinden es als physisch und mental stimulierend. Und schließlich und endlich wird Ihnen Ihr Tierarzt einen gehorsamen Hund danken, auf den sich nicht vier seiner Sprechstundenhilfen werfen müssen, um ihn zu bändigen. Also wenn schon nicht Ihnen, Ihrem Hund oder jedem Gast in Ihrem Haus zuliebe, der es nicht übermäßig schätzt, angesprungen und im Schritt beschnüffelt zu werden, dann eben mir zuliebe: Gehen Sie mit Ihrem Hund in eine Welpenschule. Vielen Dank auch und herzlich willkommen!

Würgen Würgehalsbänder und pieken Stachelhalsbänder meinen Hund wirklich?

Trotz Ihres Namens sind Würge- oder Schlingenhalsbänder
nicht dazu erfunden worden, Hunde zu würgen. Allerdings
wurden Schusswaffen auch nicht für den Gebrauch durch
Fünfjährige, selbstmordwillige Irre oder Dick Cheney erfunden. Bei unsachgemäßem Gebrauch können Würge- oder
Schlingenhalsbänder ein beträchtliches Maß an Schmerz zufügen, in seltenen Fällen auch lebensbedrohliche Komplikationen wie ein nicht koronar bedingtes Lungenödem (Flüssig-
keitsansammlung in der Lunge) nach sich ziehen. Wenn Sie
das Gefühl haben, zu stark gezogen zu haben (schämen Sie
sich!) und merken, dass Ihr Hund Schwierigkeiten beim Atmen hat, ständig nach Luft ringt und hustet, dabei gar noch
rosafarbene Flüssigkeit auswirft, dann sollten Sie mit ihm auf
der Stelle zum Tierarzt gehen.

Das Wichtigste im Zusammenhang mit solchen Halsbän-
dern ist der richtige Umgang damit. Würgehalsbänder wurden dazu erdacht, die Aufmerksamkeit Ihres Hundes zu erregen, damit er sich auf Sie konzentriert. Wenn Sie die Leine
mit einer flinken Bewegung aus dem Handgelenk schnalzen
lassen, dient das Halsband dazu, den Hund an den Menschen am anderen Ende zu erinnern. Es ist nicht dazu gedacht, ständig unter Zug zu stehen, ziehen Sie also nie an der
Schlinge, es sei denn, Sie müssen ihn aus unmittelbarer Gefahr retten. Lassen Sie sich von einem Hundetrainer zeigen,
wie Sie ein solches Gerät richtig einsetzen.

Stachelhalsbänder sind sadistisch anmutende Geräte mit

Stacheln, Haken und Zinken, die aussehen, als ob sie echt wehtun. Die gute Nachricht ist, dass Sie nicht so schlimm sind, wie sie aussehen, obwohl sie genau das tun, was man von ihrem Namen erwartet. Sie zwacken und pieken. Wenn Sie eine Abneigung haben gegen das Gefühl gezwickt zu werden, weil Sie Letzteres an die Wangenkniffe Ihrer italienischen Großmutter erinnert, denken Sie daran, dass Ihr Hund daran vermutlich auch nicht allzu viel Spaß hat. Sollte Ihnen das Gefühl Vergnügen bereiten, so wird Ihr Hund es trotzdem nicht mögen, und Sie brauchen vermutlich Hilfe. Allerdings ist dieses Zwacken eher lästig als unerträglich, und wenn ihn oder sie sonst nichts dazu zu bewegen vermag, sich auf einem Spaziergang anständig zu benehmen, dann ist gegen seinen Gebrauch nichts einzuwenden. Ich rate Hundebesitzern immer, sich das Halsband einmal um den Schenkel zu schlingen und daran zu ziehen. Probieren Sie aus, wie es sich anfühlt, bevor Sie Ihren Hund dem aussetzen.

Ich persönlich empfehle stattdessen Kopfhalfter (Antizug-Halfter, auch Haltis oder Gentle Leader). Ziehen Sie Ihren Welpentrainer oder Ihren Tierarzt zurate, bevor Sie sich für ein Erziehungshalsband entscheiden, und achten Sie darauf, die Aufmerksamkeit, das Ungestüm, den Halsumfang und die Dickköpfigkeit Ihres Hundes in angemessener Weise zu berücksichtigen.

🐾 Was ist ein Kopfhalfter und wie funktioniert es?

Antizug-Halfter (Haltis oder Gentle Leader) sind Leinen mit einem Endstück, das wie ein Maulkorb aussieht, aber ein sehr viel humaneres und effizienteres Mittel zur Verhaltensmodifikation darstellt. Hasso kann mit diesem Halfter immer noch bellen, trinken, fressen und sein Maul weit genug öffnen, um hecheln oder zubeißen zu können. Es gibt zwei Hauptgurte, der eine führt um den Nacken des Hundes, der andere umschließt die Schnauze. Dieser zweite Gurt ist das Wirkprinzip des Kopfhalfters und empfindet im Grunde nach, was sich in der Wolfshierarchie natürlicherweise abspielt. Es gibt stets ein dominantes Alphatier, das seinen Herrschaftsanspruch unter anderem dadurch geltend macht, dass es dem Unterlegenen die Schnauze umfasst. Der Halftergurt, der die Schnauze umschließt, tut also im Grunde genau das und zeigt Ihrem kecken Kojoten, dass Sie der Chef sind, und dies in einer Sprache, die er versteht. Der Nackengurt hat die Funktion, Hasso daran zu hindern, sich gegen die Leine zu werfen, und empfindet den Nackengriff eines Muttertiers nach, das einen Welpen herumträgt. Normalerweise entspannt sich ein Jungtier unter diesem Zugriff instinktiv. Genauso bringt das Kopfhalfter Hasso dazu, sich zurückzuhalten und nicht zu zerren.

Das Kopfhalfter ist für das Welpentraining sehr zu empfehlen und macht allen Beteiligten das Leben leichter. Setzen Sie dem sinnlosen Leinengezerre ein Ende und bringen Sie Hasso bei, sich an der Leine anständig zu benehmen, statt Ihnen beim Spaziergang durch den Park den Arm auszukugeln. Es ist eine der sanftesten Methoden, Ihrem Hund Manieren beizubringen, wenn er sich danebenbenimmt.

Kann ich jemanden anheuern, der Sammy für mich trainiert?

Es gibt jede Menge Hundeschulen, die Ihren Sammy als Eleven aufnehmen, ihn ein paar Tage oder Wochen intensiv schulen und Ihnen zurückgeben werden, wenn er gehorchen gelernt hat. Dieses Vorgehen hat jedoch einen großen Nachteil. Beim Hundetraining wird Hunden gerne beigebracht, nur der Person zuzuhören und zu gehorchen, die sie trainiert. Andernfalls könnte es nämlich passieren, dass Ihr Vierbeiner beim Hundetreff zu jedem x-Beliebigen rennt, der »Komm her!« ruft. Wenn Sie Sammy dann zurückbekommen, werden Sie womöglich feststellen, dass er nicht auf Sie, sondern nur auf den Trainer hört. Dumm gelaufen.

Aus diesem Grund ist es wichtig, dass an Sammys Erziehung *jeder* in der Familie mitwirkt. Wenn Sammy nur auf einen einzigen Erwachsenen hört, kann das unter Umständen gefährlich werden, wenn er zufällig die Oberhand über ein Kind oder einen anderen Erwachsenen im Haus erlangt, oder gar alle Kinder ignoriert (wer geht dann mit dem Hund aus?). Sorgen Sie dafür, dass jedes Familienmitglied regelmäßig mit Sammy arbeitet, damit er lernt, was sich gehört, mit anderen Worten, bringen Sie ihm bei, sich zu setzen, sitzen zu bleiben oder sich hinzulegen, bevor Sie ihm die Tür öffnen oder etwas zu fressen geben. Das lehrt Sammy, jedes Familienmitglied gleichermaßen zu respektieren.

Es mag sich zwar einfach anhören, jemand anderen dafür zu bezahlen, dass er Sammy trainiert, aber aufs Ganze gesehen ist das ein teures Vorgehen und beteiligt Sie nicht am Erziehungsprozess, wird demnach also nicht so effizient sein. Verstehen Sie mich nicht falsch – es ist besser als nichts. Es hält ihn aus gefährlichen Situationen heraus, regt seinen Verstand an und trägt dazu bei, ihn zu einem wohlerzogenen Familienmitglied zu machen. Meinem Empfinden nach aber ist es so, dass sich eine Familie, in der niemand Zeit hat, Sammy zu erziehen, definitiv fragen sollte, ob sie wirklich die Zeit hat, einen Hund zu halten. Das ist ein Fulltime-Job! Für die meisten von uns ist es glücklicherweise ein Liebesdienst.

 Was versteht man unter Klickertraining?

Klickertraining wurde in der Welt des Tiertrainings im letzten Jahrzehnt eingeführt, es fußt im Prinzip auf der Assoziation eines Geräuschs mit einer positiven Erfahrung und anschließender positiver Verstärkung. Erinnern Sie sich noch an den Eismann, der, als Sie noch ein Kind waren, abends immer in die Straße kam? So ähnlich funktioniert das Ganze. Beim Klickertraining lernt Ihr Hund das Geräusch des Klickens mit einer Belohnung zu assoziieren. Rasch dämmert ihm, dass Klicken bedeutet, dass er etwas gut gemacht, zum Beispiel sich hingesetzt, hat, als Sie es ihm gesagt haben, die Klobrille runtergeklappt und das Geschirr gespült hat (schön wär's!). Wenn er das Kommando nicht richtig befolgt, gibt es kein Klicken und auch keine Belohnung. Es dauert nicht lange, bis Ihr Hund kapiert hat, dass der Klicker sein Freund ist. Das Tolle an der Methode ist, dass dazu keinerlei negatives Feedback nötig ist (kein Ruck am Würgehalsband, welches ihm mitteilt, dass er etwas falsch gemacht hat).

Wenn Sie kürzlich in einem Zoo waren, ist Ihnen vielleicht aufgefallen, dass Tierpfleger spezielle Klicker verwenden, wenn sie die Tiere füttern. Ich habe unlängst zwei Pfleger beobachtet, die mit einem Stock auf eine Bank deuteten, auf der die Pelikane sich niederlassen sollten. Taten sie das, gab es ein positives »Klick«-Geräusch (und ein bisschen Fisch als Anreiz!). Tierpfleger in Zoos verwenden diese Technik aus verschiedenen Gründen. Zum einen ist sie für die Tiere intellektuell anregend, das heißt, sie leben länger und sind zufriedener. Allein dafür könnte ein Tierpfleger sich selbst umarmen. Außerdem macht das Klickertraining tierärztliche Untersuchungen und das Fütterungsprozedere einfacher. Und natürlich sind solchermaßen trainierte Tiere unbezahlbar, wenn es darum geht, für die »Show« die Massen anzulocken.

Ich selbst habe noch nie nach der Methode gearbeitet, aber eine Menge Tiertrainer befürworten sie. Für die Kontrollfreaks unter Ihnen: Bitte wenden Sie sie nur bei Ihrem Hund an, ja? Ich weiß, dass die Ergebnisse sich faszinierend ausnehmen, aber der Lehrer Ihres Drittklässlers wird andernfalls einen höchst befremdlichen Eindruck von Ihnen gewinnen.

🐾 Kann man einem alten Hund neue Kunststücke beibringen?

Aber klar doch. Es mag zwar schwieriger sein, alten Hunden schlechte Gewohnheiten auszutreiben, aber die meisten Hunde sind so gestrickt, dass sie ihrem Besitzer zu Gefallen sein wollen (das kann gegen ein Schmankerl zum Lohn oder auch nur gegen das Lob in seiner Stimme sein). Mit ein bisschen Ausdauer und harter Arbeit können Sie einen alten Hund in der Tat neue Kunststücke lehren, denn er ist daran *gewöhnt,* danach zu trachten, Sie glücklich zu machen! Wenn Sie Probleme damit haben, Ihren alten Hund zu trainieren, können Sie einen Tierarzt, Hundetrainer oder Tiertherapeuten fragen, ob sie Ihnen ein paar Tipps zu positiver Verstärkung oder anderem Feedback geben können, die Ihnen dienlich sind. Und für hundertachtzig Dollar die Stunde können Sie immer mich anrufen.

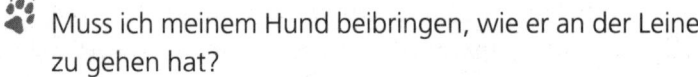 Muss ich meinem Hund beibringen, wie er an der Leine zu gehen hat?

Glauben Sie mir oder nicht, einem Hund beizubringen, wie er an der Leine zu laufen hat, ist ein gutes Stück schwieriger als es aussieht. Es gehört einfach nicht zu den Wolfsinstinkten, an einer Leine festgezurrt und von einem Menschen in der Gegend herumgezogen zu werden, wappnen Sie sich also mit Geduld, wenn Sie anfangen, Ihrem Welpen diese Übung beizubringen. Achten Sie zuallererst einmal darauf, dass Sie ein Halsband haben, das gut passt und sich dem stetig wachsenden Halsumfang Ihres Lieblings leicht angleichen lässt. Ich hatte schon Hundebesitzer in der Praxis, die sich über einen »seltsamen Geruch« beklagt haben, und dann feststellen müssen, dass das Halsband ihres Hundes so eng geworden war, dass es in die Haut eingewachsen und von Maden übersät war. Ich vermute mal, dass das ein Geruch ist, den Sie nie im Leben selbst erfahren möchten. Überprüfen Sie daher das

Halsband Ihres Hundes einmal in der Woche, und achten Sie darauf, dass Sie immer problemlos zwei oder drei Finger darunterschieben können, es soll nicht zu eng sitzen, aber auch nicht zu weit sein, damit er den Kopf nicht herausziehen (und womöglich ins nächstbeste Auto laufen) kann. Zweitens habe ich es gern, wenn mein Hund immer und überall irgendeine Form von Identifizierungsmöglichkeit bei sich trägt. Für den Fall, dass er aus der Tür rennt und Ihnen entwischt, haben Sie nämlich meist nicht die Zeit, ihm seine Hundemarke überzustreifen, also ist es sicherer, ihm das Halsband immer anzulassen. Allerdings sollten Sie dazu Rücksprache mit Ihrem Tierarzt halten, denn nicht alle Hunde sollten Halsbänder tragen. Kleinere Rassen mit schwachen oder leicht kollabierenden Lungenflügeln oder einer Vorgeschichte von Hals- oder Rückenbeschwerden durch Bandscheibenprobleme sollte man nicht dem konstanten Zug am Hals aussetzen. Ihr Tierarzt rät Ihnen in einem solchen Fall womöglich zu einem Geschirr.

Haben Sie Ihrem Hund nun das Halsband angepasst und ihn daran gewöhnt, kommt als nächster Schritt die Leine. Welpen, die auf Stimme oder Fressen reagieren (sprich, die für ein lobendes Wort oder einen Bissen Hotdog wirklich alles tun würden), sind wesentlich leichter zu trainieren. Sorgen Sie dafür, dass Ihr Hund sich hinsetzt und sitzen bleibt, bevor Sie ihm die Leine anlegen und belohnen Sie ihn, wenn er das tut. Wenn Sie die Leine befestigt haben, geben Sie ihm ein Okay-Kommando, auf das hin er die »Sitz«-Position verlassen darf. Als Nächstes bringen Sie ihm bei, bei Fuß zu gehen. Da ich nicht vorhabe, die ganzen intimen, manchmal auch öden Details aufzulisten, sollten Sie eine Welpenschule aufsuchen oder Kontakt zu einem Tiertrainer aufnehmen, um zu lernen, wie Sie ihn am besten erziehen. Ein Hunderter, den Sie an eine Hundeschule zahlen, ist eine Investition, die Sie nie bereuen werden. Wenn Sie behutsam üben, Ihrem Hund das Bei-Fuß-Gehen beizubringen, haben Sie binnen kurzer Zeit einen braven Begleiter an Ihrer Seite.

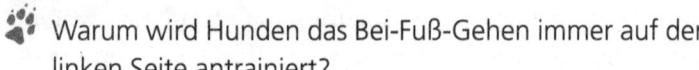 Warum wird Hunden das Bei-Fuß-Gehen immer auf der linken Seite antrainiert?

Wenn Sie Ihren Hund wie angeraten zur Welpenschule bringen, werden Sie feststellen, dass man ihm herkömmlicherweise beibringen wird, an Ihrer Linken bei Fuß zu gehen und mit Ihnen Schritt zu halten, statt vorzupreschen und vorauszurennen. Sobald Sie stehen bleiben, sollte er sich hinsetzen und er sollte häufig zu Ihnen aufschauen und auf ein neues Kommando von Ihnen warten. Wenn Ihr Hund bei seinem »Bei-Fuß-Training« nicht alle drei Punkte erfüllt, trainieren Sie Ihn vielleicht nicht ganz richtig! (Geben Sie trotzdem nicht auf. Denken Sie dran, es ist nie zu spät, einem alten Hund neue Kunststücke beizubringen.)

Man bringt Hunden das Bei-Fuß-Gehen auf der linken Seite bei, weil es das ist, was bei Hundeschauen oder bei Gehorsamkeitsprüfungen im Ring erwartet wird. Hunde laufen dort im Gegenuhrzeigersinn und stets zur Linken ihres Besitzers, sodass der Preisrichter (der in der Regel in der Mitte steht) den Hund die ganze Zeit über ungehindert betrachten kann. Das Ganze hat übrigens auch damit zu tun, wie man traditionellerweise Pferde zu führen pflegt. Bei Pferden geht der Besitzer normalerweise auf der linken Körperseite des Tiers, er führt es demnach an seiner Rechten und hält das Halfter mit der rechten Hand, in der linken konnte man dann die Hundeleine halten. Alles sehr gepflegt und elegant. Außerdem ist es schlicht eine gute Idee, den Hund auf der linken (oder der dem Verkehr abgewandten) Seite zu führen, wenn man mit ihm durch die Straßen spaziert, denn Fußgänger sollten eigentlich grundsätzlich auf der linken Straßenseite gehen. Ach ja, ein vollkommenes Leben in einer vollkommenen Welt!

 **Ist es in Ordnung, wenn Daisy auf dem Bett schläft?**

Keine Sorge – Sie sind nicht der einzige Hundebesitzer der Welt, der jenes Monster mit Dreckpfoten auf sein Bett springen lässt. Mehr als 30 Millionen Bewohner der Vereinigten Staaten machen das ebenso. Das ist fast die Hälfte aller amerikanischen Haustierbesitzer![1] Warum also lassen so viele anderweitig geistig gesunde und klar denkende Erwachsene ihre Himmelhunde machen, was sie wollen? Nun, weil Daisy, Hasso und Teddy Ihr Bett zwar vielleicht vollhaaren, die Bettdecke eindrecken, sabbern, träumen und schnarchen, aber es nie und nimmer verlassen werden, um Sie mit jemand anderem zu betrügen! Und ich muss sagen, Hunde können verflixt gemütlich im Bett sein – lebensgroße Kissen mit eingebauter Heizung, die einem die langen Winter von Minnesota versüßen können. Ich spreche da aus Erfahrung.

Wie hindere ich Waldi daran, kleinen, unschuldigen
Kreaturen den Garaus zu machen?

Manche Hunde verfügen über einen angeborenen Jagdinstinkt und was auch immer Sie aushecken, Sie werden Waldi, den Killer-Dackel, vielleicht nur daran hindern können,
die Eichhörnchen und Nagetiere (hoffentlich keine Katzen!)
auf den Grundstücken der Nachbarn zu jagen, indem Sie ihn
in einen eingezäunten Hof sperren oder stets und ständig im
Auge haben. Trotzdem sollten Sie es natürlich versuchen!
Auch wenn es nicht immer möglich sein wird, diesen natürlichen Instinkt zu zügeln, so können Sie Ihrem Hund doch
beibringen, Ihnen zu gehorchen, damit Sie ihn zurückpfei-
fen können, wenn er dem Eichhörnchen oder Nager (oder
der Katze) hinterherhetzt. Es hat Zeit und Geduld gekostet,
aber ich habe JP schließlich so weit bekommen, dass er Rehe
in Frieden lässt und zurückkommt, wenn ich ihn rufe. Ich
bevorzuge im Allgemeinen gesprochene Kommandos wie
ein mit fester Stimme gesprochenes »Aus!«. Das hilft, wenn
es um einen neuen Hund beim Hundetreff oder um die Eis-
waffel am Boden geht, genauso, wie wenn er das Eichhörnchen ignorieren soll, das soeben vorbeigeflitzt ist. Vergessen
Sie nicht, ihn zu belohnen, wenn er wirklich getan hat, was
Sie von ihm verlangt haben, und brav zu Ihnen kommt – so
weiß er, dass er seine Sache gut gemacht hat. Bedienen Sie
sich positiver Verstärkung (ein freundliches Wort, liebevolles
Flankenklopfen), wenn Sie Gehorsam belohnen. Anders als
Eltern bei der Aufzucht von Kindern werden Hundehalter
von uns sogar zur Bestechung ermuntert, vor allem, wenn Sie

einen verfressenen Labrador ihr Eigen nennen. Auch wenn Ihre Reinigung es nur bedingt begrüßen wird: In den Hosentaschen verborgene gefriergetrocknete Leberstückchen oder Minihotdogs geben ein leckeres Erziehungsinstrument ab.

Bei Hunden, die schwerer zu erziehen sind, zum Beispiel einem Deutsch-Kurzhaar (»Ich seh dich nicht und hör dich nicht, viel Glück also, wenn du versuchen willst, mich zurückzupfeifen«), werden Sie womöglich zu einem Schockhalsband greifen müssen, um Ihr Anliegen zu vermitteln. Obschon mir ein solcher Ratschlag wirklich zutiefst zuwider ist, und ich finde, dass Reden und Hören der einzig richtige Weg ist, muss auch gesagt werden, dass manche Hunde so einfach nicht lernen. Mit anderen Worten: Wenn Sie unablässig nach Ihrem Hund rufen (oder brüllen) müssen, damit er zu Ihnen kommt, und er einfach nicht hören will, kann ein kurzer Schock (»Hallo – hörst du mich!«), um ihn bei seinem Tun aufzuhalten (oder »zu erinnern«), sehr hilfreich sein. Wenn dies eine Katze oder ein anderes Tier vor dem sicheren Tod bewahrt oder Ihren Hund vom Überqueren einer belebten Straße abhält, bin ich durchaus dafür. Aber nur, wenn Sie wissen, dass dies die einzige Möglichkeit ist, wie Sie ihn aufhalten können.

## Wozu ein Hundeschutzkragen gut und warum das Ding nicht durchsichtig ist

Wie David Letterman einst in seiner Top-Ten-Liste so schön sagte: Dass Sie einen schlechten Tierarzt vor sich haben, wissen Sie, wenn dieser mit dem Hundetrichter um den Hals ins Untersuchungszimmer marschiert kommt …

Wir reden hier von jenen seltsamen umgekehrten Trichtern oder lampenschirmähnlichen Gebilden, die Ihr Hund in gewissen gesundheitlichen Krisenzeiten tragen muss, jenen Gebilden, die ihn aussehen lassen, als sei er mit dem Kopf in einem Grammophon stecken geblieben.

Tierärzte verwenden diese Krägen bei ihren Patienten, um sie daran zu hindern, an ihren Stichen oder Nähten herumzukauen, sich am Ohr zu kratzen oder Haut und Wunden zu lecken. So ein Trichter mag wie ein Folterinstrument wirken, aber vertrauen Sie mir, wir verwenden ihn nur zum Besten Ihres Hundes. Es ist besser, übervorsichtig zu sein und sich ein paar Tage mit dem dämlichen Anecken an Wänden und Beinen abzufinden (glauben Sie mir, er wird sich daran gewöhnen), als ihn einer unnötigen Operation zu unterwerfen, nur weil er seine Stiche zu zerkauen anfängt.

Die Zeiten, da diese Trichter nur in undurchsichtigem Weiß hergestellt wurden, gehören zunehmend der Vergangenheit an, mit diesen Dingern war es schwer für Ihren Hund, die Breite einer Tür abzuschätzen oder seinen Futternapf zu finden. Inzwischen gibt es sie durchsichtig und mit Klettverschlüssen versehen. Auch wenn Ihr Hund und Sie die Schutzkrägen nicht mögen, vertrauen Sie Ihrem Tierarzt und verwenden Sie sie wie verordnet. Und wenn Sie vorhaben, Ihren Hund zu behalten, sich womöglich auch in Zukunft noch Hunde zuzulegen, dann werfen Sie das Teil nicht weg … Sie sparen pro entsprechendem Tierarztbesuch fünf bis zehn Euro.

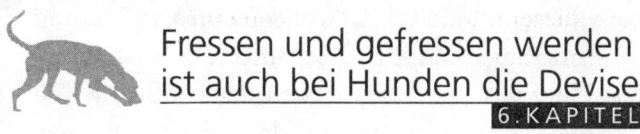

# Fressen und gefressen werden
# ist auch bei Hunden die Devise
**6. KAPITEL**

Im Einklang mit Amerikas Diät- und Lebensmittelwahn wollen auch Hundebesitzer unbedingt wissen, was sie ihrem Raubtier am besten zum Fraß vorwerfen sollen. Nach jenem verheerenden Heimtierfutterskandal vom März 2007 berichtete der amerikanische Tierfutterhersteller Menu Foods, Produzent von fast hundert verschiedenen Sorten Hunde- und Katzenfutter, dass fünfzehn Tiere – ein Hund und vierzehn Katzen – an dem verseuchten Futter eingegangen waren. Mehr als 60 Millionen Futterdosen wurden zurückgerufen, dazu mehrere Millionen Kilo Trockenfutter. Grund für den Rückruf war die Verwendung des »Zusatzstoffes« Melamin, einer Chemikalie, die in Plastik, Klebstoffen, Düngemitteln und Reinigungsmitteln verwendet wird.[1] Das Beängstigende für einen Tierarzt *und* Haustierbesitzer war, dass die Lebensmittelkontrollbehörde FDA (Food and Drug Administration) Tag für Tag neue Marken auf den Index setzte. Sogar ich hatte Angst, meine Tiere zu füttern!

Es stellte sich heraus, dass das Weizengluten in den Nahrungsmitteln (dazu das Reisprotein und vermutlich auch das Maisgluten aus Südafrika) mit Melamin »kontaminiert«,

177

oder sollen wir sagen »gestreckt«, worden war. Die FDA und die Tiernahrungsexperten gingen davon aus, dass Melamin von Chinas Gluten-Vertreibern verwendet wurde, um den »Proteingehalt« der Futtermittel bei der wissenschaftlichen Untersuchung künstlich aufzublähen. Bei der Proteinanalytik ist der Stickstoffgehalt einer Substanz ein Maß für deren Proteinanteil, und unglücklicherweise ist die Beigabe von Melamin eine billige, aber leider tödliche Möglichkeit, den Stickstoffgehalt eines Produkts zu erhöhen, ohne dass verwertbares Protein darin enthalten ist. Das Melamin und sein Cyanursäuresalz führen zur Kristallbildung in den Nierengängen und damit zum Nierenversagen.[2]

Seit diesem Skandal sind Tierbesitzer vorsichtig geworden, haben Angst, ihren Hunden handelsübliches Futter zu geben, weil sie tödliche Komplikationen fürchten. Wir Tierärzte haben seither eine Schwemme an Hundebesitzern zu verzeichnen, die für ihre Hunde lieber selbst kochen oder deren Ernährung komplett umstellen wollen. Ist das zu Plutos Bestem? Was genau ist in Hundefutter enthalten? Dieses Kapitel wird Ihnen helfen herauszufinden, welche Hundefuttermarke für Ihren Vierbeiner die richtige ist und ob es klargeht, ihn zum Vegetarier zu machen.

Und wo wir schon dabei sind: Was können Sie dagegen tun, wenn Ihr Hund zu dick ist? Gibt es magersüchtige Hunde oder solche mit Bulimie? Frisst Ihr Hund gerne den eigenen Kot (oder den von jemand anderem)? Warum um alles in der Welt hat er diese scheußliche Angewohnheit? Lesen Sie weiter, wenn Sie wissen wollen, warum diese Welt wirklich eine Welt ist, in der einer den anderen frisst …

Kann ich auch aus meiner Toilettenschüssel trinken?

Nur weil Ihr Hund gerne aus der Toilette säuft, heißt das nicht, dass Sie das auch tun sollten. Allgemein wird empfohlen, dass Sie sich im Falle von Wasserknappheit aus Ihrem Boiler oder auch dem Spülkasten (nicht der Schüssel) Ihrer Toilette bedienen sollten, obwohl schon dabei Kochen, Filtern oder der Einsatz von desinfizierenden Tabletten (Chlor, Iod, Silberionen) zur Wasseraufbereitung empfohlen wird.[3] Bei alledem ist freilich zu sagen, dass das Wasser in Ihrer Toilette in den meisten Fällen dieselbe Qualität hat wie das aus Ihrer Trinkwasserleitung.

Ich bin nicht gerade ein Fan davon, sein Trinkwasser aus dem *Spülkasten* (noch einmal: nicht aus der Schüssel, Leute!) der Toilette zu beziehen, aber ist es in Ordnung, wenn Ihr Hund den Kopf in die Schüssel hängt, um sich zu laben? Grundsätzlich sollte das kein Problem sein, es sei denn, (a) Sie sind angeekelt davon, oder (b) verwenden große Mengen an Chemikalien, um die Toilette sauber zu halten. Toilettenreiniger, Bleichmittel und Ähnliches können extrem toxisch oder gar tödlich sein.

Natürlich gibt es eine sehr einfache Möglichkeit, Ihrem Hund seine hässlichen Trinkgewohnheiten zu versalzen. Schließen Sie einfach den Deckel!

 Kann ich Hundekuchen essen?

Ja. Fragen Sie Mel Gibson. In *Lethal Weapon* konkurriert er höchst eindrucksvoll mit einem Rottweiler im Vertilgen von

Hundekeksen. Allerdings empfehlen wir unseren Klienten normalerweise nicht, die Hundekuchen Ihres Lieblings selbst zu essen. Klar, sie werden aus relativ sicheren Inhaltsstoffen hergestellt, aus Kohlenhydraten unter anderem, pflanzlichem Eiweiß, tierischem Eiweiß, Konservierungsstoffen und ein paar Vitaminen (und hoffentlich ohne Melamin). Doch ob Sie in Propylenglykol gelöstes Speck- oder Leberaroma mögen, ist eine völlig andere Frage. Nicht gerade die Art von Versuchung, die mir nach einem langen Arbeitstag gefährlich werden könnte, vor allem nicht, wenn als Alternative ein Schoko- oder Butterkeks lockt.

 Enthalten Milchdrops wirklich Milch?

Milchdrops bestehen fast ausschließlich aus Molkereiprodukten, dazu ein paar Vitamine und Mineralien, und ja, sie enthalten auch Milch! Während die meisten Hunde nicht laktoseintolerant sind, so gibt es doch einige, die an entzündlichen Darmerkrankungen oder Glutenüberempfindlichkeit leiden. Fragen Sie also Ihren Tierarzt, bevor Sie Milchdrops füttern.

 Ist teureres Hundefutter besseres Hundefutter?

Wenn Sie sich an eine große, renommierte Tiernahrungsfirma halten, die wissenschaftlich fundiert arbeitet, wird die Gesundheit Ihres Hundes im Allgemeinen in besten Händen sein. Zu den ersten Adressen gehören Eukanuba, Royal Canin, Purina, Happy Dog und Hill's. Die amerikanische Vereinigung der Futtermittelkontrolleure AAFCO (Association American Feed Control Officials) überwacht den Nährstoffgehalt von Tierfutter, um dafür zu sorgen, dass die Ernährung für jede Tierart hinreichend ausgewogen ist. Zu den Zutaten, die der Futtermittelindustrie zur Verfügung stehen (und die in der Hundefuttertüte Ihres Hundes landen), gehören neben nur für Tiere geeigneten, für den Menschen nicht genießbaren Abfallprodukten der Lebensmittelherstellung (Tierteilen wie Sehnen, Knorpel und verschiedene innere Organe, die wir Menschen normalerweise nicht zu uns nehmen) auch Bestandteile, die zum menschlichen Verzehr durchaus geeignet sind (Ihr Filet Mignon).

Leider hat der verheerende Futtermittelskandal durch die Beimengung von Melamin viele Tierärzte und Tierhalter der Futtermittelindustrie insgesamt gegenüber misstrauisch gemacht. Man hat Melamin in Eiweißkonzentraten aus Weizen, Mais und Reis gefunden. Es ist zutiefst frustrierend, dass Unternehmen mit Sitz in Amerika ihre Zutaten aus Ländern beziehen, die nicht dieselben Standards anlegen, die hierzulande gelten, und ich bin mir als Tierarzt und Tierhalter durchaus darüber im Klaren, dass dies lange gut gegangen ist, bis es schließlich zu dieser Serie von Vergiftungen kam. Nachdem ich ein Tier mit schwerem Nierenversagen zu behandeln gehabt und über eine Stunde damit verbracht hatte, der von Gewissensbissen geplagten Halterin auszureden, all das sei ihr Fehler gewesen, standen mir auf dem Heimweg selbst Tränen in den Augen, und ich habe prompt ein paar Dutzend Dosen Katzenfutter in den Müll geworfen. Dazu ist allerdings zu sagen, dass 90 Prozent der Tiernahrungsherstel-

ler von dieser Rückrufaktion nicht betroffen gewesen sind …
wie immer waren es nur wenige faule Äpfel, die die ganze La-
dung verdorben haben. Leider haben sich etliche meiner Klienten entschlossen, ihre Tiere auf selbst gekochte oder unbe-
handelte Ernährung umzustellen, um anschließend zusehen
zu müssen, wie ihre Hunde an anderen schweren Komplikationen (Knochen, die im Hals stecken bleiben, schwere Bauchspeicheldrüsenentzündungen) zugrunde gingen.

Behalten Sie all das im Hinterkopf, wenn Sie sich ein Bild
davon zu machen suchen, was Sie Ihrem Hund am besten
füttern sollten. Im Internet gibt es unzählige Hundeforen,
die verschiedene Rassen, Futtermittel, homöopathische Arzneimittel und medizinische Expertenmeinungen diskutieren,
sowie verbale Feldzüge gegen verschiedene Sorten Tierfutter
führen. Denken Sie daran, dass jeder dazu seine eigene Meinung haben wird, manche davon hysterischer als andere, und
dass manche Seiten mit falschen Informationen gespickt sind
(Hundefutter enthält kein Formaldehyd). Achten Sie darauf,
sich sorgfältig und umfassend zu informieren, und konsultieren Sie im Zweifel einen Tierarzt.

 Kann ich meinen Hund zum Vegetarier erziehen?

In freier Wildbahn sind Hunde Allesfresser und vertilgen
Pflanzen und Fleisch gleichermaßen, womit gewährleistet ist,
dass sie eine hinreichende Bandbreite an Eiweißen zu sich
nehmen. Hundefutterzubereitungen sind übrigens, was die
Quelle des darin verwendeten Eiweißes (aus Fleisch oder
aus Pflanzen) angeht, höchst unterschiedlich geartet, lesen

Sie das Etikett also sorgfältig durch. Hunde ziehen tierisches Eiweiß im Allgemeinen vor, weil es ihnen besser schmeckt, eine Mischung wäre demnach optimal. Wenn Sie aber darauf bestehen, so können Sie im Handel auch vegetarisches Futter für Hunde bekommen. Suchen Sie nach Hundefutter, das Ei- und Milchprodukte enthält, auf diese Weise ist garantiert, dass der Proteingehalt gut ausgewogen ist. Veganischem Futter fehlen unter Umständen wichtige Aminosäuren (Methionin, Taurin, Lysin, Arginin) und Eisen, Zink, Vitamin A, Calcium und verschiedene B-Vitamine und sollten einem Hund nur dann verabreicht werden, wenn man sich vorher von einem Ernährungsberater für Hunde hat informieren lassen.

 Enthält Hundefutter Hundefleisch?

Es mag zwar Hundefutter heißen, aber seien Sie beruhigt – es enthält kein Hundefleisch! Gott bewahre! Die meisten Futtermittelfirmen verwenden Fleisch- oder Fleischabfallprodukte aus der Landwirtschaft, das bedeutet im Regelfalle Rind, Lamm, Pute, Huhn und Kalb. Keine Pferde, keine Menschen, keine Hunde. Es gibt neuere Sorten Hundefutter auf tierischer Basis, die Lachs, Wild, Kaninchen, Ente und Känguru enthalten. So Ihr Hund keine spezifischen Allergien oder entzündlichen Darmerkrankungen hat, sollten Sie ihm jedoch diese anderen Zubereitungen *nicht* füttern, nur weil Sie glauben, er bräuchte ein bisschen Abwechslung. Diese Sorten haben einen medizinischen Grund und sind für besondere Zwecke gedacht. Wenn Sie Ihrem

Hund beliebig alle möglichen Sorten Fleisch füttern, hat er unter Umständen am Ende gegen alle davon eine Allergie, und die Behandlung von Erkrankungen wie Darmentzündungen wird auf diese Weise ungleich schwieriger.

## 🐾 Enthält Hundefutter Formaldehyd?

Wenn ich für jedes Mal, da mir diese Frage gestellt worden ist, einen Groschen bekommen hätte, würde ich mit dem Geld einen Rundbrief drucken lassen und an alle frischgebackenen Hundebesitzer verschicken, damit ich das nie wieder gefragt werde! (Na ja, ganz ehrlich gesagt würde ich vielleicht doch eher Disney World besuchen, aber meiner beruflichen Reputation halber wollen wir mal so tun als ob.) Einige der Gerüchte, die im Internet kursieren, sind nun einmal offenkundig unwahr. Wer kommt auf so was? Tierärzte und Hundefutterhersteller wollen, dass Sweetie so lange wie möglich am Leben bleibt (je länger sie lebt, desto mehr Hundefutter wird sie fressen!), und sie werden dieses Ziel nicht erreichen, indem sie Hundefutter Formaldehyd beimengen. Formaldehyd ist ein tolles Fixierungs- und Konservierungsmittel für Gewebe, aber in dieser Eigenschaft nicht eben geeignet, Ihr lebendes, atmendes Hundetier zu »konservieren«. Sie können also durchatmen, Ihr nicht mumifizierter Hausgenosse ebenfalls.

Brauchen übergewichtige Hunde
eine kohlenhydratarme Diät?

Sorgt die Taille Ihres Hundes für schallendes Gelächter? Sind
Sie es leid, Ihren Hund jedes Mal, wenn Sie sich an den Herd
begeben, mühsam in Schach halten oder im Nebenzimmer
einsperren zu müssen, wenn der Pizzalieferant eintrifft? Nun,
harte Zeiten erfordern harte Maßnahmen, und es mag erforderlich sein, Moppel-Max auf Diät zu setzen. Allerdings sind
weder Atkins- noch South-Beach-Diät für Hunde geeignet.

Tierärzte empfehlen hier vielmehr eine ballaststoffreiche
Ernährung, die Moppel-Max früher das Gefühl gibt, satt zu
sein. Ballaststoffe sättigen, liefern aber im Grunde nur »leere«
Kalorien. Das mag Ihrem Dickwanst helfen, Gewicht zu ver-
lieren, aber Sie werden dafür einen »hohen« Preis zu zahlen
haben (sein Hundehaufen wird bei dieser Ernährung auf das
Dreifache anwachsen! Ihn zu entfernen wird es eine große
Schaufel brauchen, aber das Gute ist, dass Moppel-Max mehr
Energie haben wird, um Ihnen, der Sie seinen Mist aufladen
und wegkarren, um die Beine zu toben.

Die Atkins-Diät ist eine proteinreiche Diät, die bei uns
Menschen wirkt, weil wir mehr Energie aufwenden müssen, um Protein umzusetzen (das heißt, wir verbrennen beim
Verdauen von Eiweiß mehr Kalorien als beim Verdauen von
Kohlenhydraten). Hunde sind zwar von Natur aus Allesfresser und bevorzugen proteinreiche Mahlzeiten (sowohl auf
pflanzlicher als auch auf tierischer Basis), haben aber von Natur aus einen sehr geringen Kohlenhydratbedarf, das bisschen
an Kohlenhydraten einzusparen, das Hunde zu sich nehmen,

würde demnach nicht viel bringen. Vertrauen Sie den Empfehlungen der Experten für Tierernährung, die den Nährstoffbedarf für Hunde genau definiert haben. Eine proteinreiche Ernährung nach dem Muster der Atkins-Diät, ohne dazu vorher Ihren Tierarzt angehört zu haben, ist der Gesundheit Ihres Hundes unter Umständen nicht sonderlich zuträglich oder gar gefährlich, vor allem, wenn er bereits Leber- oder Nierenprobleme hat.

 Kann ich meinem Hund selbst Mahlzeiten zubereiten?

Klar! Manchen Hundebesitzern macht es großen Spaß, für ihren Vierbeiner zu kochen. Ich selbst kann kaum für mich kochen, habe also vermutlich eine Menge Patienten, die besser essen als ich. Ich stecke den Besitzern immer, dass ich ein bisschen neidisch auf ihren Hund bin, und gebe die Hoffnung nicht auf, dass sie mir eines Tages beim Nachtdienst ein leckeres Filet in der Notaufnahme bringen werden, leider klappt das noch nicht so ganz.

Selbst gekochtes Futter lässt sich genau auf spezielle Bedürfnisse anpassen (vor allem bei Hunden mit Nierenversagen, Darmerkrankungen, Leberleiden, Gewichtsproblemen oder bösartigen Tumoren). Allerdings ergeben sich häufiger auch gewisse Ernährungsprobleme, unter anderen ist oftmals ein Mangel an Kalorien, Spurenmineralien, Vitaminen und Calcium und ein Übermaß an Protein zu verzeichnen. Ein weiteres Problem ist, dass das verwendete Fleisch oftmals mehr Phosphor als Calcium enthält, und das kann zu Knochenanomalien und sekundärem Hyperparathyreoidismus (das ist kein Lied von Mary Poppins, sondern eine degenerative, überaus schmerzhafte ernährungsbedingte Erkrankung, eine Regulationsstörung der Nebenschilddrüse, die man vor ein paar Jahrzehnten bei Zootieren erstmals beschrieben hat).

Manche Züchter und Hundehalter plädieren für eine reine Rohfütterung, geben ihren Tieren nur Knochen, rohes, ungekochtes Fleisch, Leber und Eier. Ich finde ja, dass das nicht unter »Zubereiten« fällt, aber was soll's … Da diese Ernährung nicht unumstritten und vermutlich nicht ausgewogen ist, habe ich Bedenken wegen einer ausreichenden Versorgung mit Mineralien und Vitaminen. Außerdem ist eine solche Ernährung für den Hund nicht ganz ungefährlich, denn ungekochte tierische Produkte enthalten unter Umständen größere Mengen an Bakterien wie *E. coli* und verschiedene *Salmonella*-Arten. Hinzu kommt, dass eine solche Ernährung aufgrund der hygienischen Vorsichtsmaßnahmen, die bei der Verarbeitung von rohem Fleisch zu bedenken sind, nicht geeignet ist für Haushalte mit kleinen Kindern, betagten Personen oder Menschen mit eingeschränkter Immunabwehr.[4] Außerdem sind mir bei Tieren mit einem an diese Ernährung nicht gewöhnten Magen-Darm-Trakt ein paar seltene schwere Komplikationen und Todesfälle nach der Umstellung auf eine Rohfleischdiät untergekommen. Diese Nahrung kann unter Umständen zu Bauchspeicheldrüsenentzündungen und massiven blutigen Durchfällen führen. Trotzdem habe ich ein paar Klienten, die darauf schwören. Bevor Sie eine Ernährungsumstellung auf Rohfleisch in Betracht ziehen, sollten Sie Ihre Hausaufgaben machen und einen Tierernährungsberater konsultieren, um zu gewährleisten, dass Sie Ihrem Hund eine ausgewogene Ernährung präsentieren. (Nur zur Orientierung: Die meisten Tierärzte oder Tierernährungsberater empfehlen aus den oben genannten Gründen eine Rohfleischfütterung eher nicht.)

Wenn Sie daran interessiert sind, für Ihren Liebling zu kochen, so gibt es inzwischen Kochbücher für Hunde- und Katzenfutter, unter anderem *Home-prepared Dog and Cat Diets: The Healthful Alternative* von Dr. David Strombeck, einem pensionierten Tiergastroenterologen von der University of California in Davis.[5] Der weiß wirklich, worauf es ankommt!

## 🐾 Ist Maxi zu dick?

Ach ja, die allmähliche Verfettung der westlichen Hemisphäre. Genau wie bei ihren zweibeinigen Genossen sind 40 bis 70 Prozent aller amerikanischen Haustiere übergewichtig und damit anfällig für dieselben Probleme, mit denen auch stark übergewichtige Menschen zu kämpfen haben: Diabetes, degenerative Arthritis und erhöhte Belastung für Herz, Lungen und Knochengerüst.[6] Aus diesem Grunde sollte Moppel-Maxens Konstitution regelmäßig vom Tierarzt begutachtet werden, es gibt dafür eine Bewertungsskala, den Body Condition Score, kurz BCS.[7] Manche Tierärzte sind so daran gewöhnt, übergewichtige Patienten vor sich zu haben, dass sie Ihnen sagen werden, Moppel-Max habe »Idealgewicht«. Ich muss permanent irgendwelche Studenten anbrüllen, die mir berichten, dass dieser oder jener Patient

»normalgewichtig« ist, während er ganz offenkundig etliche Pfunde zu viel hat. Die meisten Tiermedizinstudenten sind es nicht gewohnt, mit Rennschlittenhunden oder Windhunden zu arbeiten, ihnen ist daher nicht klar, wie ein athletischer, fettfreier Hundekörper auszusehen hat.

Woran Sie sehen, dass Moppel-Max zu dick ist? Zum einen sollten Sie imstande sein, seine Rippen leicht zu *ertasten*, wenn Sie seinen Brustkorb seitlich befühlen. Sie dürfen nicht unter einer dicken Fettschicht vergraben sein. Sie sollten zudem imstande sein, sie zu *sehen*, wenn Max sich streckt oder rennt. Wenn Sie Max von der Seite betrachten, sollte die Linie vom Brustkorb zum Hinterleib nach oben verlaufen. Keine Hängebäuche, bitte, wir legen Wert auf Taille. Und von oben sollte seine Gestalt einem wohlproportionierten Uhrglas ähneln. Die Schwanzwurzel sollte eine glatte Silhouette aufweisen (kein eingebautes Sitzkissen), und die knöchernen Strukturen von Hüfte und Becken sollten unter einer dünnen Hautschicht zu ertasten sein.

Wie viel Sie Ihrem Hund füttern sollten, hängt ganz von seinem Allgemeinzustand ab. Aber allein aufgrund der Anzahl an übergewichtigen Hunden kann ich vermutlich jedem, der das hier liest, guten Gewissens zuraten, die Menge, die er gegenwärtig in den Hundenapf füllt, auf der Stelle um ein Drittel zu verringern. So Sie nicht einen wählerischen Deutschen Schäferhund, eine Dänische Dogge oder einen aus der bunten Palette der Windhunde (einen Afghanen oder ein Italienisches Windspiel) Ihr Eigen nennen, werden die meisten Ihrer Hunde übergewichtig sein. Denken Sie daran, ich sage das in liebevoller Strenge. Sie wollen doch auch, dass

Ihr Moppel-Poppel länger lebt und weniger leicht an einem Bandscheibenvorfall, Arthritis oder Diabetes erkrankt, oder? Dann tun Sie uns allen den Gefallen und rationieren Sie ihm das Futter.

Manche Hunde entwickeln Gewohnheiten wie ein Vielfraß, andere scheinen imstande, das Fressen von selbst richtig zu dosieren. Somit lassen sich manche Hunde »nach Belieben« füttern, das heißt, man kann ihnen das Futter grundsätzlich stehen lassen. Wenn man schon bei Welpen mit frei verfügbarem Futter beginnt, ist es später leichter, sie für das weitere Leben dahin zu erziehen. Doch da manche Hunde dazu tendieren, unablässig zu fressen, ist dies *nur* bei solchen zu empfehlen, die zur Selbstkontrolle fähig sind und nicht übergewichtig werden (das heißt, bei einem Labrador nicht). Aus irgendeinem Grund haben Labradore so etwas wie ein Vielfraß-Gen, wohl damit ihnen die Energie für ihre dicken Wedelschwänze nie ausgeht! Meine Haustiere sind allesamt »Bedarfsfresser« – sie fressen, wenn ihnen danach ist, und sie haben allesamt »Idealgewicht«. Ernsthaft.

Wenn Ihr Hund ein Schlingteufel oder übergewichtig ist, sollten Sie ihn, je nachdem, wie hungrig er ist, ein- oder zweimal am Tag füttern. Wenn er permanent bettelt, können Sie seine Mahlzeiten in drei kleinere aufteilen und ihm über den Tag verteilt geben, sodass er sich satter fühlt. Das heißt natürlich nicht, dass Sie ihm zwei oder drei Extraportionen geben sollten, die Rede war von »aufteilen«. Der nächste Schritt besteht, wie bereits erwähnt, darin, die Futtermenge um mindestens ein Drittel zu kürzen. Erwägen Sie auch, ihn ungeachtet seines Alters auf Kost für alte oder übergewichtige Hunde zu setzen, sie enthält dieselbe ausgewogene Nährstoffkombination abzüglich der Kalorien und Fette. Bei dem hohen Ballaststoffanteil in diesen abgespeckten Futtervarianten wird Ihr Hund sich eher satt (Ihre Gassi-Tüte hingegen um einiges schwerer) anfühlen. Fragen Sie Ihren Tierarzt, er soll Ihnen die Angaben auf den Futterpackungen übersetzen. Wenn Sie Ihrem Hund füttern, was die Firmen Sie heißen, wird er unweigerlich übergewichtig. Füttern Sie ihm die Menge, die er beim Idealgewicht bräuchte, nicht die, die seinem gegenwärtigen Gewicht entspricht. Schaffen Sie sich ein verlässliches Maß an, mit dem Sie die Futtermenge abmessen. Helfen Sie Ihrem Hund fit zu werden, dann haben Sie beide um einiges länger Spaß miteinander!

 Gibt es Diätpillen für Hunde?

Die ersten Appetitzügler für Hunde wurden von Pfizer (von wem sonst) auf den Markt gebracht, dem Hersteller von Viagra und so ziemlich jedem anderen Arzneimittel auf dem Planeten. Am 5. Januar 2007 wurde das Medikament Slentrol von der tierärztlichen Abteilung der amerikanischen Lebens- und Arzneimittelbehörde zugelassen, seit Oktober 2007 ist es in Deutschland erhältlich. Dieses Präparat hilft, Waldis Appetit in Schranken zu halten, er hat weniger Hunger und nimmt dadurch leichter ab. Wenn eine Ernährungsumstellung und mehr Bewegung nicht helfen, fragen Sie Ihren Tierarzt nach Slentrol. Ich persönlich glaube ja, dass die meisten Leute, wenn es ums Abnehmen geht, nicht hartnäckig genug sind, was die beiden erstgenannten Alternativen betrifft, und habe ein bisschen Sorge, dass es für viele eine »leicht zu schluckende« Pille ist, aber in Anbetracht dessen, dass wir mehr als 17 Millionen übergewichtige Hunde herum ächzen haben, ist sie vielleicht ein Schritt in die richtige Richtung. Über die langfristigen Auswirkungen des Präparats weiß man bisher nicht allzu viel, seien Sie also ein bisschen vorsichtig (bislang gibt es allerdings keine Berichte über Analinkontinenz). In Kürze wird Pfizer vielleicht das Slentrol-Rimadyl-Viagra-Kombinationspräparat auf den Markt bringen, auf dass Waldi nicht nur abnimmt, besser aussieht und höher hüpft, sondern bei alledem auch noch mehr Pfeffer im Hintern haben wird!

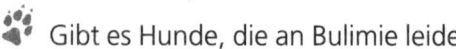 Gibt es Hunde, die an Bulimie leiden?

Es mag stimmen, dass manche Hunde erbrechen, was sie gefressen haben, aber Bulimie als Krankheit kennt man in der Tiermedizin nicht. Wenn Ihr Hund zu rasch frisst, dann unmittelbar darauf alles erbricht, nur um es gleich wieder zu verschlingen, bleiben Sie ruhig, er hat keine Bulimie. Viel eher hat er eine entzündliche Darmerkrankung, die zu chronischem Erbrechen und Durchfällen führt, oder auch eine gestörte Speiseröhrenperistaltik, das heißt, dass seine Speiseröhre (jener dünne Muskelschlauch, der die Nahrung in den Magen befördern hilft), nicht richtig arbeitet. Wenn Sie bemerken, dass er sich häufig erbricht, bringen Sie ihn zum Tierarzt, damit er nach ihm schaut, denn Ihre Bella reihert sicher nicht mit Absicht, um auszusehen wie Calista Flockhart.

Gibt es magersüchtige Hunde?

Ja und nein. Tierärzte verwenden den Ausdruck »Anorexie« wenn sie den »Mangel oder Verlust an Appetit« meinen.[8] Appetit ist definiert als etwas Psychisches, das »von Erinnerung und Assoziationen gesteuert« wird, wohingegen Hunger etwas Physisches ist, das »durch den physiologischen Nahrungsbedarf des Körpers« ausgelöst wird. Bei Tieren kann Anorexie eine Menge Gründe haben, unter anderem Stoffwechselerkrankungen (wie Nieren- oder Leberversagen), Krebs, Futter, das sie nicht anspricht, die Umgebung oder die Anwesenheit anderer Tiere. Beim Menschen wird mit dem klinischen Symptom der Appetitlosigkeit oder Anorexie in vielen Fällen die Krankheit Anorexia nervosa in Zusammenhang gebracht, so der Fachbegriff für das, was wir als Magersucht bezeichnen. In der Tiermedizin wird der Begriff weiter gefasst, wenn man es sehr genau nehmen wollte, sollten wir in diesem Falle vielleicht eher die Bezeichnung »Aphagie« oder »Anophagie« verwenden, würde ich annehmen, aber lassen wir's gut sein, wir wollen doch in Worten reden, die jeder versteht und nicht in irgendwelchem Fachkauderwelsch. Außerdem sind die andern beiden so viel schwieriger zu buchstabieren. Wenn Ihr Tierarzt Sie also je fragen sollte, ob Ihr Hund »anorexisch« ist, seien Sie nicht beleidigt. Wir reden hier nicht über Hollywood-Hungerkünstler, sondern über einen pathologisch begründeten Appetitverlust. Hunde kennen keine Eitelkeit (und dafür liebt der Himmel sie!).

Ist Dosenfutter ungesund?

Ich kann Ihnen ziemlich sicher garantieren, dass Ihr Kind, wenn Sie ihm den ganzen Tag Hotdogs und Krapfen füttern, nie etwas anderes essen will als Hotdogs und Krapfen. Dasselbe gilt für Ihr Haustier. Die Art und Weise, wie Sie Futter »einführen«, sollte von liebevoller Strenge bestimmt sein – wenn Sie mit Dosenfutter oder Essen vom eigenen Tisch anfangen, wird es umso schwerer werden, ihn an Trockenfutter zu gewöhnen. Auch wenn es nach einer grausamen und ungewöhnlichen Bestrafung klingt, unsere Empfehlung lautet, allein mit Trockenfutter zu beginnen. Glauben Sie es oder nicht, er wird fressen, wenn er Hunger hat, also können Sie das Futter ruhig ein paar Tage stehen lassen, bis er es akzeptiert. Für die auf Gleichberechtigung bedachten Tierhalter unter Ihnen, die nebenbei auch Katzen halten – bei Katzen funktioniert das nicht und sollte auch niemals versucht werden. Ich fürchte, Sie werden auf Band zwei warten müssen, um zu erfahren, warum das so ist!

Obschon Dosenfutter für Hunde nicht schlecht ist, sollten Sie doch bedenken, dass Sie dabei 70 Prozent Wasser bezahlen! Der Ehrlichkeit halber sei gesagt, dass ich zwei (na gut, vielleicht manchmal drei) Esslöffel Dosenfutter zum Trockenfutter in den Napf gebe, wenn ich meinen Hund füttere. Aber der Fairness halber sei auch gesagt, ich tue das vor allem, um ihm seine Arznei zu verabreichen. (Jawohl. Ich würde meinen Hund nie verwöhnen. Das Kauspielzeug für 30 Euro war nichts weiter als ein Erziehungsinstrument. Großes Indianerehrenwort!) Tierärzte plädieren auch deshalb für Trockenfutter, weil dieses dazu beiträgt, die Plaque- und Zahnsteinbildung zu unterbinden, weil es die Zähne mehr oder weniger sauber scheuert. Ich habe nichts gegen gelegentliche Gaben von kleinen Mengen Dosenfutter als Leckerbissen – allerdings sollte es nicht als primäres Futtermittel verwendet werden, so Ihr Tierarzt dies nicht ausdrücklich anrät.

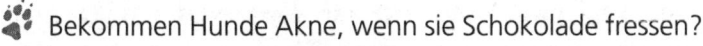 Bekommen Hunde Akne, wenn sie Schokolade fressen?

Ob Ihr Hund nun ein alter Herr ist oder ein pubertierender Teenager – Akne wird er nicht bekommen, egal, wie viel Schokolade Sie ihm geben. Aber, wie wir in unserem Kapitel »Wenn brave Hunde mal nicht brav sind« erfahren werden, können hohe Dosen Schokolade toxisch, in seltenen Fällen sogar tödlich sein, also schließen Sie bitte die Schokolade weg, damit Hexe nicht drankommt. Tun Sie das nicht, wird sie zwar keine Akne bekommen, möglicherweise aber extremen Durchfall, der Ihnen durchaus eine richtig hohe Notfallaufnahmerechnung einbringen kann.

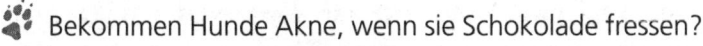 Warum fressen Hunde ihren eigenen Kot?

Ich wünschte, es gäbe eine medizinische Entschuldigung, aber ich fürchte, daraus wird nichts. Ihr Hund hat keine Ausrede, wenn er seinen Kot frisst. Wenn ich Sie wäre, würde ich versuchen, ihn dazu zu bringen, dass er es lässt, denn es ist wirklich eklig und peinlich. Wenn Sie ihm oft genug »*Aus!*« zubrüllen, wird er es vielleicht lernen, seine eigene Hinterlassenschaft in Ruhe zu lassen. Wenn Sie es ihm partout nicht abgewöhnen können, gibt es einige frei verkäufliche Präparate, die seinen Kot für ihn ungenießbar machen, aber eigentlich braucht es keinen Tierarzt, um Ihnen beizubringen, dass Kot in der Regel ohnehin ziemlich ungenießbar ist (wie ich gehört habe), vielleicht helfen diese Präparate also, vielleicht aber auch nicht. Sie können es auch mit scharfem Chilipulver versuchen. Einfach draufstreuen, gleich nachdem er sein Geschäft gemacht hat. In der Regel ist die beste Maßnahme, Kot sofort zu entfernen, um die Chance zu verringern, dass er sich diese scheußliche Angewohnheit zulegt.

In seltenen Fällen kann es vorkommen, dass Hunde Pica entwickeln, das ist der wissenschaftliche Ausdruck dafür, dass jemand Ungebührliches vertilgt. Ich habe schon erlebt, dass Hunde, die lange nichts gefressen haben, auf einmal anfangen, wie wild gebrauchte Windeln oder Tampons aus dem Abfall in sich hineinzuschlingen. Manche fressen sogar Erde oder Katzenstreu. Vielleicht ist das der Versuch, mehr Eisen aufzunehmen. Eigentlich beobachtet man Pica als Störung eher bei Pferden, Rindern und Schafen, bei Hunden ist sie als Ausdruck von Mineralien- und Vitaminmangel selten. Wenn Ihr Hund ein echter Dreckfresser ist, besteht Ihr einzig möglicher Selbstschutz, fürchte ich, darin, sich nicht von ihm abschlecken zu lassen.

 Ist Essen vom Tisch schlecht für Hunde?

Ich bin mir sicher, dass Ihr pummeliges Hündchen mit großer Begeisterung den lieben langen Tag Reste von Ihrem Essenstisch verputzen würde, aber ich bin mir nicht sicher, ob

Ihr Tierarzt ebenso viel Begeisterung für Sie aufbringt, wenn Sie dies zulassen. Hat Ihre Mutter Ihnen als Kind eine Diät aus Limo und Cornflakes mit Zuckerkruste zu essen gegeben? So, nun dann tut es mir leid, aber das bedeutet noch lange nicht, dass Sie Ihre schlechten Gewohnheiten mit Ihrem Haustier teilen sollten. Bevor der Hund domestiziert wurde, war er ein Räuber und fraß alle möglichen Pflanzen, Tiere und Kadaver. Der gesunde, sportliche (nicht übergewichtige) Hund unserer Tage mag hier und da kleine Mengen an Essensresten ohne größere Probleme tolerieren. Die meisten Haushunde aber sind heutzutage übergewichtig und überfüttert und bekommen (den meisten Menschen nicht ganz unähnlich) viel zu wenig Bewegung. Das Opfer ist in der Regel der zehn Jahre alte übergewichtige Kleinhund, der alles frisst, was sein Besitzer auch zu sich nimmt. Ein solcher Pummelhund läuft ohnehin schon Gefahr, alle möglichen Krankheiten zu bekommen, angefangen von Zahnproblemen, über Herz- und Lungenkrankheiten, Diabetes und Verdauungsstörungen bis hin zu diversen Erkrankungen des Bewegungsapparats, und ihm Essensreste zu füttern, bringt zu allem Übel seine Nährstoffbalance völlig durcheinander. Das größte Problem bei den meist stark fetthaltigen Essensresten vom Menschentisch ist, dass sie eine Pankreatitis, eine Entzündung der Bauchspeicheldrüse, heraufbeschwören können. Der Schweregrad dieser Erkrankung (und der damit verbundenen Durchfälle und des Erbrechens) variiert von leicht bis lebensbedrohlich, und sie zu behandeln kostet eine hübsche Stange Geld. Wenn Sie ein sojaverehrender, fettfrei lebender Veganer-Bauer sind, ist das übrigens auch egal. Sparen Sie sich Ihre Johannisbrotkekse für Ihresgleichen.

Wenn Sie darauf bestehen, Pummelchen Reste von Ihrem Essen zu füttern, dann fragen Sie Ihren Tierarzt, wie sie sein Gewicht trotzdem unter Kontrolle halten können. Zu den Resten, die Sie gelegentlich in *kleinen* Mengen gefahrlos unter ein ausgewogenes Trockenfutter mischen können, gehören Dinge wie gekochtes Hühnerfleisch (kein Fett, keine Haut, keine Knochen) oder Hackfleisch (ohne Fett). Ihr übriggebliebener Reis aus der Mahlzeit vom Chinesen oder andere Nahrungsmittel mit geringem Fettgehalt sind ebenso geeignet wie fettfreie Pasta. Wenn Sie bei etwas im Zweifel sind, werfen Sie es besser weg. (Wenn Sie es ganz genau wissen wollen: Ich füttere meinem Hund auch gelegentlich bekömmliche Reste. Ja, und manchmal leckt er auch meinen Teller ab, wenn ich fertig bin. Aber wenn ich seine Pankreatitis oder seinen Durchfall behandeln muss, kostet mich das schließlich auch so gut wie nichts! Also teilen Sie Ihr Essen mit Ihrem Vierbeiner, aber auf eigene Verantwortung!)

 Sind Greenies schlecht für Ihren Hund?

Haben Sie in Ihrer lokalen Zoohandlung schon einmal jene teuren grünen Hundeknochen aus chlorophyllhaltigem Pflanzenmaterial gesehen? Vor kurzem wurde über diesen grünen Kauknochen zur Zahnpflege berichtet, er könne Speiseröhren-, Magen- und Darmverschluss verursachen. In Amerika hat es die Meldung sogar ins Programm von CNN geschafft (da muss jemand tierischen Einfluss gehabt haben)![9] Viele Tierärzte sind keine Freunde von bestimmten Leckereien, darunter auch besagten Greenies, weil dabei immer die Gefahr eines Verschlusses gegeben ist. Fachleute für Innere Medizin und Nottierärzte beäugen diese Marke mit besonderer Vorsicht, wenn nicht gar Misstrauen – die Knochen sind so schmackhaft gemacht worden, dass die Hunde sie heißhungrig hinunterschlingen und die Internisten unter den Tierärzten sind diejenigen, die sie dann mitten in der Nacht mit Hilfe endoskopischer Methoden »wieder ans Tageslicht« befördern müssen. Das Problem ist, dass die Firma zwar versucht, jedem Hund die richtige Kauknochengröße anzupassen, dies aber nicht immer möglich und auch nicht immer von Nutzen ist. Wenn Ihr Gierschluck dazu tendiert, sich wie ein Wilder auf Greenies zu stürzen, passen Sie besser auf, dass Sie sie ihm wegnehmen, bevor sie zu klein werden. Wenn Ihr Hund bei allem die Gewohnheit hat, es gierig hinunterzuschlingen, als habe er seit Wochen kein Futter gesehen, sollte Ihnen klar sein, dass er bei jedem Leckerli und jedem Spielzeug Gefahr läuft, dieses an Orte in seinem Körper zu bugsieren, wo es absolut nichts zu suchen hat. Mir ist einmal ein kleiner Hund untergekommen, dem ein Fremdkörper in der Speiseröhre stecken geblieben war – er hatte seine Medizin zu hastig hinuntergeschlungen. Lassen Sie stets Umsicht walten, wenn Sie Ihren Vielfraß »belohnen« und haben Sie ihn danach gut im Auge, sodass Sie mitbekommen, wenn er zu würgen beginnt. Passen Sie überdies auf, dass sein Kauspielzeug nicht zu klein wird.

Unlängst hat der Hersteller von Greenies die Zusammensetzung geändert, damit die Knochen leichter verdaulich werden, damit sinkt hoffentlich auch die Häufigkeit, mit der Hunde sie »in den falschen Hals« bekommen. Die neuen Greenies lassen sich leichter kauen und haben »natürliche Bruchstellen«, die es laut Auskunft auf der Internetseite der Firmen Hunden erleichtern, »gut zu zerkauende Stücke abzutrennen, die sich leicht auflösen«.[10] Hoffen wir's!

🐾 Mein Hund ist versessen auf Ochsenziemer! Sind die gesund?

Nun, ich habe Neuigkeiten für Sie – aber der Fairness halber auch eine Warnung: Wenn Sie sich leicht ekeln, lassen Sie diese Frage vielleicht besser aus.

Als ich unlängst in einer Zoohandlung herumstöberte, stellte ich zu meiner angenehmen Überraschung fest, dass meine fünfzehn Jahre zurückliegenden Anatomiekurse nicht umsonst gewesen waren. Mir fiel ein Ochsenziemer ins Auge, und ich erkannte auf der Stelle Schwellkörper und Musculus bulbospongiosus eines Bullenpenis. Sie haben richtig gelesen. Auch wenn es nicht sehr appetitlich klingt: Hunde sind verrückt nach diesen Köstlichkeiten. Leider sind manche Hunde so versessen darauf, dass sie sie viel zu rasch hinunterwürgen und ihnen der »Kauspaß« dann in der Speiseröhre stecken bleibt.

Es zerreißt mich manchmal schier, aber als Notfalltierärztin muss ich meine Professionalität wahren. Ich kann nicht einfach herumlaufen und Dinge verkünden wie: »Nun ja, Ihrem Hund steckt ein Bullenpenis quer!«

Aber das Problem kommt nicht allzu oft vor, und ich bin

im Prinzip absolut dafür, alle Teile eines Schlachtviehs möglichst effizient zu verarbeiten, auch Schweineohren, Luftröhren-Kausnacks, Kauknochen aus ungegerbter Haut und, jawohl, Bullenpenisse. Das verringert nicht nur die Abfallmengen, sondern trägt dazu bei, so viel von diesen Tieren zu verwerten wie irgend möglich. Kaufen Sie also ruhig weiter Ochsenziemer, versuchen Sie sich einzureden, es handele sich um Rinderknochen oder Schweinepfoten, und achten Sie darauf, dass Ihr Hund sie sich nicht zu hektisch einverleibt.

 Ich habe Übergewicht, mein Hund auch.
Macht das was?

Kommt drauf an. Macht es Ihnen was aus, Ihrem Hund für den Rest seines Lebens zweimal täglich eine Insulinspritze zu geben und ihn in regelmäßigen Abständen für teures Geld beim Tierarzt untersuchen zu lassen? Über 60 Prozent aller Amerikaner sind übergewichtig. Geschätzte 25 bis 40 (vermutlich sogar 70) Prozent aller Haustiere auch, das heißt, ihr Gewicht liegt um mindestens 20 Prozent über ihrem Idealgewicht.[11] Das prangt zwar vielleicht auf Ihrer Liste der guten Vorsätze fürs neue Jahr nicht ganz oben, sollte es aber. Übergewicht steht mit einer ganzen Reihe von Gesundheitsproblemen in Verbindung: gedrosselter Immunantwort, erhöhter Belastung für Herz, Lungen und Bronchien sowie für den Bewegungsapparat. Aus diesem Grund ist es wichtig, dafür zu sorgen, dass Pummel-Pollux die richtige Menge an Fressen bekommt (wenn es sein muss, fettreduziertes, ballaststoffreiches Seniorenfutter) und dass er ein schweißtreibendes Sportprogramm absolviert.

Wenn Sie Ihrem Hund die Mahlzeiten in kleinere, häufigere aufteilen (statt einmal am Tag: dreimal füttern), wird er sich satter fühlen und nicht so viel betteln. Messen Sie die Futtermenge mit einem geeigneten Maß, um die richtige Kalorienzahl zu gewährleisten. (Man bekommt diese im Zoohandel oder auch beim Tierarzt.) Viele Tierärzte haben absolut nichts dagegen, wenn Sie Ihren Hund einmal im Monat zum Wiegen vorbeibringen, sodass sie dessen Gewichtsentwicklung in seine Akte eintragen können.

Es ist noch nicht lange her, da haben Wissenschaftler festgestellt, dass Sie, wenn Sie mit Ihrem Hund zusammen Sport treiben, ebenfalls abnehmen. Erstaunlich, diese Logik, oder?

## 🐾 Warum fressen Hunde Gras?

Es gibt jede Menge Mutmaßungen darüber, warum Hunde gerne Gras fressen. Hunde sind von Natur aus Allesfresser, das heißt, sie brauchen in ihrer Ernährung einen gewissen Anteil an pflanzlichem Material. Die meisten handelsüblichen Hundefuttersorten bestehen aus Pflanzenprotein (gewonnen aus Mais oder Soja zum Beispiel) in Kombination mit tierischem Protein. Es ist daher nicht weit hergeholt, dass Hunde in ähnlicher Weise nach Grünzeug lechzen wie wir selbst, wenn wir eine Woche lang Fast Food gegessen haben. Mir geht es oft so, dass es mich dringend nach einem Gemüsesaft oder einem knackigen Salat verlangt, wenn ich ein paar Tage lang viel Fleisch gegessen habe. Vielleicht frisst Angus, Ihr Australian Cattle Dog, Gras, weil er der ständigen Filetsteaks überdrüssig ist und einfach ein bisschen Abwechslung in seinen Speiseplan bringen will – von den darin enthaltenen Ballaststoffen und dem Vitamin $B_{12}$ ganz zu schweigen.

Manche Hunde fressen Gras allerdings aus pathologischen Gründen. Gelegentlich bringen Hundehalter ihren Vierbeiner zum Tierarzt, weil der Hund Gras gefressen hat und es sofort wieder erbricht. Dann haben wir es mit einem klassischen Huhn-oder-Ei-Problem zu tun – was war zuerst da? Entweder hatte Angus zuerst Gelüste, hat dann Gras gefressen und es erbrochen, weil er zu viel hinuntergeschlungen hat, oder ihm war bereits aus anderen Gründen übel, und er hat Gras gefressen, damit er sich erbricht und sein Magen sich beruhigt. Ich will nicht auf unschönen Erinnerungen herumreiten, aber wir fühlen uns nach dem Erbrechen doch fast immer besser, stimmt's? Vielleicht ist es seine Art, Sie, seinen Besitzer, dazu zu bringen, mit ihm zum Tierarzt zu gehen, denn er weiß, dass mit ihm irgendetwas nicht stimmt. »*Hallo*, ich hab mir den Finger in den Hals gesteckt, dir den Garten vollgekübelt und fühle mich wie ein Häufchen Elend, würdest du mich also *bitte* zum Tierarzt bringen?« Wenn Angus sehr oft (mehr als ein- oder zweimal pro Woche) Gras frisst und erbricht, sollten Sie aufhören, sich kostenlos tierärztlichen Rat aus diesem Buch zu holen und ihn schleunigst zum Tierarzt bringen!

### Warum vergraben Hunde Knochen?

Bevor der Hund domestiziert wurde, hatte er die Gewohnheit, überschüssige Knochen zu vergraben, um ein paar Vorräte zu horten für den Fall, dass das Rudel einmal kein frisches Fleisch erlegen konnte. Da Hunde über einen so ausgezeichneten Geruchssinn verfügen, haben Sie ihr vergrabenes Picknick in der Regel später rasch wiederfinden und ausgraben können. Zwar haben unsere domestizierten Haushunde diese Gewohnheit des Verbuddelns von leckeren Dingen beibehalten, doch einigen davon scheint das instinktive Erinnern und Wiederfinden leider abhandengekommen zu sein.

### Wie verabreiche ich meinem Hund am besten Tabletten?

Haben Sie sich je gefragt, warum Sie sich statt einer Katze einen Hund angeschafft haben? Hier ein bisschen Stoff zum Grübeln, die Anleitung kursiert im Internet, verbreitet vermutlich von ein paar Hundefreunden!

*Wie man einer Katze Tabletten gibt*

1. Nehmen Sie die Katze hoch und betten Sie sie rücklings in die linke Armbeuge als hielten Sie ein Baby. Umfassen Sie mit Ringfinger und Daumen der rechten Hand das Katzenmaul und üben leichten Druck auf die Wangen aus (die Pille halten Sie dabei zwischen Zeige- und Mittelfinger der rechten Hand). Sobald die Katze das Maul öffnet,

lassen Sie die Tablette von oben hineinfallen, schließen der Katze das Maul und halten es zu, bis sie geschluckt hat.

2. Heben Sie die Tablette vom Fußboden auf und angeln Sie die Katze hinter dem Sofa hervor. Betten Sie die Katze sachte rücklings in die linke Armbeuge und wiederholen Sie das Ganze.

3. Nehmen Sie eine neue Tablette aus der Folie. Betten Sie die Katze rücklings auf Ihren linken Arm. Öffnen Sie ihr das Maul und schieben Sie die Tablette mit dem Zeigefinger weit nach hinten in den Rachen. Halten Sie ihr das Maul zu, bis Sie bis zehn gezählt haben.

4. Holen Sie die Tablette aus dem Goldfischglas und die Katze vom Schrank. Rufen Sie Ihren Lebenspartner aus dem Garten.

5. Knien Sie sich auf den Boden, die Katze fest zwischen beide Beine geklemmt, halten Sie Vorder- und Hinterpfoten fest. Ignorieren Sie dumpf grollende Knurrlaute seitens des Tiers. Bitten Sie Ihren Partner, den Kopf festzuhalten und der Katze ein Holzlineal in den Schlund zu schieben. Daran lassen Sie die Pille hinunterrollen, halten anschließend der Katze das Maul zu und massieren ihr heftig die Kehle.

6. Zerren Sie die Katze von der Vorhangstange, nehmen Sie eine frische Tablette aus der Packung.

7. Wickeln Sie die Katze in ein großes Handtuch und bringen Sie Ihren Partner dazu, sich so auf das Tier zu legen, dass nur noch der Katzenkopf aus seiner Armbeuge lugt. Stecken Sie die Tablette in einen Strohhalm, öffnen Sie der Katze mit Gewalt das Maul und pusten Sie ihr mit dem Strohhalm die Tablette in den Rachen.

8. Lesen Sie auf der Packung nach, ob das Medikament wirklich unschädlich für Menschen ist, und trinken Sie ein Glas Wasser, um den Geschmack wegzuspülen. Verbinden Sie Ihrem Partner den Unterarm und waschen Sie mit Seife und kaltem Wasser das Blut aus dem Teppich.
9. Rufen Sie beim Tierschutzbund an und lassen Sie die Katze abholen, gehen Sie in die nächste Zoohandlung und fragen Sie, ob es dort Hamster gibt.

*Wie man einem Hund Tabletten gibt*

1. Wickeln Sie sie in eine Scheibe Wurst.

Noch Fragen zum Unterschied zwischen Katzen und Hunden?

Wenn mein Hund Schokolade frisst, riecht sein Kot dann wirklich nach Schokolade?

Ah ja, die Schokoladendiarrhö. Die Frage mag lächerlich und unanständig klingen, aber dem ist tatsächlich so. Die Exkremente Ihres Lieblings werden für die nächsten paar Tage köstlich nach Schokolade duften. Und denken Sie dran, vielleicht frisst er sie gerne noch einmal, vor allem, wenn sie auch noch immer nach Schokolade schmecken. Aber Vorsicht – wenn es so weit ist, das Nächste was folgt, wird vermutlich Schokoladeerbrechen sein.

Warum steht mein Hund auf die panierten Kegel im Katzenstreu?

Wenn Ihr Hund schon den eigenen Kot vertilgt, warum nicht auch mal den eines anderen Haustiers? Ist vielleicht genauso lecker. Klar, es handelt sich um eine echt widerliche Gewohnheit, aber aus medizinischer Sicht ist an Ihrem Hund nichts auszusetzen, wenn er sie hat – vorausgesetzt alle Haustiere sind entwurmt. Sein Mundgeruch wird hernach vielleicht nicht der allerfrischeste sein. Wenn Sie ihm das abgewöhnen wollen, wäre mein Vorschlag, das Katzenklo abzudecken und mit der Öffnung so zur Wand zu stellen, dass gerade noch Ihre Katze leicht hineinschlüpfen kann, mit ein bisschen Glück ist es auf diese Weise für Ihren Hund nicht mehr ganz so einfach, an den Inhalt zu kommen.

Der Hund eines meiner Kollegen frisst ständig Katzenkegel. Jack lebt so im Einklang mit der Natur seiner beiden Katzenkollegen, dass er, sobald er vernimmt, wie einer von beiden das Katzenklo benutzt, die Treppe hinaufrennt, um sich frischen Nachschub zu holen. Bäh! Wenn Jack danach die Treppe wieder heruntergestiefelt kommt, Katzenstreu zwischen den Zähnen, die Nase frisch gepudert, wissen wir, dass es mal wieder so weit war. Das Gute ist, dass der Besitzer das Katzenklo seltener säubern muss und weniger Katzenstreu braucht, Jacks Verhalten ist demnach vermutlich ziemlich umweltfreundlich.

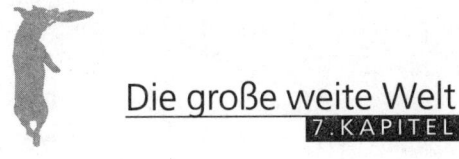

## Die große weite Welt
### 7. KAPITEL

Ach ja, die Abenteuer der großen weiten Welt. Es ist heutzutage schon schwer genug, die eigene zweibeinige Brut in dieser gefährlichen Welt zu beschützen, und nun wollen Sie auch noch dafür sorgen, dass Ihr um einiges loyalerer vierbeiniger Schützling unbeschadet durchs Leben kommt. Einem Kind können Sie einen Fahrradhelm aufsetzen, einem Hund nicht ... oder doch? Hunde sind wirklich wie Kinder – wir müssen nicht nur ihre Hinterlassenschaften beseitigen, sondern schleppen obendrein ihr ganzes Zeug mit uns herum (vergessen Sie den Sonnenschutz nicht, die Hundekuchen, die Gassi-Tüten, das Wasser und die Leckereien)! Dieses Kapitel befasst sich mit all den blanke Verfolgungsangst schürenden Gefahren da draußen in der Wildnis, was immer diese im Einzelfalle bedeutet – ob Ihr Hund in Ihrem eingezäunten Garten hinter dem Haus herumhängt, an der Leine die Straße entlanggeht, den Fluss entlangtrabt, an einem See herumtobt oder auf Wanderwegen durch die Naturschutzgebiete marschiert.

Ich habe die harte, bittere Lektion, wie man die große weite Welt mit einem Hund im Schlepptau meistert, auf JPs

Jungfernreise im Kanusportgebiet Boundary Waters gelernt. JP, aufgewachsen auf den Straßen der Ghettos von Philadelphia, hatte, als ich mit ihm nach Minnesota zog, noch nie ein Kanu von innen gesehen. Ich habe rasch gelernt, warum die meisten Leute ihre Hunde nicht auf eine solche Reise mitnehmen. Nicht nur, dass mein Kanu ständig schaukelte (»Setz dich hin, JP, bevor du … uns … zum … Kentern bringst!«), sondern der Arme wurde außerdem von Moskitos, Kriebelmücken und Bremsen terrorisiert, und ich musste ihn unablässig mit Insektenabwehrspray einnebeln und in mein T-Shirt hüllen. Dann lernte ich noch, dass er sehnsüchtig nach menschlicher Gesellschaft jaulte, sobald man ihn auf dem Campingplatz allein ließ, und das bereits, wenn wir nur 50 Meter entfernt waren (keine Sorge, wir sind zurückgegangen, um ihn zu holen, denn es klang ganz so, als würde er in der nächsten Minute vor Einsamkeit sterben). Lektion kapiert. Darum teile ich meine Weisheit mit Ihnen – so was will ich nie wieder erleben. Noch sollten Sie und Ihr Hund sich der traumatischen Erfahrung eines Aufenthalts in der Wildnis aussetzen, ohne ein paar Vorsichtsmaßnahmen getroffen zu haben. Lesen Sie weiter, Sie Wochenendkrieger!

 Braucht mein Hund eine Sonnenbrille?

Die meisten Hunde brauchen keine Sonnenbrille, einige wenige aber doch. Die Firma Doggles hat eine Serie von Hundesonnenbrillen auf den Markt gebracht, die von vielen Tier-Ophthalmologen befürwortet werden. Die Brillen sind wirklich hundesicher und aus bruchsicherem Polycarbonat hergestellt. Sie bieten einen hundertprozentigen UV-Filter, beschlagen nicht und, wichtiger als alles andere, sie schützen außerdem zuverlässig vor Staub, Ästen und Schmutzteilchen. Sie werden mit zwei verstellbaren Gurten befestigt und bleiben auch bei den holperigsten Geländewagentouren, wo sie hingehören.

Rein technisch betrachtet, braucht Ihr Hund keine Sonnenbrille, so er nicht sein halbes Leben mit dem Kopf aus irgendeinem Autofenster hängt. Unter bestimmten medizinischen Voraussetzungen aber sind Doggles das Nonplusultra. Bei Hunden, die sich in größerer Höhe unter intensiver UV-Belastung aufhalten, beobachtet man häufig eine Augenerkrankung namens Keratitis superficialis (auch Schäferhundkeratitis), eine chronische Entzündung von Hornhaut und Bindehaut, die mit einer Hornhautwucherung namens Pannus corneae einhergehen kann. Die Symptome ähneln am Anfang ein bisschen denen der Schneeblindheit. In dieser Situation ist das Tragen von Doggles hilfreich, denn die Entzündung ist sehr schmerzhaft und kann unbehandelt zur Erblindung führen.

Übrigens stattet die Firma viele Rettungshunde mit Brillen aus, um deren Augen vor Schutt und Staub zu schützen. Polizeihunde mögen etwas Furchteinflößendes haben, aber können Sie sich vorstellen, wie es sein muss, wenn ein solcher Hund mit Sonnenbrille Sie aufspürt und mit stählernem undurchdringlichem Blick bei Ihnen wacht oder dabei hilft, Sie in Sicherheit zu zerren? Wenn das keinen Eindruck macht!

Kann ich bei 30 Grad Celsius mit meinem Hund im Freien joggen?

Sie können, aber empfehlen würde ich es nicht. Hunde halten ihre Körpertemperatur vor allem durch Hecheln stabil und geben Wärme über die Ballen ihrer Pfoten ab. Sie haben keine Schweißdrüsen, wenn es heiß und feucht ist, kann es daher leicht zu einer Überhitzung kommen, egal, wie viel Wasser Sie mit sich herumschleppen. Manche Rassen neigen schneller zu Überhitzung als andere, zum Beispiel ältere Labradore mit Atemwegproblemen (einer sogenannten Kehlkopflähmung oder Larynxparalyse, die sich in geräuschvoller Atmung oder einer allmählichen Veränderung des Bellens äußert), übergewichtige Tiere, solchen mit dunklem Fell oder Hunde mit flachem oder zerknautschtem Antlitz (Bulldoggen, Möpse, Shih Tzus und Pekinesen).

Nun ist allerdings den meisten Menschen klar, dass Temperaturen über 30°C für jedermann (zwei- und vierbeinige Geschöpfe gleichermaßen) nicht unbedingt zuträglich sind. Die eigentliche Problemzone liegt in der Regel eher bei 26 bis 29 Grad, Sie selbst haben dann vielleicht das Gefühl, es sei gar nicht so heiß, aber wenn die Luft sehr feucht ist, kann Ihr Hund die Wärme schlecht abgeben, weil sich auf seiner Zunge kaum Verdunstungskühle bildet. Es ist dies tatsächlich einer der gefährlicheren Temperaturbereiche, einzig deshalb, weil die meisten Hundebesitzer nicht merken, dass überhaupt eine Gefahr besteht.

In der Welt der Schlittenhunde bewegen die Leute ihre Hunde nicht, wenn die Summe aus Temperatur (in Fahrenheit) und Feuchtigkeit zusammen über 120 liegt. Das entspräche zum Beispiel einer Luftfeuchtigkeit von 60 Prozent bei einer Temperatur von 60°F oder knapp 16°C. Für die Warmluftverwöhnten unter Ihnen mag das nicht besonders viel scheinen, aber Schlittenhunde ziehen es normalerweise vor, im Schnee zu rennen und können auch bei -5°C unter Überhitzung leiden (das hängt davon ab, wie viele Meilen sie am Tag zurücklegen müssen). Im Zweifelsfalle halten Sie sich an eine sichere Faustregel für die Hunde von Wochenendkriegern, die gerne in irgendwelchen Flussbetten umhertollen: Ersparen Sie Ihrem Hund größere Anstrengungen, wenn Temperatur und Luftfeuchtigkeit sich auf 90 bis 100 addieren. Wenn Sie durch viele Flussläufe marschieren, in denen er sich abkühlen kann, können Sie ein bisschen großzügiger sein, aber denken Sie immer daran, dass Rennen, Radfahren und Rollschuhfahren Ihrem Vierbeiner eine Menge abverlangen.

Wenn Sie mit Ihrem Hund Sport treiben, sorgen Sie dafür, dass er häufig Gelegenheit hat, kaltes Wasser zu schlappen, wenn Sie im Zweifel sind, machen Sie eine Pause. Ständiges Hecheln und Zurückfallen, konzentrierter (dunkelgelber) Urin, erst recht verfärbter (dunkelroter) Urin und letztlich ein Kollaps künden von einem Hitzschlag. Kühlen Sie Ihren Hund in einem solchen Fall sofort ab, indem Sie ihn mit Wasser besprenkeln und bringen Sie ihn auf der Stelle zu einem Tierarzt, der ihn sofort mit rasch wirksamen Infusionen, entsprechenden Notfallmaßnahmen und Überwachung versorgen wird.[1] Ein Hitzschlag endet selbst bei aggressivster Therapie und Rund-um-die-Uhr-Pflege oftmals tödlich. Sie können eine solche Tragödie ganz einfach verhindern, indem Sie Ihren Hund im klimatisierten Zimmer ruhen lassen und *allein* da draußen herumrennen.

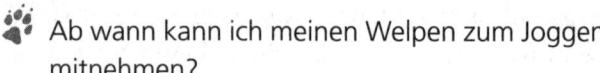 Ab wann kann ich meinen Welpen zum Joggen mitnehmen?

Genau wie kleine Kinder sollten auch Welpen nicht zu früh mit intensiver sportlicher Betätigung beginnen, da sie noch im Wachsen sind und dadurch bleibende Bindegewebsschäden davontragen können. Ich habe mit JP angefangen, Spaziergänge durch den Wald und querfeldein zu unternehmen, als er ungefähr vier Monate alt war, dabei aber immer auf hinlänglich ausgedehnte Pausen geachtet. Mit fünf bis sechs Monaten brachten wir es an jedem Wochenende auf Spaziergänge von drei bis fünf Kilometern Länge. Bedenken Sie, dass Ihr Hund vermutlich die doppelte Strecke läuft wie Sie, weil er in der Regel den Weg mehrmals hin und her zurücklegt, wenn er auf Sie warten muss. Auch ist es wichtig, sich klarzumachen, dass jede Rasse für andere Krankheiten anfällig ist. Labrador Retriever tendieren zum Beispiel zu Hüftgelenksdysplasien oder Knochennekrosen (Osteochondritis dissecans), wenn Sie einen Labrador besitzen, sollten Sie sein orthopädisches Schicksal daher nicht allzu sehr herausfordern. Ein paar Kilometer auf hartem Pflaster oder Asphalt durch die Stadt zu joggen, wirkt auf den ersten Blick wie ein tolles Welpenspiel, aber das durch den Aufprall verursachte ständige Schlagen auf noch nicht ausgewachsene Gelenke ist überhaupt nicht gut. Fragen Sie Ihren Tierarzt, wenn Sie sich nicht sicher sind!

Manche sportmedizinisch bewanderten Tierärzte empfehlen, das Laufpensum auf harten Oberflächen (Asphalt und Beton zum Beispiel) vorsichtig zu bemessen, bis die Wachstumsfugen geschlossen sind, das ist, je nach Rasse, etwa mit acht bis zehn Monaten der Fall. Generell sind Sie auf der sicheren Seite, wenn Sie einen Hund von unter vier Monaten nur kurze Trainingsintervalle (etwa fünfzehn bis zwanzig Minuten leichtes Joggen) auf weichem grasigem Untergrund mitmachen lassen. Je nach Größe Ihres Hundes (je größer er ist, desto langsamer sollten Sie voranschreiten) verlängern Sie allmählich Entfernung, Geschwindigkeit und Untergrundbedingungen. Denken Sie daran, dass ein Hund mit etwa sechs Monaten einem drei- bis fünfjährigen Kind entspricht. Würden Sie Ihr zweibeiniges Kindergarten- oder Vorschulkind kilometerweit rennen lassen? Also: Gemach, gemach! Auch wenn es keine unumstößlichen festen Regeln oder Leitsätze gibt, wenn Sie im Zweifel sind, lassen Sie es langsam angehen.

🐾 Wie kommt es, dass manche Hunde Frisbee-Scheiben fangen können, andere dagegen nicht?

Manche Rassen, Border Collies zum Beispiel, scheinen eine echte Leidenschaft dafür zu haben, Frisbee-Scheiben aus der Luft zu fangen, andere interessieren sich dafür keinen Deut. Manche schauen einen an als dächten sie: »Na ja, *du* hast sie geworfen – also gehst *du* und holst sie wieder!«, während andere (Labradore) ihnen unablässig Tennisbälle vor die Füße werfen, um Sie zum Mitmachen aufzufordern. So wie manche Menschen geborene Sportler sind, haben auch manche Hunderassen eine besonders athletische Veranlagung. Manche haben einfach eine bessere Pfoten-Maul-Auge-Koordination und sind gelenkiger, »fliegen« geradezu durch die Luft, wenn sie springen.

Ich habe hart gearbeitet, bis ich JP als Welpen so weit hatte, dass er Dinge apportiert. Am Anfang hat er mich ratlos angeschaut und ist dann fortgewackelt, um ein Häufchen zu machen. Seither hat er sich dramatisch verbessert. Mit drei Jahren habe ich ihm beigebracht, wie man eine Frisbee-Scheibe fängt, und seither ist er süchtig. Mit halsbrecherischen Sprüngen, die jeder Schwerkraft Hohn sprechen, reißt er die Mutter-Kind-Gespanne im Park zu Begeisterungsstürmen hin, wenn er die Scheibe mitten in der Luft fängt. Es ist wirklich ziemlich beeindruckend. Ähnlich wie er hatte ich, bis ich dreißig war, nie gelernt, mit einer Frisbee-Scheibe umzugehen, aber nachdem mir klar geworden war, dass man auch alten Menschen neue Kunststücke beibringen kann, war ich bei der Sache wie Liz Taylor, wenn es was zu trinken gibt. Was soll ich sagen – wir stehen eben beide gern im Mittelpunkt!

Wenn Sie Ihrem Hund beibringen wollen, wie er Bälle oder Frisbee-Scheiben zu fangen hat, hilft manchmal ein Kommando wie »Auf, fang's!«, dazu anfeuerndes Rufen und Klatschen, wenn er wirklich hinterhersetzt. Ein kurzes Kommando wie »Gib's mir!« oder »Lass fallen!«, wenn er zurückkommt, dazu ein paar Streicheleinheiten oder Ohrenkraulen plus einer Leckerei, wenn er das Kommando befolgt, lehrt ihn rasch, dass diese Art von Sport doch Spaß macht! Ahnungslos wie ein Kind wird er nie den Verdacht hegen, dass das Ganze auch dazu dient, ihm Bewegung zu verschaffen. Guter Rat an dieser Stelle: Verwenden Sie am Anfang Frisbee-Scheiben, die extra für Hunde gemacht sind. Diese sind weicher und leichter zu fangen, schmerzen beim Fangen weniger in Maul und Rachen und sind leichter aufzunehmen. Eine »echte« Frisbee Scheibe wiegt im Regelfalle 175 Gramm und besteht aus Hartplastik, das Ihren Hund verletzen kann, wenn er sie einmal an den Kopf oder ins Auge bekommt. Daraus würde er rasch lernen, dass dieser blöde Sport nicht halb so aufregend ist, wie er aussieht: Fangen Sie also sachte an!

 Wie viele Kilometer kann ich mit meinem Hund joggen?

Als leidenschaftlicher Sportfan besuche ich mit großem Vergnügen Sportveranstaltungen. Vor ein paar Jahren habe ich mir in Duluth, Minnesota, meinen ersten Marathon (Grandma's Marathon) angesehen. Bei diesem Rennen habe ich zwei sehr wichtige Lektionen gelernt. Erstens: Ich will niemals einen Marathon laufen. Zuzusehen wie die Leute weinend, humpelnd, einander stützend oder tragend, hinkend und schluchzend die Ziellinie überqueren, ist einfach keine gute Motivation, obwohl ich ihnen mächtig dafür applaudiert habe, dass sie es bis zum Ende durchgestanden haben! Zweitens habe ich gelernt, dass alle möglichen Arten von Leuten einen Marathon zu Ende laufen können. Ich hatte angenommen, ich würde nur schlanke, asketische, sehnige Marathonläufer mit dünnen, muskulösen Beinen zu sehen bekommen, war jedoch angenehm überrascht, alle möglichen Körpergrößen, Gewichtsklassen und Gestalten die Ziellinie überqueren zu sehen.

Leider verhält es sich bei Hunden anders. Ich freue mich immer, wenn ich alle möglichen Arten von Hunden den Mississippi entlangstieben sehe, aber es ist einfach so, dass manche Züchtungen einfach nicht zum Rennen geboren sind. Zu diesen Rassen gehören Boston Terrier, Pekinesen, Möpse, sowie Französische und Englische Bulldoggen. Auch gilt, dass es, so Sie einen echt faulen Hund haben und keine fünfzig Kilo Hund in Ihr Auto heben wollen oder können, besser ist, nicht mehr als zwei Kilometer am Stück zurückzulegen. Das trifft vor allem zu auf große Hunde wie Bordeauxdoggen, Mastiffs oder Neufundländer.

Als Nächstes sollten sie sich die Muskulatur Ihres Hundes ansehen. Wenn Ihr Hund extrem muskulös ist, zieht er vermutlich kurze *Sprints* vor. Solche Hunde (wie Windhunde, Pitbulls und Boxer) verfügen über eine so dichte Muskelmasse, dass sie sehr leicht zu Überhitzung neigen. Grundsätzlich gilt, dass Ihr Hund, wenn seine Beine sehr viel kürzer sind als seine Widerristhöhe, vermutlich kein besonders großer Läufer ist (tut mir leid, Kurzer). Und sollte Ihr Hund schließlich ein eher faltiges Antlitz haben, dazu enge Nüstern und selbst in Ruhe viel hecheln und lauter schnarchen als Ihr Ehemann, ist er vermutlich auch kein geborener Läufer – er wird nur kurze Distanzen problemlos rennend oder joggend zurücklegen. Wenn Sie andere Pläne haben, fragen Sie Ihren Tierarzt oder gehen Sie sehr, sehr behutsam vor, wenn Sie

Ihren Hund an Ihre selbstquälerischen Hobbys heranführen.

Mein Pitbull läuft die ersten drei Kilometer gerne mit mir mit. Er schafft zehn, aber nach den ersten drei fängt er an, fünf bis zehn Meter zurückzubleiben. Ich kann mir lebhaft vorstellen, wie Leute, die an uns beiden vorüberlaufen oder fahren, denken, »Himmel, das ist Tierquälerei. Der arme Hund sieht völlig fertig aus!«. Die Wahrheit ist, dass JP vermutlich problemlos um einiges weiter rennen könnte, aber es macht ihm einfach keinen Spaß.

Verlassen Sie sich auf Ihr Gefühl, wenn Sie mit Ihrem Hund joggen – ich kann mit JP an der Seite nicht mehr als fünf Kilometer laufen, ohne das Gefühl zu haben, dass ich ihn echt quäle. Manche übereifrigen Labradore rennen fünfzehn Kilometer mehr als sie sollten und riskieren dabei Verletzungen des Bewegungsapparats, tierische Schmerzen oder einen Hitzschlag. Sobald Ihr Hund mehr als zehn Jahre alt ist, sollten Sie sich ernsthaft fragen, ob Sie einen siebzigjährigen Menschen auffordern würden, fünfzehn Kilometer mit Ihnen zu rennen.

Wenn Sie einen sportlichen Hund suchen, halten Sie nach einem Ausschau, der sich begeistern lässt, gerne rennt und spielt, und der in guter Verfassung ist. Labrador Retriever sind bekanntermaßen gute Laufpartner, ebenso Golden Retriever, Deutsch Kurzhaar, Border Collies, Mischlinge, Schnauzer und sogar die kleinen Shih Tzus. Gewöhnen Sie Ihren Hund allmählich ans Joggen, erwarten Sie einfach nicht, dass er am ersten Tag acht Kilometer rennt und am nächsten zwanzig. Wenn Ihr Hund extrem hechelt und zurückfällt oder müde wirkt (und das an einem kühlen Tag), lassen Sie es langsamer angehen! Es hat keinen Wert, die Gesundheit Ihres Hundes zu ruinieren, nur damit Sie zu Ihrem Marathon kommen!

### 🐾 Kann ich meinen Hund neben dem Auto herlaufen lassen?

Als ich einmal mit JP an einem See entlanggestiefelt bin, konnte ich einen älteren Herrn beobachten, der seinen Hund »ausführte«, indem er eine sehr lange Leine aus dem Autofenster hielt, sehr, sehr langsam fuhr und seinen Vierbeiner hinterhertrotten ließ. Während ich es ihm hoch anrechne, dass er sich Gedanken um die Gesundheit seines Hundes macht, so halte ich diese Methode dennoch nicht für ideal, denn sie ist klar mit einer Menge Risiken behaftet. Zunächst einmal verstößt sie vermutlich gegen das Gesetz, denn Sie können nicht gleichzeitig auf den Verkehr vor Ihnen und auf Ihren Hund hinter sich achten, auch wenn Sie noch so langsam fahren. Zweitens kann es nur zu leicht passieren, dass Ihr Hund mit einem Bein unter einen Reifen gerät und eine schwere »Decollement-Verletzung« (auch recht plastisch als »flächenhafte Hautablederung« bezeichnet) davonträgt. Drittens werden Sie womöglich im Notfall nicht rechtzeitig anhalten können und so das Leben Ihres Vierbeiners aufs Spiel setzen. Und schließlich können Sie Ihren Hund aus dem Autofenster nicht besonders gut beobachten, wenn Sie ihn so hinterherziehen. Sie würden nicht merken, wenn er müde wird, zu humpeln anfängt oder auch nur etwas so

Harmloses passiert wie, dass er sich ein Steinchen zwischen die Ballen tritt oder die Pfote irgendwo aufreißt. Würden Sie gerne von jemandem, den Sie mögen, gegen Ihren Willen hinter einem Auto her gezerrt? Mag Ihr Hund nun übergewichtig sein oder nicht, wenn Sie zu träge sind, mit ihm auszugehen, könnte Ihnen, so nehme ich mal an, ein bisschen körperliche Betätigung auch nicht schaden!

 Kann ich mit meinem Hund Rollschuh fahren?

Was fällt Ihnen leichter? Fünfzehn Kilometer rennen oder fünfzehn Kilometer Rollschuh fahren? Eben. Rollschuh fahren, denn dazu braucht es weniger Beinbewegung als zum Rennen, und sind Sie einmal in Fahrt, haben Sie eine Menge Schwung. Ihr Hund dagegen muss noch immer denselben Bewegungsaufwand betreiben (wenn nicht sogar mehr), um mit Ihnen Schritt zu halten. Das macht eine Unmenge an Energie erforderlich, die in Wärme umgesetzt wird und Ihren Hund der Gefahr der Überhitzung aussetzt. Obschon es zugegebenermaßen ein gutes Training für Ihren Hund ist, sollten Sie doch darauf achten, dass Sie erst auf Rollschuhe umsteigen, wenn Sie ihn allmählich dahin trainiert haben und die Wetterverhältnisse es zulassen.

Unlängst ist mir ein Mann begegnet, der mit seinem Hund Rollschuh fuhr und den Vierbeiner in eine Art Kinderwagen gesetzt hatte. Er glitt auf seinen Rollen durch die Welt und schob den Hund wie ein Baby vor sich her. Der Hund bekam bei alledem zwar absolut keine Bewegung, sah aber auch so sehr vergnügt aus. Wenn Sie partout Rollschuh fahren wollen, aber Zweifel haben, ob Ihr Gefährte das durchhält, ist das immer noch eine Möglichkeit.

### 🐾 Kann ich mit meinem Hund ins Wasser?

Als jemand, der im zarten Alter von sieben Jahren beinahe ertrunken wäre, erzähle ich jedem, der danach fragt, dass Schwimmen einfach nicht mein Ding ist. Verstehen Sie mich nicht falsch – ich plantsche und mach mich nass im Wasser, aber ich mag einfach den Kopf nicht unter Wasser haben. Nun ja, wie heißt es so schön: Wie die Mutter, so der Sohn. Irgendwie hat JP das übernommen und will partout nicht schwimmen. Im Wasser spielen macht ihm Spaß, aber weiter als bis zur Brust traut er sich nicht hinein. Sein Muskelbau macht ihn zudem so schwer, dass er vermutlich wie ein Backstein untergehen würde (ich wünschte, ich hätte dieselbe Ausrede). Andere Hunde kriegt man kaum wieder aus dem Wasser (Hallo, ihr Labradore!). Bei den meisten Rassen ist es mal so, mal so – Sie werden Ihr persönliches Exemplar daraufhin testen müssen, um zu wissen, woran Sie sind. Das Einzige, was ich sicher sagen kann, ist, dass Hunde, die Atem- oder Kehlkopfprobleme haben, nicht schwimmen sollten, weil Sie Wasser in die Lunge bekommen und ertrinken oder ersticken könnten.

Als Tierärzte bekommen wir alles zu sehen. Mein Professor in orthopädischer Chirurgie, Dr. Eric Trotter von der Tierärztlichen Hochschule der Cornell University, hatte einmal einen Hund mit schweren Knochenbrüchen zu behandeln, der aus einem Motorboot »gefallen« war. Offenbar hatte dessen Besitzer seinen Hund die wichtige Lektion lehren wollen, nicht Gallionsfigur zu spielen – mit anderen Worten: nicht den Kopf aus dem Boot zu hängen und die blonden Schlappohren vom Wind durchpusten zu lassen. Der Besitzer vollführte eine abrupte Kehrwende, weil er dachte, der Hund würde dabei ins Boot zurückfallen und dabei eine wichtige Lehrstunde in Sachen Schwerkraft absolvieren, stattdessen aber bekam der Hund eine wichtige Lehrstunde in Sachen Geschwindigkeit. Er flog in hohem Bogen kopfüber ins Wasser und wurde von Herrchens Boot überfahren. Wenn Sie diese Sorte Skipper sind, nehmen Sie Ihren Hund bitte nie mit an Bord. Auch rate ich zur Vorsicht, wenn Sie ihn in einem Kanu Platz nehmen lassen. Das Letzte, was Sie wollen, ist, dass sich Ihre Reise in den *Untergang der Titanic* verkehrt. Wenn Ihr Hund nervös und aufgeregt wird (im Boot auf und ab rennt und unablässig Gewichtsverlagerung betreibt), oder Angst bekommt (die ganze Zeit über heult und jault), kann er Ihr Kanu locker zum Kentern bringen und alle an Bord gefährden. Freilich gebe ich Ihnen diesen Rat auch erst, nachdem ich das Ganze selbst ausprobiert habe – keine angenehme Erfahrung!

Und schließlich: Sollten Sie je unter Langeweile leiden und Gelegenheit haben, durch amerikanische Fernsehkanäle oder auch durch YouTube zu zappen, entdecken Sie vielleicht die Sportart Wasser-Hoch- und Weitsprung für Hunde (Dock Diving) in der Sendereihe *Great Outdoor Games* auf ESPN, wo Sie zusehen können, wie Hunde vom Zwölfmeterturm in einen Tausendhektoliter-Pool hüpfen. Bewertet wird, welcher Hund am weitesten springt. Nicht alle Hunde sind geborene Turmspringer, Labrador Retriever scheinen diesbezüglich besonders begabt. Schauen Sie im Abschnitt »Weiterführende Informationen« nach, um Informationen darüber zu bekommen, wie Sie Ihren Hund zu einem todesmutigen Wassersportler erziehen können!

🐾 Geht es in Ordnung, wenn ich meinen Hund den lieben langen Tag draußen lasse, während ich nicht zu Hause bin?

Als Besitzerin eines Pitbull leide ich unter einer gewissen Paranoia, wenn es darum geht, JP im Freien allein zu lassen. Dabei sorge ich mich weniger um die Sicherheit kleiner Nagetiere, Kaninchen und Katzen (JP ist ein ziemlich träger Läufer), als vielmehr darum, dass ich dann kein Auge auf ihn haben kann. Meine engsten Freunde werfen mir deshalb vor, ich sei hemmungslos kontrollversessen, aber »ich muss doch sehr bitten! Ich doch nicht!«.

In Philadelphia ist schon so mancher nicht beaufsichtigte Pitbull aus Gärten und Hinterhöfen gestohlen worden. Diese Hunde wurden entweder für Hundekämpfe eingesetzt oder als »Lockvogel«, den man zwischen zwei hungrige Pitbulls lässt, um eine Beißerei loszutreten. Ich würde JP nicht einmal unbeaufsichtigt im Auto lassen, wenn ich nur eine kurze Besorgung zu machen hätte, weil ich zu viel Angst habe, dass jemand ihn durch das Fenster stehlen könnte. Obwohl Sie, wenn Sie dumm genug sind, mit der Hand in ein Auto zu langen, in dem ein Pitbull sitzt, schon sehr ausgiebig mit dem Feuer spielen. Gebranntes Kind durch meine eigenen Stadterfahrungen zögere ich sogar im relativ sicheren Minnesota, JP den ganzen Tag unbeaufsichtigt im Freien zu lassen, wenn ich unterwegs bin. Er ist zwar kräftig, aber wie die meisten unserer großen Actionhelden und Filmstars ist auch er ein bisschen einfältig. Er braucht einen *Bodyguard*.

Na ja, mir ist klar, dass ich es mit meiner Besorgnis ein bisschen übertreibe. Manche Hundebesitzer haben absolut kein Problem damit, ihren Hund den ganzen Tag draußen zu lassen, und das ist genauso gut. Wenn Ihr Zaun sicher ist und nicht die Gefahr besteht, dass er ausreißen könnte, liegt die Entscheidung einzig und allein bei Ihnen. Solange er einen ausreichenden Unterschlupf hat (wo er sich aufhalten kann, wenn es zu regnen oder zu schneien beginnt), ist das alles kein Problem. Versichern Sie sich lediglich, dass Sie vertrauenswürdige Nachbarn haben, die Ihrem Hund keinen Müll und kein Gift über den Zaun werfen. Auch hilft es, wenn Sie einen leisen Hund haben. Beller sind Ihren Nachbarn gegenüber unfair, denn mit Graf Kläffs Lärmbelästigung sollten nur Sie sich herumschlagen müssen, schließlich haben Sie dafür bezahlt. An all das sollten Sie denken, bevor Sie Ihren Hund länger unbeaufsichtigt im Freien lassen.

🐾 Kann ich meinen »unsichtbaren Zaun« auch für meine zweibeinigen Haustiere (sprich: meine Kinder) verwenden?

Nein, Sie können Ihren »unsichtbaren Zaun« nicht für Ihre Kinder verwenden!

Ein unsichtbarer Zaun besteht aus einem unterirdisch verlegten Kabel und einem elektronischen Empfängersystem am Halsband, das zuerst Warntöne und schließlich einen Stromstoß von sich gibt, wenn Jimmy sich den Grenzen Ihres Innenhofs oder Gartens nähert. Das Ganze setzt ein gewisses Vorabtraining voraus, mittels dessen Sie Ihren Hund lehren, wo die Grenzen des Grundstücks sind, und wenn Sie ihn einfach nur auf dem Grundstück halten wollen, funktioniert ein unsichtbarer Zaun einwandfrei. Der Stromstoß, den er durch das System erhält, ist zwar sicher schmerzhaft, doch ist er zum Glück auch sehr kurz, ein bisschen so, als versuchten Sie, den Toaster sauberzuschlecken (wirkt Wunder). Die gute Nachricht ist, dass Jimmy, wenn er auch nur über das kleinste bisschen Verstand verfügt, sehr schnell lernen und den Grundstücksgrenzen nie mehr nahe kommen wird.

Hin und wieder gibt es einen Hund, der einen unsichtbaren Zaun zu durchbrechen vermag. Meine Einstellung zu unsichtbaren Zäunen ist dieselbe wie die zu Haarschnitten – Sie kriegen, was Sie hinzublättern bereit sind. So Sie also kein Freund von selbsterlegtem Wildbret oder einer Rattennestfrisur á la Amy Winehouse sind, sollten Sie eine renommierte, von Tierärzten empfohlene Marke verwenden. Meine größte Sorge bei alledem ist, dass dickschädeligere Hunde einen solchen Zaun durchbrechen und in das nächstbeste Auto laufen könnten, aber eine gute Justierung, ein Zaun von hoher Qualität und angemessenes Training sollten solches verhindern (wobei die Betonung auf *sollten* liegt – wir reden schließlich von unseren Hunden)! Die Freiheit, die ein solcher Zaun, wenn er denn gut funktioniert, gewährt, ist etwas

Tolles. Jimmy bekommt Bewegung und die Freiheit, draußen herumzustreunen.

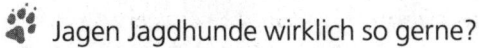 Jagen Jagdhunde wirklich so gerne?

Als ich seinerzeit von der yuppielastigen Ostküste in das eher ländliche Minnesota zog, war mir die ganze Welt der Jagd- und Hütehunde zu Anfang etwas völlig Neues. Für ein Jersey-Girl bis auf die Knochen (meine üppige Föhnfrisur hat mich in den Achtzigerjahren glatt zehn Zentimeter größer gemacht), waren Jäger und Tarnanzüge schlicht ein anderer Kosmos. Als ich jedoch zum ersten Mal Jagdhunde in Aktion sah, war ich sprachlos. Einem Jagdhund oder einem Hühnerhund zuzuschauen, wenn er einen Schwarm Vögel aus einem Feld aufscheucht, ist schon etwas zum Staunen. Diesen Hunden macht nichts mehr Spaß, als durch Gebüsch und Unterholz zu tollen und sich total zu verausgaben, während ihr Mensch gemessen hinter ihnen her schreitet (natürlich – *wie romantisch!* – mit dem Gewehr im Anschlag). Diese Hunde lieben ihren Job! Außerdem bekommen sie auf einem einzigen Jagdausflug am Wochenende mehr Bewegung als der normale Schoßhund oder Couchwolf in einem ganzen Monat.

Vor kurzem hat JP an seinem ersten Jagdausflug teilgenommen. Angst vor Schusswaffen kannte er, der in den Ghettostraßen von Philadelphia aufgewachsen war, absolut nicht und so schnüffelte er fürbass wie die Besten der Partie. Er mag zwar nicht direkt Nützliches geleistet – zum Beispiel irgendwelche Hühner aufgespürt – haben, aber er hat eine ganztägige Wanderung spendiert bekommen und sah dies als lustige Gelegenheit, (a) orange zu tragen, (b) sich in Wolfslosung zu wälzen, (c) einem Schneehasen hinterherzujagen und (d) die jagenden Labradore neben sich zu necken und abzulenken. Juhuuuuu! Die Antwort lautet demnach: Ja, Jagdhunde jagen gerne, auch Nichtjagdhunde jagen gerne, aber wohl mehr der Bewegung und des Spaßfaktors halber, als um jemandem den Garaus zu machen.

 Ist es nicht grausam, Hunde Schlitten ziehen zu lassen?

Kein bisschen! Schlittenhunde in Alaska haben echt Spaß daran, Schlitten zu ziehen und legen sich unablässig jiffend und bellend ins Zeug, um ja ans Rennen zu kommen. Diese Marathonathleten sind die Lance Armstrongs der Hundewelt. Sie werden im Regelfalle draußen gehalten und machen die meiste Zeit über nichts als schlafen und spielen, sobald sie aber sehen, dass ein Schlitten aus dem Schuppen geholt wird, spielt der gesamte Zwinger verrückt, und es hebt wildes Geheule, Geschrei, Gewinsel, Gebelle und Herumgehopse an. Ich habe oft mit angesehen, wie diese Hunde ihre Betreuer hinter sich her zum Schlitten zerren. Man führt sie dabei übrigens meist auf zwei Beinen (die Pfleger halten die Tiere am Halsband und lupfen ihnen die Vorderbeine vom Boden). Das mag zwar nicht eben zartfühlend wirken, aber diese Hunde sind auf vier Beinen extrem viel schwieriger im Zaum zu halten als auf zwei Beinen, und wenn man sie derart aufgeregt sich selbst überlässt, rennen sie auf der Stelle los und legen ziellos viele Meilen zurück, bevor man sie wieder einfangen kann. Unterdessen heulen die zurückgebliebenen lauthals: »Nimm mich auch mit! Nimm mich auch mit!« Während man das Gespann mit einem bis zu sechzehn Tiere besetzt, müssen ein bis zwei Leute auf den Schlittenbremsen stehen (obwohl das Fahrzeug mit einem riesigen Eishaken verankert ist), um zu verhindern, dass sich die Bremse löst, wenn die Hunde sich ins Geschirr legen. Wenn Schlitten und Musher losziehen, wird der gesamte Zwinger mit einem Schlag gespenstisch still. Ein Weilchen herrscht Todesstille, bis schließlich einsames oder vereintes Wolfsgeheul anhebt, das Verlassenheit dokumentiert und anhält, bis der Schlitten komplett außer Sichtweite ist. Es ist schon eine fantastische Erfahrung zu erleben, wie passioniert diese Hunde sind.

 Warum heben Hunde beim Pinkeln ihr Bein?

Hebt Ihr Hund auch das Hinterbein beim Pinkeln so hoch, dass er schier umkippt? Dieses Verhalten beobachtet man bei spät sterilisierten Männchen und bei intakten Männchen, und es hat mit den Wirkungen des Geschlechtshormons Testosteron zu tun. Wenn Sie Ihren Hund sterilisieren, bevor er diese Angewohnheit entwickelt hat (in der Regel bevor er sechs Monate alt ist), wird er damit vermutlich nicht mehr anfangen und sich stattdessen (wie ein Weibchen) hinhocken.

Die meisten Leute nehmen an, ein Hund hebt sein Bein, damit er sich nicht selbst einnässt, aber das ist unwahrscheinlich. Haben Sie je einen Welpen gesehen, der sich einen Teufel darum schert, wenn er sich in irgendwas gewälzt hat? Heißt das nicht, auch ein kastrierter erwachsener Hund könnte sich gefahrlos ans eigene Bein pinkeln und das in Ordnung finden? Sehr viel wahrscheinlicher ist, dass Ihr Hund versucht, die Stärke seiner Hundemännlichkeit zu dokumentieren. Indem er sein Bein so hoch wie möglich hebt, teilt er anderen Hunden mit, (a) dass Thor hier war, (b) dass Thor viel größer ist als jeder andere Hund und (c) dass Thor sich so ausgiebig verewigen kann wie kein anderer, weil sein Verteilerradius nämlich der Größte ist. Doch keine Sorge, wenn Ihr Hund das Bein nicht hebt – wir finden ihn deswegen kein bisschen weniger männlich.

 Warum scharren Hunde herum, als bauten sie ein Nest, bevor sie sich hinlegen?

Hunde, die graben und sich ein gemütliches Nest buddeln, verhalten sich wie ein Wolf, der sich ein Lager aus Blättern, Zweigen und Gras baut. Im Sommer graben Wölfe sich tiefer in die Erde, errichten manchmal sogar einen Wall, um sich einen kühlen Schlafplatz zu schaffen, denn schon ein paar Zentimeter unter der Oberfläche ist das Erdreich deutlich kühler. Im Winter scharren Sie Blätter und Gras zusammen, um sich ein weiches und wärmendes Polster zu errichten. Allen flauschig-plüschigen teuren Vliesbetten, die wir für unsere Hunde erstehen, zum Trotz haben diese das instinktive Verlangen, ein Lager zu errichten und Bettzeug zu zerrupfen, um es sich gemütlich zu machen!

Kann ich mir einen Mikrochip anbringen lassen, wie mein Hund ihn trägt?

Tierärzte verwenden Mikrochips als sichere und wirksame Methode, um abhandengekommene Hunde oder Katzen zu identifizieren. In Amerika gibt es gegenwärtig mehr als eine Million Haustiere, die von ihren Besitzern, Ärzten oder Tierheimen mit Mikrochips ausgestattet wurden. Auch wenn es nach einem invasiven Übergriff aussieht, so ist das Einpflanzen von Mikrochips doch eine der sichersten Möglichkeiten zur zentralen Registrierung Ihres Vierbeiners mittels eines einfach zu scannenden Zahlencodes (die Informationen über den Tierbesitzer – Adresse und Telefonnummer – liegen der Registrierungsstelle verschlüsselt vor). Die meisten Tierheime werden aufgefundene oder verirrte Tiere scannen, um den Besitzer ausfindig zu machen, und man hat mit Hilfe dieser Chips in Amerika schon etliche tausend vermisste Tiere wieder mit ihren Besitzern vereinigt.

Wie aber würde das beim Menschen aussehen? Die amerikanische Medikamenten- und Lebensmittelzulassungsbehörde FDA (Food and Drug Administration) hat kürzlich den VeriChip zugelassen, den ersten für medizinische Zwecke implantierbaren Mikrochip für den Menschen. Es mag zwar für den Augenblick schmerzhaft sein – man braucht eine 14er Kanüle, das entspricht einem Außendurchmesser von zwei Millimetern, dafür aber keine Stiche, keine Narkose, keine OP, und es dauert nur wenige Minuten, ihn zu implantieren. Allerdings ist hierzu eine ethische Debatte über potentielle Datenschutzverletzungen entbrannt, und so bleibt der Einsatz von Mikrochips beim Menschen (verständlicherweise) eingeschränkt.

Der Preis für einen Hunde-Mikrochip liegt irgendwo zwischen 30 und 50 Euro, beim Menschen kostet die Prozedur um die 50 Euro oder mehr. Nur ein paar tausend Leute haben sich in Amerika bislang einen Chip einpflanzen lassen, bei Tieren sind es mehr als eine Million. Unlängst ist hierzulande das Tragen von Mikrochips zu einer Modelaune avanciert, viele clubvernarrte Partygänger verwenden ein solches Utensil als VIP-Eintrittskarte. Ob Sie wirklich Ihre Versicherungsnummern, alle Sicherheitscodes, medizinische Informationen über Ihre Person und sämtliche Dokumente von juristischer Bedeutung auf einem kleinen Chip unter der Haut mit sich herumschleppen wollen oder nicht, bleibt Ihnen überlassen. Wenn Sie verloren gehen sollten, wird Ihre Familie Sie so unter Umständen rascher finden. Aber das gilt für Ihren gestörten, axtschwingenden Ex und die Finanzbehörden nicht minder.

 Wie kann man eine Beißerei zwischen Hunden am besten beenden?

Im Allgemeinen besteht die beste Strategie gegen eine Beißerei darin, den Kontrahenten ein Bild von einem Igel oder Stachelschwein hinzuhalten. Ihre natürliche Furcht vor stachelbewehrten Kleinmonstern wird sie auf der Stelle dazu veranlassen, voneinander abzulassen und sich zu trollen. Schön wär's!

Nein, im Ernst: Die beste Strategie, eine Beißerei abzustellen, besteht darin, *ihr von vorneherein aus dem Weg zu gehen.* In Ordnung, ich weiß, dass das keine Antwort ist, aber es ist doch so: Wenn Ihr Hund auf andere Hunde oder auf Spielzeug, vielleicht auch aus Angst aggressiv reagiert, sollten Sie mit ihm nicht in einen Park gehen, in dem freilaufende andere Hunde oder Kinder auf ihn zurennen könnten. Rufen Sie, sobald Sie sehen, dass ein anderer Hund sich von der Leine losreißt und Anstalten macht, in Ihre Richtung zu preschen, in so einem Fall nach dem Besitzer und fordern Sie ihn auf, seinen Hund umgehend anzuleinen, sagen Sie ihm, dass Ihr Hund keine anderen Hunde mag. Auch einen wohlwollenden Hund sollten Sie nicht unbeaufsichtigt umherrennen lassen, er könnte an einen angeleinten Hund von gesetzeswidriger Aggressivität geraten. Wenn es unter solchen Umständen zu einer Beißerei kommt, kann es gut sein, dass man am Ende Sie dafür verantwortlich macht.

Ich hatte einmal fünf Border Terrier zu hüten (jeder mit einem Gewicht von nicht mehr als fünf bis acht Kilo), und plötzlich gingen die Hunde allesamt wie wild aufeinander los. Alles Zerren, Treten, Schreien und Besenschwingen half nichts, ich konnte sie nur trennen, indem ich einen Eimer Wasser auf sie (und meinen Küchenfußboden) leerte. Es kann furchterregend sein, eine ausgewachsene Keilerei zwischen Hunden mit ansehen zu müssen, denn Hunde wieder auseinanderzubringen, ist extrem schwer, sie können noch so klein sein. Wenn Sie Ihren Hund an der Leine haben, sollten Sie mit aller Kraft ziehen und zerren, um ihn vom Angreifer wegzubekommen. Ist der Besitzer des Angreifers in der Nähe, fordern Sie ihn nachdrücklich auf, seinen Hund auf der Stelle an die Kandare zu nehmen. Wenn Attila Sie, Ihren Hund oder Ihr Kind angreift, versuchen Sie, die Aufmerksamkeit eines Dritten zu erregen, damit er ihnen zu Hilfe eilen kann, es reicht schon, wenn Sie nur laut »Hilfe!« schreien. Weinen, Jammern und Zetern regt bei manchen Hunden nur den Raubtierinstinkt an, kriegen Sie also besser Ihr Entsetzen in den Griff. Passen Sie vor allem auf, dass Sie nicht verletzt werden. Gehen Sie auf keinen Fall mit der Hand dazwischen, wenn Attila Daisy an die Gurgel geht, sonst werden Sie nur gebissen (und Sie verdienen es nicht besser. Zurück!! Haben Sie denn keinen Funken Verstand im Leib?).

Die wirksamste Methode, eine Beißerei zu beenden, ist wirklich ein Eimer Wasser. Das verblüfft die Tiere kurz und verschafft Ihnen ein Zeitfenster von zwei bis drei Sekunden, um die Aufmerksamkeit von der Keilerei wegzulenken und die Hunde flugs zu trennen. Clownsnasen und »Lockfutter« funktionieren einfach nicht. Glauben Sie mir. Wenn nötig, bedienen Sie sich eines Gegenstands – eines Stocks oder eines Besens –, um dazwischenzugehen und die Hunde zu trennen. Und schließlich können Sie es noch mit folgendem Tipp versuchen, den ich in den Ghettos von Philadelphia gelernt habe, wo uns sehr häufig misshandelte und schwer verletzte Hunde aus verbotenen Hundekämpfen in die Notaufnahme gebracht wurden. Schnappen Sie sich mit raschem Griff ein Vorder- und ein Hinterbein des Angreifers und ziehen Sie sie nach oben. Der Angreifer wird für ein paar Sekunden die Balance verlieren und in dieser kurzen Zeitspanne haben Sie die Chance, sich und Ihren Hund von ihm zu lösen. Ein anderer Trick ist, immer ein Fangnetz bei sich zu führen (oder ein Krepelnetz, wie es einst die Gladiatoren verwendeten). Und schließlich: Sollten Sie sich in der Nähe von irgendetwas befinden, das deutlich über Straßenniveau liegt (eines Abfallcontainers oder eines Autodachs zum Beispiel), schleudern Sie Ihren Hund dort hinauf – auf keinen Fall sollten Sie ihn hoch-, womöglich gar über Ihren Kopf, halten, sonst springt Attila Ihnen womöglich ins Gesicht. Wenn Sie Ihren Hund hoch genug platzieren, können Sie Attila vielleicht daran hindern, ihm ans Leder zu gehen. Auch wenn es Ihnen undenkbar scheinen mag: Ihre anderthalb Kilo Chihuahua sind im Müll sicherer aufgehoben als im selben Park mit einem geifernden Widersacher.

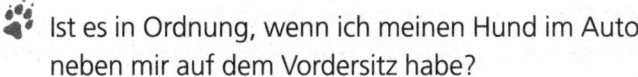 Ist es in Ordnung, wenn ich meinen Hund im Auto neben mir auf dem Vordersitz habe?

Zu den traurigsten Erfahrungen meiner Tierarztlaufbahn gehörte der Tag, an dem die Polizei uns einen Husky-Mischling brachte, der bei einem Autounfall verletzt worden war. Die Besitzerin hatte sich mit ihrem Landrover überschlagen und war bei dem Unfall ums Leben gekommen, ihr Hund war aus dem Auto geschleudert und schwer verletzt worden. Trotz seines zerschmetterten Beins (das später amputiert werden musste), kroch der Hund zu seiner Besitzerin zurück und blieb bei ihrer Leiche, bis die Rettungsmannschaft auf der Bildfläche erschien.

Seit jenem Tag bin ich immer hin- und hergerissen gewesen, wo ich JP im Auto am besten lassen sollte. Seit kurzem habe ich ein Auto mit Heckklappe, sodass er den ganzen

Rückraum für sich hat. Problem gelöst! Besser noch: Da ich kein Trenngitter angebracht habe, würde er, wenn mir wirklich jemand mit großer Wucht hinten drauffährt, nicht auf der Stelle getötet. Andererseits, eben weil es kein Gitter gibt, könnte er im Prinzip auch nach vorne und durch die Windschutzscheibe hinausgeschleudert werden. Herrje. Willkommen in meinem Leben. Tatsache ist, dass es auf diese Frage keine korrekte Antwort gibt. Ich kann zwar sicher sagen, dass es extrem gefährlich ist, seinen Hund beim Autofahren auf dem Schoß zu halten oder zwischen den Füßen herumtollen zu lassen, doch die einzelnen Plätze im Auto geben sich in puncto Sicherheit nicht allzu viel. Aus diesem Grund lautet die korrekte Antwort laut Lehrbuch, dass Haustiere im Auto grundsätzlich sachgemäß verwahrt werden (das heißt in einer Box oder einem Tragekorb reisen) sollten. Wenn Ihr Hund geduldig auf einem der Mitfahrersitze hocken bleibt und aus dem Fenster schaut, können Sie ihn mit einem Hundegurt anschnallen (das ist ein Geschirr, das Sie an Ihrem normalen Sicherheitsgurt anbringen können), sodass er im Falle eines Unglücks sicher befestigt ist. Oder, falls Sie Ähnlichkeit mit Ihrer Tierärztin haben, können Sie auch komplett unvernünftig sein und bis in alle Ewigkeit alle möglichen Ausreden parat haben, nur damit Ihr Hund allen Platz der Welt hat. Glücklicher Hund….

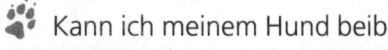 Kann ich meinem Hund beibringen, Lasten zu ziehen?

Ich bereue oft, dass ich JP beigebracht habe, nicht an seiner Leine zu zerren. Jetzt zieht er nicht mehr. Sie glauben vielleicht, das sei ein Grund zum Feiern, aber wenn ich mich einen besonders hohen Berg hinaufschleppe, finde ich es schon ziemlich frustrierend, dass er mich nicht zieht. Dussel! Ich hätte ihm besser den Unterschied zwischen »Hör auf! Zieh nicht!« und »Los! Zieh!« beigebracht.

Wenn Sie einen großen starken Hund Ihr Eigen nennen, können Sie Testosteron-Teddy wirklich beibringen, schwere Dinge zu ziehen (verwenden Sie in diesem Falle halt kein Schlingenhalsband, ja?). Manche Hunde nehmen sogar an regelrechten Wettbewerben im Lastenziehen teil, bei denen große Hunde miteinander darin wetteifern, schwere Ladungen (von bis zu mehreren hundert Kilo) zu bewegen. So etwas wie die Hundeversion des Ringens um den Titel »Stärkster Mann der Welt«. Verwenden Sie kurze auffordernde Kommandos wie »Marsch!«, »Zieh!« oder »Los!«, damit Teddy genau weiß, wann er sich in die Riemen zu legen hat. Belohnen Sie ihn mit positivem Feedback, wenn er seine Sache gut gemacht hat, einem Leckerbissen (ohne Steroide darin!) zum Beispiel. Und denken Sie daran, dass Sie mit dieser Art von Training erst beginnen dürfen, wenn Knochen, Knorpel und Sehnen bei Ihrem Hund gut entwickelt und voll ausgereift sind. Wir wollen ihn schließlich nicht in seinem Wachstum bremsen!

## 🐾 Braucht mein Hund Sonnencreme?

Wenn Ihr Hund sehr viel Zeit im Freien und bei hoher Sonneneinstrahlung verbringt, sollten Sie tatsächlich einen Sonnenschutz verwenden. Es ist wichtig, dass Sie sich dessen bewusst sind, dass ungeachtet all des Fells durchaus das Risiko für einen Sonnenbrand besteht. Vermeiden Sie es, Ihren Hund zwischen zehn Uhr morgens und drei Uhr mittags in der prallen Sonne draußen zu lassen, und wenn das nicht geht, sorgen Sie für ausreichend Schatten und Wasser. Und falls Sie zum Beispiel in den höheren Regionen von Texas leben, ist ein kurzhaariger weißer Hund mit rosa Nase, der am liebsten draußen ist, einfach nicht das Richtige für Sie.

Bevor Sie allerdings Ihren Vierbeiner mit Ihrer eigenen Sonnenmilch bekleckern, sollten Sie auf dem Etikett nachlesen, ob diese ohne Zinkoxid (Desitin) oder Salicylate (Aspirin) auskommt, beide können für Ihren Hund nämlich toxisch sein, wenn er sie ableckt und schluckt. In größeren Mengen können diese Inhaltsstoffe auch für Magenprobleme sorgen – tragen Sie an Stellen, die Ihr Hund erreichen kann, also nicht zu viel davon auf. Generell sind Sonnenlotionen für Kinder auch für Hunde geeignet.

Wenn Ihr Hund unter Störungen wie Lupus discoides oder Blasensucht leidet, die sich unter anderem in Verkrustungen und Schorf auf seiner Nase äußern, sollten Sie einen Hauttierarzt fragen, bevor Sie ihm Sonnenmilch auf seine Nase geben und ihn nach draußen lassen. Denken Sie daran: Fell oder nicht, für Ihren Hund ist ein Sonnenbrand unter Umständen genauso schmerzhaft wie für Sie!

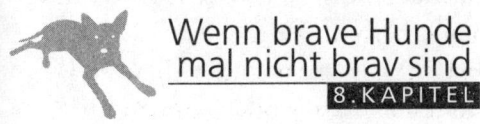

# Wenn brave Hunde
## mal nicht brav sind
8. KAPITEL

Unlängst kam eine Hundebesitzerin mit ihrem Gordon Setter zu mir, weil dieser sich übergeben hatte. Diese Frau kannte ihren Hund so gut, dass sie sicher sagen konnte, er musste etwas gefressen haben, das er besser nicht gefressen hätte, sonst wäre ihm nicht dermaßen übel geworden. Er erbrach sich nicht eben häufig – das einzige Mal, dass dies noch vorgekommen war, lag mehr als zehn Jahre zurück, damals hatte man ihm per Endoskopie einen Waschlappen aus dem Magen entfernen müssen. Nun brachte die Besitzerin ihn zu mir in die Notaufnahme und fiel beinahe in Ohnmacht, als ich ihr sagte, was eine Endoskopie dieser Tage kostete (die Inflation lässt grüßen!). Weil sie sich den Eingriff nicht leisten konnte, entschied sie sich für die billigere Variante: »Mal sehen, ob er es nicht hochwürgen kann.« Nun, nach einigen Minuten trockenen Würgens, das sogar mich so weit brachte, dass ich mich am liebsten übergeben hätte, brachte er schließlich ein Paar Boxershorts zum Vorschein. So ein Schlingel! Glücklicherweise ging die Unterwäschebergung glatt und ohne Komplikationen vonstatten, und die Besitzer waren hocherfreut, zu wissen, dass sie

239

bei der ganzen Aktion einen Riesen gespart hatten (braver Hund!).

Nichts ist übrigens schlimmer, als wenn der Tierarzt Ihren Hund mit einem »Du Tunichtgut!« oder »Böser Hund!« rügt, und mit dem Finger auf ihn zeigt, oder gar, besonders gefürchtet, mit drohend erhobenem Zeigefinger ihm gar noch vor seiner Nase herumwedelt. Sie möchten sich am liebsten wie ein Igel zusammenrollen und irgendwo verstecken, aber das tut Ihr Hund gerade. Nun, wenigstens wird Ihre Schande dadurch wettgemacht, dass Sie die Mordsrechnung Ihres Tierarztes begleichen müssen – immer das Gute sehen! Dieses Kapitel wird Sie mit all den Ungezogenheiten unterhalten, die ein braver Hund anrichten kann, und die in manchen Fällen mit einem Besuch beim Tierarzt enden. Wenn Sie einen Labrador von der Vielfraßsorte haben, glauben Sie mir: Dieses Kapitel ist was für Sie!

### 🐾 Trinken Hunde gerne Bier?

Ich habe zwar eine ganze Reihe schokofarbener Labradore behandelt, die Guinness hießen und jede Menge falbfarbene namens Budweiser, aber sogar diese Hunde trinken lieber Wasser als Bier. Hunden kann Alkohol heftig zusetzen. Jawohl, sie werden betrunken. Ihnen wird der Geschmack vielleicht sogar gefallen, aber in Ermangelung der hoffnungsvollen Aussicht, von jemandem flachgelegt zu werden, oder auch nur der Fähigkeit, mit ihresgleichen darüber zu schwadronieren, kann ich mir nicht vorstellen, dass sie allzu viel Spaß daran haben sollten. Hunde sind wie Kinder: Sie haben genügend Lebensfreude und Phantasie, um sich ihre höchstpersönliche Form von Euphorie zusammenzuspinnen. Vergessen Sie nicht: Hunde saufen aus Toilettenschüsseln und schlammigen Sumpfgewässern, um ihren Durst zu stillen und sich angemessen hydriert zu halten, es wäre gefährlich und selbstgefährdend, wenn Guinness, der Labrador, größere Mengen seines Namensgebers zu sich nähme – Alkohol dehydriert, könnte seine Leber schädigen oder ihn in anderer Weise krank machen. Man kann sich gelegentlich nicht des Eindrucks erwehren, dass solches besonders häufig bei Hunden vorkommt, die bei Burschenschaftlern hausen, jungen Collegestudenten, die finden, einen Welpen betrunken zu machen, sei »cool« oder »lustig«. Darf ich euch daran erinnern, dass viele Serienmörder und Triebtäter auch mit Tieren angefangen haben?

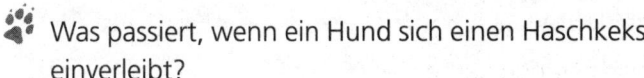 Was passiert, wenn ein Hund sich einen Haschkeks einverleibt?

Willkommen zu meiner ersten Erfahrung als Hundesitter im ersten Semester Tiermedizin … Ich hatte Stoli auf eine Semesterabschlussfete der Cornell University mitgenommen, einer Party im Freien für die gesamte Hochschule. Als ich mich irgendwann nach ihm umdrehte, sah ich, wie ein Junge ihm einen Haschkeks fütterte. Abgesehen davon, dass ich völlig ausrastete (zwei seiner Bundesbrüder mussten sich zwischen uns werfen), hätte ich ihm bei der Angelegenheit beinahe die Nase gebrochen. Es stimmt, ich bin eine geborene

Tierärztin. Marihuana kann für Hunde extrem toxisch sein, denn es wird von ihrem Magen höchst bereitwillig absorbiert. Die Menge an Schokolade, die in dem Keks außerdem enthalten war, hätte keine nennenswerten Probleme verursacht, aber das Haschisch stellte den Hund komplett ruhig und sorgte an jenem Abend für einen sehr schläfrigen vierbeinigen Partygast. Zum Glück hat Stoli das Ganze unbeschadet überstanden, aber er hatte auch Glück gehabt. Versuchen Sie, wenn irgend möglich, so etwas von vorneherein zu vermeiden. (Ich muss doch sehr bitten, so high sind Sie nun auch wieder nicht.) Andernfalls setzen Sie, wenn Sie können, alles daran, dass er sich auf der Stelle erbricht, damit Sie verhindern, dass das Zeug vom Magen absorbiert wird, oder suchen Sie sofort einen Tierarzt auf. Und seien Sie dabei ehrlich – wir sind nicht die Drogenkontrollbehörde und bringen Sie nicht in Schwierigkeiten (solange es sich um das erste Vergehen dieser Art handelt!). Wir wollen Ihren Hund nur so rasch wie möglich kurieren und das können wir nur, wenn wir wissen, was er gefressen hat.

 Können Sie Ihren Hund in den Wahnsinn treiben?

Das kommt darauf an, wie Sie Wahnsinn definieren. Wenn Sie durchgeknallt, hirnrissig vor Übermut meinen, dann ja. Wenn Sie neurotisch, unberechenbar, *Uhrwerk-Orange*-mäßig wahnsinnig meinen, dann ja. Natürlich würde jeder Tierpsychologe Ihnen dies etwas freundlicher als »fortgeschritten unangemessenes Verhalten« verkaufen. Sie als Besitzer können mit unangemessenem Training bestimmte Verhaltensprobleme heraufbeschwören, sorgen Sie also dafür, dass Sie nichts vermasseln.

Ein klassischer Erziehungsfehler, der nur zu einem übergeschnappten Hund führen kann, ist der Folgende: Angenommen Psycho-Putzi rennt Ihnen im Park davon und Sie schreien erbost hinter ihr her, sie solle gefälligst zurückkommen. Sobald sie das tut, schimpfen Sie sie aus, brüllen Sie an – oder, schlimmer noch, geben ihr einen leichten Klaps. In diesem Falle ist das Einzige, was Sie mit Ihrem Handeln bewirken, dass Psycho-Putzi sich für ihre letzte Aktion – zurückkommen, wenn Sie sie rufen – gestraft fühlt. Völlig daneben! Trotz Ihres Frusts, Besitzer eines ungehorsamen Hundes zu sein, sollten Sie »Freude zeigen«, in die Hände klatschen und sie mit einer Leckerei belohnen, wenn sie zu ihnen zurückkommt. Und, oh ja, ein weiteres Semester Hundeschule dranhängen. Genauso kann es passieren, dass Sie, wenn Sie Ihren Hund liebkosen, bevor Sie fortgehen und ihn unablässig trösten, während Sie das Haus verlassen, nur Trennungsängste säen. Wenn Sie nach Hause kommen und feststellen müssen, dass er ihr Mobiliar zerlegt hat, sorgen Sie sich dann sicher, dass er sich einsam gefühlt haben könnte, herzen ihn, schenken ihm jede Menge Aufmerksamkeit und sagen, »Schätzchen, ich bin wieder da, Süßer, bester aller Hunde!«, und so interpretiert er das als »Was bist du doch für ein braver Hund, denn du hast die Wohnung verwüstet!«. Sehen Sie, wie unbedachtes Verhalten eine völlig falsche Botschaft vermitteln kann? Wenn Sie darauf beharren, unsinniges Verhalten zu belohnen und braves Verhalten zu bestrafen, haben Sie am Ende einen neurotischen Hund. Das nur zur wiederholten Bekräftigung dessen, wie wichtig Gehorsamkeitstraining und richtige Erziehung sind.

Sollte Ihr Hund tatsächlich unter schwerer Trennungsangst leiden, keine Sorge, vielleicht ist es gar nicht Ihr Fehler und lässt sich durch das richtige Training beheben. Vielleicht sorgt eine zurückliegende Situation oder Erinnerung dafür, dass Ihr Hund Angst hat, verlassen zu werden. Vielleicht ist er nie richtig an eine Box gewöhnt worden. Reden Sie mit Ihrem Tierarzt oder einem Tiertrainer, um Wege zu finden, wie Sie das Verhalten Ihres Hundes positiv verändern können. Wenn nötig gibt es sogar medikamentöse Wege (Hunde-Prozac). Wie unser Anästhesist in der Tierklinik immer so schön sagte: »Sag Ja zu Drogen!« Aber bitte nur zu verschriebenen!

 Warum schnappen manche Hunde nach imaginären Insekten?

Diese Art von stereotypem Verhalten wird auch als »Fliegenfangen« bezeichnet und läuft in vielen Fällen fast krampfähnlich ab. Bei manchen Hunden kann es so heftig sein, dass man ihnen Medikamente gegen Krampfanfälle verabreichen muss – Phenobarbital zum Beispiel oder Kaliumbromid. Züchtungen wie die Englische Bulldogge weisen diesen Zug mit besonderer Häufigkeit auf. Manche Hunde tun es wirklich, um etwas aus der Luft zu schnappen, aber dann sollten Sie in der Lage sein zu sehen, was sie da zu fangen versuchen. Wenn Sie nichts sehen, geht mit Freaky Fido offenbar »die Phantasie durch«, und er sollte vielleicht von einem

Tierarzt oder einem Veterinärneurologen untersucht werden.

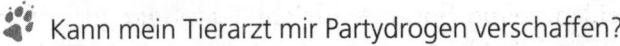 Kann mein Tierarzt mir Partydrogen verschaffen?

Großer Gott. Natürlich nicht. Leider besteht bei bestimmten Drogen ein hohes Missbrauchsrisiko, und es gibt da draußen Leute, die wirklich unbedingt Schmerz- und Narkosemittel haben wollen, wie wir sie normalerweise bei Pferden verwenden, zum Beispiel, wenn wir sie kastrieren. Es gibt auch Leute, die sich wie die Protagonisten aus *Star Trek* oder wie Figuren von Walt Disney kleiden. Beide haben eine Schraube locker. Fragen Sie Ihren Tierarzt lieber nicht!

Kann ich Struppis Medizin auch für mich nehmen?

Ja und nein. Arzneimittel für Tiere und Menschen ähneln sich in dem Maße, wie sich auch Anatomie, Krankheiten und Physiologie (die Funktionsweise des Körpers) bei beiden Arten ähneln. Dazu ist allerdings zu sagen, dass Ihr Hasso zwar vielleicht dieselben Gesundheitsprobleme haben mag wie Sie – Schilddrüsenunterfunktion zum Beispiel oder Bluthochdruck (ist das nicht süß!), Ihr Tierarzt aber von Gesetzes wegen nicht berechtigt ist, Ihnen irgendeine Arznei zu verschreiben. Obwohl einige der Arzneimittel, die Sie in einer Apotheke für Menschen erstehen, zuvor an Hunden und Katzen getestet worden sind und vielleicht sogar haargenau dieselbe Zubereitung haben wie die Tierarznei, so sind viele andere doch aus Bullenpenissen hergestellt, schmecken nach viel zu lange gekochter Leber oder können Anlass für schwere allergische Reaktionen sein. Solange Sie also weder Arzt noch Dummkopf, oder, was der Himmel verhüten möge, beides in einer Person sind, lautet die Antwort: Nein, Sie sollten Struppis Medizin nicht einnehmen.

🐾 Wie kommt es, dass Hassos Medikamente so viel billiger sind als meine?

Weil er in einer besseren Krankenversicherung ist als Sie. War'n Scherz. Tatsächlich ist Hassos Arznei womöglich deshalb billiger als Ihre, weil Tierärzte Medikamente ohne die Verkaufsaufschläge beziehen können, die die Versicherungsunternehmen für Menschen draufschlagen. Traurig, aber wahr. Große Firmen wie Pfizer, Merck, Bayer und Ford Dodge stellen in vielen Fällen neben Arzneimitteln für Menschen auch Arzneimittel für Tiere her. Auch kann es gut sein, dass Ihr Hund ein billiges Präparat bekommt, das wirkstoffgleich mit Ihrem teuren Markenmedikament ist, und das macht einen horrenden preislichen Unterschied aus. Könnte schlimmer sein – wenigstens kosten seine Klamotten so gut wie nichts. Na ja, für die meisten von uns. Außer für Paris Hilton.

🐾 Warum fischt sich mein Hund gebrauchte Kondome und Tampons aus dem Müll und frisst sie?

Ein leidiges Thema. Hunde werden immer Hunde bleiben, oder? Leider gibt es keinen Reim darauf, warum unsere Hunde Badezimmermüll vertilgen wollen, bei dem es uns schüttelt. Nun ist der Verzehr eines gebrauchten Kondoms im Prinzip nicht schädlich, aber trotzdem sollten wir versuchen, das Risiko, dass er sich an den falschen Dingen zu schaffen macht, gering zu halten, denn so manches kann in seinen Gedärmen stecken bleiben und eine Notoperation nötig machen.

In seltenen Fällen entwickeln Hunde eine Störung namens Pica, die bedeutet, dass sie zwanghaft unangebrachte Dinge fressen (Erde, gebrauchte Tampons oder Binden, Holzzäune und gebrauchtes Katzenstreu). Manchmal ist diese Störung mit Verhaltensanomalien assoziiert (zum Beispiel, wenn Ihr Hund extrem gelangweilt ist), manchmal mit seltenen Eisen- oder Mineralmangelerscheinungen. Wenn Hasso sich unablässig über Ihre gebrauchten Tampons hermacht, sollten Sie drei Dinge ausprobieren: Erstens: Halten Sie Rücksprache mit Ihrem Tierarzt und klären Sie, ob Hasso in angemessener Weise ernährt wird. Zweitens: Lassen Sie eine Blutuntersuchung vornehmen, um auszuschließen, dass Hasso eine Anämie oder einen zu niedrigen Eisenspiegel hat. Drittens: Kaufen Sie eine Mülltonne mit gut schließendem Deckel.

🐾 Dürfen Hunde Kaugummis kauen, um einen besseren Mundgeruch zu bekommen?

JPs Mundgeruch ist manchmal so übel, dass ich mutmaße, irgendetwas müsse in ihn hineingekrochen und dort einen stummen Tod gefunden haben … ich verstehe also, warum Sie versucht sind, Ihrem Hund ein Pfefferminzkaugummi anzubieten. Widerstehen Sie der Versuchung. Im Oktober 2006 berichtete die Giftnotrufzentrale der amerikanischen Tierschutzbehörde ASPCA der Tierärztlichen Vereinigung von Amerika über mehrere Caniden-Vergiftungen mit Xylitol, einem künstlichen Süßstoff. Xylitol findet sich in verschiedenen Kaugummis und Mintpastillen und wird bei Hunden bereits bei Aufnahme kleiner Mengen mit schwerem Leberversagen in Verbindung gebracht.[1] Ein Päckchen Xylitol-haltiges Kaugummi oder zwei mit diesem Süßstoff gesüßte Muffins können ohne eine aggressive Therapie, das heißt harte Dekontaminationsmaßnahmen, Infusionen, Plasmatransfusionen, Vitamin-K-Injektionen, Arzneimittel gegen Magengeschwüre und intensivmedizinische Betreuung rund um die Uhr in einer entsprechenden Einrichtung, tödlich sein. Pfui Teufel! Sie haben außerdem sicher gehört, dass bestimmte Arten von Süßstoffen bei Ratten Krebs auslösen können, also will ich für dieses eine Mal aus meinen Veterinärschuhen schlüpfen und sogar Ihnen den ernsthaften Rat geben, dass Sie das Zeug auf eigene Gefahr verzehren. Die Lehre? Sorgen Sie dafür, dass Ihr Hund keinen Hang zu Süßigkeiten entwickelt.

 Sind Trauben und Rosinen giftig?

Dem Hund meiner Kindheit habe ich Tabletten immer verabreicht, indem ich sie ins Kerngehäuse einer Traube gedrückt habe – er war ganz wild darauf! Ich hatte nicht die geringste Ahnung davon, dass man den Verzehr von Trauben und Rosinen eines Tages mit Nierenversagen bei Hunden in Zusammenhang bringen würde. Junge, habe ich Glück gehabt. Es hat sich gezeigt, dass das Phänomen von den Tier-Giftnotrufzentralen im Land seit Jahren gemeldet worden war.[2] Diese scheinbar so unschuldigen Lebensmittel stehen im Verdacht, bei Hunden hin und wieder eine Reaktion hervorzurufen, die nicht notwendigerweise dosisabhängig verläuft. Mit anderen Worten: Der eine Hund kann ohne jedes Problem zehn Kilo Trauben futtern, während ein anderer nach einer Handvoll Rosinen binnen einem oder zwei Tagen alle klinischen Zeichen eines Nierenversagens (unmäßiger Durst oder extremes Wasserlassen, Unwohlsein, Erbrechen, Durchfall) entwickelt. Das Prinzip der toxischen Reaktion ist gegenwärtig noch unbekannt, aber man nimmt an, Ursache könnte eine aspirinähnliche Substanz, ein Salicylat in Trauben oder Rosinen, oder aber auch ein Pestizid sein. Wie dem auch sei, geben Sie es an alle Park-Kumpels Ihres Hundes weiter, denn es handelt sich um ein zwar unbekanntes, aber sehr verbreitetes Toxin!

Da wir gerade beim Thema Küchengifte sind: Zwei weniger als solche bekannte sind für Hunde die Gewürzpflanzen Knoblauch und Zwiebel. Ich bin mir zwar nicht sicher, warum ein Hund mit Selbstachtung freiwillig Zwiebeln und Knoblauch fressen sollte, aber oft füttern Hundebesitzer ihren Lieblingen unwissentlich derlei Unbekömmliches. Vielleicht streuen sie Zwiebelpulver auf den Futternapf, um die Mahlzeit aufzupeppen? Warum auch immer, es ist keine gute Idee. In großen Mengen können Zwiebeln zu einer sogenannten hämolytischen Anämie, in diesem Falle einer Heinz-Körper-Anämie, führen, die sich in einer Gestaltänderung bei den roten Blutkörperchen äußert. Die solchermaßen verformten Blutkörperchen platzen leichter und sorgen so für eine massive Blutarmut. Natürlich muss Ihr Hund eine Menge Zwiebeln fressen, damit es dazu kommt, aber bei langfristigem Konsum (wenn Sie seinen Napf über Wochen hinweg tagtäglich mit Zwiebelgranulat besprenkeln), kann es Probleme geben. Hier und da ein paar Zwiebeln im Rindfleisch-Eintopf schaden bestimmt nicht, aber allgemein sollten Sie diese Ihrem Hund nicht in größeren Mengen füttern.

 Sind Zimmerpflanzen wirklich giftig?

Die meisten Zimmerpflanzen sind für Hunde nur mäßig toxisch, reizen vielleicht die Mundschleimhaut oder bereiten durch die in den Blättern enthaltenen Kalziumoxalat-Kristalle ein gewisses Maß an Magen-Darm-Beschwerden. Weihnachtssterne stehen in besonders üblem Ruch, aber sie bringen Ihren Hund höchstens zum Sabbern, und dazu, sich mit den Pfoten ständig das Maul zu putzen, vielleicht wird ihm ein bisschen übel, kann sein, dass er erbricht oder Durchfall bekommt. Kinderkram! Ulkigerweise sind die Pflanzen, über die die Leute am meisten zu wissen glauben, in der Regel am wenigsten toxisch. Allerdings sollten Sie bei alledem auch zur Kenntnis nehmen, dass es ein paar Giftpflanzen gibt, die *schwere, sehr rasch verlaufende tödliche Vergiftungen* nach sich ziehen und bei denen man auf der Stelle den Tierarzt aufsuchen sollte.

Laut den Giftnotrufzentralen des amerikanischen Tierschutzbundes sind die zehn für Haustiere gefährlichsten

Pflanzen die folgenden (die geläufigsten klinischen Symptome sind in Klammern aufgeführt):

1. Marihuana (mangelnde Koordinationsfähigkeit, Krämpfe, Koma, erhöhter Speichelfluss, Erbrechen, Durchfall)
2. Sago-Palmfarn (Leberversagen, Erbrechen, Durchfall, Depression, Krämpfe)
3. Lilien (nur für Katzen – akutes Nierenversagen)
4. Tulpen/Narzissen (Erbrechen, Durchfall, erhöhter Speichelfluss, Depression, Krämpfe, Herzrhythmusstörungen)
5. Azaleen/Rhododendren (Erbrechen, erhöhter Speichelfluss, Durchfall, Schwäche, Koma)
6. Oleander (Erbrechen, Herzrhythmusstörungen, Hypothermie, Tod)
7. Wunderbaum oder Christuspalme (Erbrechen, Durchfall, Schwäche, Krämpfe, Koma, Tod)
8. Alpenveilchen (Erbrechen, Durchfall)
9. Kalanchoë (Erbrechen, Durchfall, Herzrhythmusstörungen)
10. Eibe (Erbrechen, Durchfall, Herzversagen, Koma, Tremor)

Hätten Sie das gedacht? Sie finden eine Liste von für Hunde und Katzen toxischen beziehungsweise nicht toxischen Pflanzen zum Beispiel auf der Internetseite des Instituts für Veterinärpharmakologie und -toxikologie der Universität Zürich (siehe Weiterführende Informationen). Ganz allgemein sollten Sie natürlich immer darauf bedacht sein, dass Ihr Hund nicht wahllos an irgendwelchen Pflanzen oder Bäumen herumkaut. Wenn ich so darüber nachdenke: Halten Sie ihn auch von anderen Tieren fern. Und von Fremden. Herrlich, einen übermächtigen Beschützerinstinkt zu haben, oder?

 Was tun bei Vergiftungen?

Wenn Ihr nimmersatter Nepomuk etwas gefressen hat, das er besser nicht gefressen hätte, können und sollten Sie auf der Stelle Informationen bei Ihrem Tierarzt oder beim nächsten tierärztlichen Notfalldienst einholen. Notdienste in Ihrer Nähe finden Sie in Ihrer Zeitung oder im Internet (siehe Weiterführende Informationen). Wenn Sie selbst nachlesen wollen, was zu tun ist, liefern neben der oben bereits vorgestellten Seite noch verschiedene andere Internetseiten Informationen (siehe Weiterführende Informationen). Die Seite des Instituts für Veterinärmedizin und -toxikologie der Universität Zürich bietet eine Art Leitfaden zur Selbstdiagnostik, bei dem Sie sich anhand der Symptome an die wahrscheinlichen Ursachen für die Erkrankung Ihres Hundes herantasten können. Kann schon sein, dass das Einschreiten eines Notfallteams, das 24 Stunden in Bereitschaft ist, Ihnen zunächst einmal teuer vorkommt, aber im Ernstfall werden Sie ihm dankbar sein, wenn es Ihren Welpen rettet und Sie keinen neuen kaufen müssen (wobei Letzteres für Ihren Teppich allerdings unter Umständen nicht gilt …).

Wenn Sie merken, dass Ihr Hund gerade eben etwas Toxisches gefressen hat, besteht die billigste und effizienteste Behandlungslösung darin, ihn zum Erbrechen zu bringen, damit das Gift nicht im Magen absorbiert werden und sich im Organismus ausbreiten kann. Es gibt einige wenige Umstände, unter denen Sie darauf verzichten sollten, ihn zu Hause zum Erbrechen zu bringen, dann nämlich, wenn das Toxin die Speiseröhre verätzen könnte. Rufen Sie also zunächst einen Tierarzt, den Tiernotdienst oder auch eine humanmedizinische Giftnotrufzentrale (ist in jedem Telefonbuch unter Notrufen verzeichnet) an, bevor Sie entsprechende Versuche unternehmen. Dort wird man Ihnen sagen, ob es sinnvoll ist, Ihrem Vierbeiner daheim zu helfen, sich zu erleichtern, oder ob Sie besser sofort zu einem Fachmann gehen, der das für Sie unternimmt. Wir stehen auf möglichst frühzeitige Entgiftung.

 Wie kann ich bei meinem Hund Erbrechen auslösen?

Sie kriegen Ihren Hund nicht dazu, dass er sich erbricht? »Sitz« und »Platz« vor der Toilettenschüssel bringt ihn nicht auf der Stelle zum Würgen? Eine Achterbahnfahrt funktioniert auch nicht? Was Sie brauchen ist Wasserstoffperoxid. Die Dosis beträgt in der Regel ein Teelöffel pro zweieinhalb bis fünf Kilo Körpergewicht. Leider gibt es kein Gegenmittel, mit dem Sie das Erbrechen wieder abstellen können, normalerweise hört es aber binnen zehn bis fünfzehn Minuten von selbst auf. Bevor Sie allerdings zu diesem Mittel greifen, sollten Sie wie bereits ausgeführt einen Tierarzt konsultieren, denn manche Toxine sollten besser nicht erbrochen werden (zum Beispiel weil bei ihnen das Risiko von Speiseröhrenrissen, Speiseröhrenreizungen oder gar der Aspiration von Erbrochenem in die Lunge besteht, auch hängt die Wirksamkeit dieser Maßnahme davon ab, wann der Hund das Toxin aufgenommen hat). Für die Mütter alter Schule unter Ihnen: Hände weg von klassischen Brechmitteln wie Ipecacuanha-Sirup (auch: Ipecac-Sirup), damit können Sie beim Hund Erbrechen auslösen, das völlig außer Kontrolle gerät. Gehen Sie zum Tierarzt!

 Hat mein Nachbar meinen Hund vergiftet?

Sehr oft kommen Leute mit einem kranken Hund in die Notaufnahme und sind einfach nicht davon abzubringen, dass der böse Bursche von nebenan ihren armen Purzel auf dem Gewissen hat. Es stimmt – so etwas kommt vor, aber wenn, dann war es meist ein Unfall, und, um ehrlich zu sein, es ist wirklich ziemlich selten. Wie dem auch sei, sowohl Sie als auch Ihr Nachbar tun gut daran, bestimmte Gifte für den Hausgebrauch außerhalb der Reichweite von Smarty Spürnase aufzubewahren. Dazu zählen unter anderem: Frostschutzmittel, Kompost, Rattengift und Düngemittel, um nur einige wenige zu nennen. Denken Sie immer daran, dass es immer und bei jeder Art von Giftstoff leichter ist, frühzeitig zu dekontaminieren, das heißt, die toxische Substanz aus dem Organismus zu entfernen, als eine Vergiftung zu behandeln, die bereits Symptome zeigt. Wenn Sie im Zweifel sind, rufen Sie eine Giftnotrufzentrale an, recherchieren Sie auf einer verlässlichen Internetseite oder begeben Sie sich *sofort* zu einem Notfalltierarzt. Und noch eins, wenn Ihr Hund etwas Toxisches gefressen hat, bringen Sie das Etikett, die Packung oder auch das Erbrochene mit zum Tierarzt, damit wir sehen können, was der Hauptinhaltsstoff ist. Und beten Sie, dass es kein Haschkeks ist.

 Mögen Hunde Zauberpilze?

Bevor ich Ihre Frage beantworte, möchte ich Ihnen ein paar Fragen über Ihren Hund stellen. Neigt er generell zu Unschlüssigkeit, Verwirrtheit, Schusseligkeit oder Anfällen von beispielloser Torheit? Trägt er gerne Batik und wallende Gewänder? Hat er sich unlängst im College eingeschrieben oder ist er neugierig auf Drogen, traut sich aber noch nicht an die harten Sachen ran? Nein. Er ist ein Hund. Schließen Sie Ihre halluzinogenen Pilze vor ihm weg! Sie können Ihrem Hund echt schaden – psychisch und physisch – und sollten sich grundsätzlich außerhalb seiner Reichweite befinden. Auch einige Wildpilze sind extrem giftig für Hunde (und Menschen), zum Beispiel sämtliche *Amanita*-Arten (Knollenblätterpilze). Wenn Sie Pluto dabei beobachten, wie er sich im Garten über Pilze hermacht, bringen Sie ihn auf der Stelle zum Tierarzt, damit der ihn zum Erbrechen bringt oder ihm den Magen auspumpt.

 Welche Gifte werden Hunden besonders häufig gefährlich?

Und nun die Liste, auf die Sie alle so sehnlich warten: Die aktuelle Liste der Giftgiganten aus dem Jahr 2006, zitiert nach der Giftnotrufzentrale des amerikanischen Tierschutzbundes

ASPCA (American Society for the Prevention of Cruelty to Animals).[3] Hier sind sie: die Top-Ten unter den tödlichen Hunde-Hits:

1. Ibuprofen: Hat Drogen-Dolly mal wieder Dolormin genascht? Ob sie Kopfweh hatte? Auf jeden Fall werden Sie welches bekommen, wenn Sie sie in die Nähe dieser Powerpillen lassen!
2. Schokolade: Hört auf so süß zu sein, wenn sie wieder hochkommt.
3. Ameisen- und Schabenköder: Zum Glück kommen Mausefallen nicht in Frage.
4. Rattengift (Nagergift, Rodentizid): Klassischer Fall von Identitätsstörung.
5. Paracetamol: Nicht so sicher, wie Sie denken.
6. Pseudoephedrin-haltige Erkältungsmittel: Hallo! Seine Nase soll feucht sein!
7. Schilddrüsenmedikamente: Aber die haben doch so schöne bunte Farben!
8. Bleichmittel: Seine Speiseröhre wird blitzsauber sein, Ihre Wohnung in Trümmern liegen.
9. Düngemittel: Als ob Waldis Hinterlassenschaft nicht auch so ausreichen würde, Ihrem Rasen den Garaus zu machen.
10. Kohlenwasserstoffe: Fossile Brennstoffe sind ganz allgemein Pfui.

Nun, da Sie diese Liste gesehen haben, seien Sie umsichtiger als der Rest der Welt. Verstecken Sie die einzelnen Posten vor

Ihrem Vierbeiner und umgehen Sie die Notwendigkeit, die Giftnotrufzentrale anzurufen.

 Kann ich meinen Hund mit frei verkäuflichen Arzneimitteln behandeln?

Sind Sie, der Sie dies lesen, Arzt? Ja? Ist mir wurscht. Geben Sie Ihrem Hund auf keinen Fall irgendein frei verkäufliches Präparat gegen Schmerzen oder was auch immer! Ich meine Sie! Ich muss das nämlich immer zweimal sagen, vor allem, wenn ich es mit Ärzten zu tun habe, die glauben, es gehe in Ordnung, wenn sie ihren Hund selbst behandeln. Die meisten rezeptfreien Schmerzmittel gehören zur Klasse der nichtsteroidalen Entzündungshemmer und sind zwar für Menschen weniger gefährlich, können bei Tieren aber schon in geringer Dosierung Magengeschwüre und Nierenversagen mit Symptomen von Erbrechen und Durchfall bis hin zu inneren Blutungen verursachen, ja, sogar tödlich sein. Bei hoher Dosierung kommt es zu neurologischen Ausfällen. Ihr Hund wird noch sehr viel mehr Kopfschmerzen bekommen.

Bei manchen Arten, Katzen zum Beispiel, ist die Leber mit einem anderen Enzymsystem ausgestattet als bei uns, und dies hindert die Tiere daran, gewisse Drogen ähnlich gut abzubauen wie wir. Eine Paracetamol-Tablette in der Dosierung für Erwachsene kann eine Katze das Leben kosten. Bei Hunden führt Paracetamol »nur« zu Leberversagen, ist aber noch immer stark toxisch. Zur Behandlung einer Paracetamol-Vergiftung greift man zu Sauerstofftherapie, Bluttransfusion und Arzneimitteln, die die verkorksten roten Blutkörperchen wieder ins Lot bringen sollen.

Natürlich können auch eigens für die Veterinärmedizin entworfene nichtsteroidale Entzündungshemmer wie die Kautabletten Rimadyl oder Deramaxx toxisch wirken, wenn sie in großen Mengen aufgenommen werden, achten Sie also sorgfältig darauf, dass sie außerhalb der Reichweite Ihres Vierbeiners aufbewahrt werden, und verwenden Sie sie so sparsam wie möglich. Hunde betrachten diese Präparate als Schmankerl mit Lebergeschmack, und wenn Sie die offen herumliegen lassen, wird Hund sich flugs durch die »kindersichere« Verpackung fressen, um an die Pillen im Inneren zu kommen. Genauso sind mir schon Hunde untergekommen, die sich der süßen, schön orange gefärbten Beschichtung wegen ganze Plastikcontainer voll Advil einverleibt haben. Halten Sie im Zweifelsfalle alle Packungen und Flaschen unter Verschluss, denn die Neugierde Ihres Hundes kann im Zusammenwirken mit seinen Zähnen eine tödliche Macht sein!

### 🐾 Wie giftig ist Schokolade?

Schokolade enthält zwei toxische Inhaltsstoffe, beide gehören zur Gruppe der Xanthine: Theobromin und Coffein. Die Menge, die Ihr Hund davon zu sich nimmt, hängt davon ab, wie hoch der Anteil an hochwertiger Kakaomasse in der verbotenen Mahlzeit gewesen ist, danach bestimmt sich auch die Menge an Xanthinen: 100 Gramm helle Vollmilchschokolade enthalten etwa 200 Milligramm, dieselbe Menge dunkle

Schokolade etwa 500 Milligramm und gute Bitterschokolade schätzungsweise 1,5 Gramm. Wenn Sie mathematisch unbegabt oder in Zeiten eines Hundenotfalls zu gestresst sind, um das Gewicht Ihres Hundes durch die Menge an gefressener Schokolade zu teilen, sorgen Sie sich nicht – Sie können einfach einen Notdienst anrufen, der das für Sie erledigt.

Wie schwerwiegend die Vergiftung ausfällt, hängt davon ab, wie viel Ihr Hund gefressen hat, wie schwer er ist, welche Sorte Schokolade er sich einverleibt hat und davon, wie empfindlich er auf diese Inhaltsstoffe reagiert. Manche Menschen reagieren auf Schokolade empfindlicher als andere, bei Hunden ist das ebenso. Die toxische Wirkung von Schokolade zeigt sich an folgenden klinischen Symptomen: Hyperaktivität/Nervosität (bei 20 mg/kg Körpergewicht), Herzrhythmusstörungen (bei 40 mg/kg) und Krämpfe (bei 60 mg/kg). Die Bandbreite der Nebenwirkungen des Schokoladenkonsums reicht von leichteren Reaktionen wie Magen-Darm-Störungen (von Tierärzten liebevoll als Schokoladendünnschiss oder, im Falle von Erbrechen, als »Schokoladenwiederkäuen« bezeichnet) bis hin zu lebensbedrohlichen Symptomen wie kardiovaskulären und neurologischen Schädigungen. Leichte Fälle klingen in der Regel von selbst ab, denn viele Schokoriegel enthalten nur sehr wenig »echte« Schokolade. Tut mir leid, wenn ich da gerade eine Illusion zerstört habe. Sollte Sweetie allerdings Bitterschokolade oder Zartbitterkakao erwischt haben, dann seien Sie vorsichtig! Handeln Sie rasch. In schweren Fällen kann es zu beschleunigtem Herzschlag, Herzrhythmusstörungen, Krämpfen, Koma oder gar zum Tode kommen.

Ach die Gerüchte, die so ein Internet in die Welt setzen kann. All jenen vielen E-Mails, die Sie möglicherweise auch erhalten haben, zum Trotz ist Raumspray im Allgemeinen nicht toxisch. Ich verwende ihn selbst zu Hause und habe noch nie Probleme gehabt. Dabei sollten Sie natürlich Ihren Verstand einschalten und nicht Ihre Tiere oder deren Lager direkt ansprühen. Wenn Gott gewollt hätte, dass sie nach Gardenien oder frisch gewaschener Wäsche duften, hätte er es vermutlich so eingerichtet.

Etwas anderes ist es, wenn Sie einen Vogel besitzen oder Ihr Hund unter einer Lungenerkrankung wie Asthma oder Bronchitis leidet. Vögel reagieren auf Chemikalien extrem empfindlich – schon das Braten in einer teflonbeschichteten Pfanne kann genügend toxische Dämpfe freisetzen, um Ihren Vogel umzubringen. Denken Sie das mal kurz durch – Sie braten gerade ein paar harmlose Eier für Ihren Freund oder Ihre Freundin und prompt haben Sie Ihren Vogel auf dem Gewissen. Was soll's – Zeit, sich einen Welpen anzuschaffen! Nun stimmt es natürlich, dass jede Chemikalie eine allergische Reaktion oder eine Asthmaattacke auslösen kann, wenn Sie also auf der sicheren Seite sein wollen, dann veranstalten Sie Ihren Frühjahrsputz, wenn Ihr Kleiner sich in einem anderen Teil des Hauses aufhält – es sei denn freilich, Sie haben das Geld und die Zeit für ein paar weitere Tierarztbesuche.

Bekommen Hunde Fressattacken, wenn Sie Pot
konsumiert haben?

Als Erstes die eindringliche Bitte: Geben Sie Ihrem Hund
kein Marihuana. Mir ist es egal, ob Sie ihn John Lennon,
Bob Marley oder wie auch immer genannt haben. Rauchen
wird Ihr Hund das Zeug nicht (dazu müsste er schon ziemlich begabt sein), und wenn er es oral aufnimmt, kann er alle
möglichen Symptome – Apathie, Benommenheit, Erbrechen,
eine Aspirationspneumonie – entwickeln oder gar ins Koma
fallen. Eines Nachts hatte mein Kollege einen Hund aus einer Studentenverbindung zu behandeln, der nach einer Party
ins Koma gefallen war. So was passiert hin und wieder, und
es zerreißt einem jedes Mal das Herz. In diesem Fall waren
die Blutergebnisse normal, die Röntgenaufnahme aber zeigte
eine beachtliche Menge »Zeug« im Magen des Hundes. Da
wir von einer Vergiftung ausgingen, pumpten wir dem Par-
tywolf den Magen aus. Während mein Kollege noch die For-
mulare ausfüllte, die er mit dem Mageninhalt ins toxikologische Labor geben wollte (das hätte herausfinden sollen, was
den Hund vergiftet hatte), hob einer der Studenten einen
der mit Mageninhalt verschmutzten Lumpen hoch, roch daran und prustete los. Es zeigte sich, dass so mancher andere
in der Ambulanz auch wusste, dass das Zeug Pot war, man
schien wohlvertraut mit dem Geruch. Wir verzichteten auf
die toxikologische Untersuchung, und der Partyhund erhol-
te sich zum Glück wieder. Leider kostete die Nacht in der
Ambulanz den Besitzer nicht nur sein Gras, sondern obendrein 650 Dollar an Infusionen. Was den Studenten der

Tiermedizin anbelangte, er bekam eine Fünf, weil er das Toxin ein bisschen zu rasch erkannt hatte. (Stimmt natürlich nicht.)

Wenn Ihr Hund wirklich einmal an eine verbotene Substanz geraten sollte, ist es unerlässlich, dass Sie Ihrem Tierarzt gegenüber geständig sind, egal, wie peinlich oder illegal das Ganze sein mag. Lernen Sie aus der Geschichte mit dem Verbindungshund und geben Sie Ihrem kein Pot. Er würde keine Fressattacken kriegen und in Anbetracht dessen, dass er mit dem Zeug dem Koma so nahe kommt, würde er der Erfahrung auch nicht halb so viel abgewinnen wie ein Mensch.

 Können Hunde betrunken sein?

Ich hatte mehrmals Hunde zu behandeln, die nach dem Genuss von Alkohol weggetreten waren. Zum Glück waren sie in der Regel eher *aus Versehen* an den Sprit geraten, will sagen: Die meisten Besitzer sind klug genug zu wissen, dass sie ihren Hunden keinen Alkohol verabreichen sollten. Die letzten beiden Caniden-Zecher, die mir untergekommen sind, hatten sich ihren Vollrausch in Herrchens Bäckerei geholt: Einer der beiden hatte ein mit Rum getränktes Früchtebrot verschlungen. Der Fall war aus zwei Gründen abstrus: (a) Wer backt oder isst dieser Tage noch Früchtebrot? Und (b) sollte der Alkohol im Rum beim Backen nicht verfliegen? So ein versoffenes Bäckergenie! Der andere hatte ein noch ungebackenes Brot gefressen und war durch die im Teig enthaltene Hefe ziemlich heftig angetörnt (oder, wie man es wissenschaftlich etwas vornehmer ausdrücken kann: litt unter einer deutlichen Ataxie).

Wie auch immer sie zustande kommt, eine Alkoholvergiftung kann einen Hund stark sedieren und lethargisch machen, wodurch unter anderem seine Fähigkeit leidet, die Atemwege frei zu halten, sodass er Gefahr läuft, eine Aspirationspneumonie zu entwickeln. Wenn Ihnen klinische Symptome auffallen oder Sie Ihren Vierbeiner dabei erwischen, wie er Hefeteig oder ein anderes alkoholhaltiges Lebensmittel vertilgt, sollten Sie ihn auf der Stelle zu einem Tierarzt bringen. Sein Rausch ist sehr viel weniger cool als Ihrer – bei ihm folgt auf den Genuss prompt der Tiefschlaf. Langweilig!

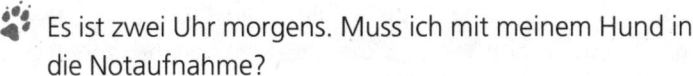 Es ist zwei Uhr morgens. Muss ich mit meinem Hund in die Notaufnahme?

Wenn Ihr Hund um zwei Uhr morgens so sehr winselt, dass er Sie aufweckt, sollten Sie Ihren müden Hintern aus dem Bett hieven und sich vergewissern, dass alles in Ordnung ist. Wenn er unter Ihrem Bett liegt, sich erbricht oder würgt und unablässig wimmert, dann ist das Mindeste, was Sie tun sollten, dass Sie die lokale Tierambulanz anrufen. Oftmals kann der- oder diejenige, die den Anruf entgegennimmt, beziehungsweise ein Tierarzthelfer Ihnen am Telefon bereits helfen, das Problem einzugrenzen und zu entscheiden, ob Sie mit Ihrem Hund in die Ambulanz fahren sollten oder nicht. Falls Sie das tun sollten, nehmen Sie sich ein Buch mit, denn genau wie in der Ambulanz für menschliche Patienten kann es Stunden dauern, bis Sie dran sind, und um zwei Uhr in der

Frühe sind viele Ihrer Zeitgenossen keine allzu geistreichen Gesprächspartner.

Zu den Symptomen, bei denen Sie einen Besuch beim Notfalltierarzt erwägen sollten, gehören: Ergebnisloses Würgen, Schwierigkeiten beim Atmen, unablässiges Husten, Ruhelosigkeit, blasse Mundschleimhaut, beschleunigter Herzschlag (mehr als 160 Schläge pro Minute), Winseln und Jaulen vor Schmerz, Bewegungsunfähigkeit, aufgeblähtes Abdomen, extreme Apathie, größere Blutungen, jede Art von Verletzung, das Unvermögen zu laufen, ein Nachziehen der Hinterläufe, die Aufnahme eines Toxins und/oder Vergiftungserscheinungen, Schielen, Beulen oder Schwellungen, Schmerzen in den Augäpfeln, Blut im Urin oder widerstrebendes Wasserlassen. Diese Liste kann zwar nicht vollständig sein, doch ganz allgemein gilt: Wenn Sie besorgt genug sind, gehen Sie zum Tierarzt. Der Zeitaufwand ist ein geringes Opfer für die Gesundheit Ihres Hundes und Ihren eigenen Seelenfrieden.

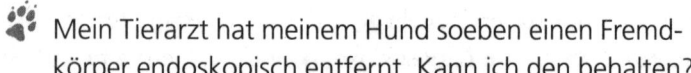 Mein Tierarzt hat meinem Hund soeben einen Fremdkörper endoskopisch entfernt. Kann ich den behalten?

Ein Endoskop ist ein Instrument, das es möglich macht, Hohlräume im Körper oder Hohlorgane von innen zu betrachten. In der Veterinärmedizin wird eine Endoskopie unter Vollnarkose durchgeführt, andernfalls würde Ihr Hund das Gerät womöglich durchbeißen und unsere 50 000-Dollar-Videokamera samt Endoskopie-Set wären beim Teufel. In der Notambulanz verwenden wir Endoskope meist, um

Fremdkörper (wie Münzen, Heftzwecken, Nadeln, Steine, Socken, Knochen und Eheringe) aus Mägen zu holen.

Als ich einmal aus einem Hundemagen per Endoskop einen Tanga im Leoparden-Look geangelt hatte, habe ich dem Ehepaar, das kam, um seinen Hund abzuholen, das gute Stück wieder ausgehändigt, weil ich dachte, dass sie ein solch teures Souvenir vielleicht gerne behalten wollten. Die Frau besah sich das Teil in seiner Plastiktüte und erklärte: »Das ist nicht meiner.« Nun kommen Sie! Seither habe ich meine Lektion gelernt – ich frage immer vorher, ob die Klienten den Fremdkörper auch sehen wollen. Wenn Sie ihn zum Zwecke plastischer Schilderungen ihres Abenteuers haben und behalten wollen, prima, wir heben ihn für Sie auf. Und, nein, wir halten Sie nicht für seltsam.

 »Angriff des Killerhunds« – Wie bringe ich mich in Sicherheit?

Wir pflegen zwar höchst ungern das Stereotyp vom bösartigen und gewaltbereiten Hund, da auch die finsterste Erscheinung unter von Menschenhand aufgezogenen Hunden in der Regel harmlos und liebevoll zugewandt ist, doch es gibt fraglos einige wenige, die misshandelt oder zum Zwecke der gewaltsamen Auseinandersetzung gehalten werden, beziehungsweise obdachlos und verwildert sind, und Sie unter Umständen anfallen werden. Als Erstes ein Appell an Ihren gesunden Menschenverstand: Bitte bringen Sie sich nicht selbst in eine Situation, in der Sie angegriffen werden könnten. Sehen Sie den zerzausten, knurrenden Hund mit

Schaum vor dem Maul da vorne? Der will nicht spielen. Versuchen Sie nicht, ihn zu streicheln, es sei denn Sie hätten Ihre blöde Hand über. Ihre Körpersprache sagt einem Hund häufig etwas ganz anderes über Sie, als Sie glauben. Ein Hund kann Ihre »Komm-wir-wollen-Freunde-sein«-Bewegung als Aggression deuten. Wenn Sie die Hand über den Kopf eines fremden Hundes erheben, um ihn zu streicheln, so ist das für ihn eine sehr unmissverständliche Dominanzgeste. Sie sagen damit mehr oder weniger: »Ich stehe über dir, und ich werde über dich gebieten!« Einem fremden Hund gegenüber ist es stets besser, mit einer Unterwerfungsgeste zu beginnen, wenn man nicht angefallen werden will. Wenn Sie das Bedürfnis haben, einen Hund, den Sie nie zuvor gesehen haben, zu streicheln (nachdem Sie zuvor alle Sünden gebeichtet und auch noch den Besitzer gefragt haben), begeben Sie sich am besten zunächst einmal auf dieselbe Höhe mit ihm, indem Sie in die Hocke gehen. Vermeiden Sie es, ihm direkt in die Augen zu schauen – auch das ist ein Akt der Dominanz. Strecken Sie langsam die Hand aus, Handfläche nach oben und kraulen Sie ihn sanft an der Unterseite von Brust oder Kehle. Keine lauten Geräusche. Keine plötzlichen Bewegungen. Keine Verletzungen.

Wenn Sie kein Hundefreund sind und ein fremder Hund uneingeladen auf Sie zukommt, seien Sie tapfer, bewegen Sie sich nicht und rennen Sie nicht weg. Starren Sie ihm nicht in die Augen. Geraten Sie nicht in Panik. Dann sagen Sie mit tiefer, fester Stimme: »Sitz!« oder »Geh nach Hause!«. Verzichten Sie auf Handgesten oder heftige Bewegungen (»Guck mal, so 'ne leckere Hand!«). Bleiben Sie ruhig stehen, lassen Sie sich von ihm beschnüffeln, und wenn er das Interesse verliert, ziehen Sie sich langsam zurück, ohne ihm den Rücken zuzuwenden.

Wenn Achill tatsächlich beschließt, Sie anzufallen, dann viel Glück. Wie Stephen King bezeugen kann, ist ein richtig aggressiver Hund zwar selten, aber dann nichts weniger als jeder Zoll ein wildes Tier. Überlassen Sie ihm als Erstes irgendetwas anderes, in das er sich verbeißen kann (zum Beispiel Ihre Jacke, Ihr Fahrrad, Ihr Vesperbrot. Nicht Ihren Freund dann wären Sie selbst ein schlechter und bekämen im ganzen Leben nie wieder ein anständiges Weihnachtsgeschenk). Als Nächstes entscheiden Sie, welchen Ihrer Körperteile Sie am wenigsten brauchen. Ich weiß, Sie möchten sie am liebsten *alle* behalten, aber manchmal bleibt einem nur, das kleinere Übel zu wählen, nicht wahr? Anzunehmen ist, dass Sie sich für Ihre Arme entscheiden. Glauben Sie mir: Sie wollen Ihre Wangen, Ihre Augen, die inneren Organe in Ihrem Bauch und alles andere unten herum noch viel mehr. Schützen Sie also Gesicht und Hals, indem Sie die Arme fest darum schließen. Geben Sie dem Drang wegzulaufen nicht nach, Achill würde Sie einholen und nur noch aufgeregter auf Sie einbeißen. Falls er Sie umwirft, versuchen Sie, nicht in Panik zu geraten (nichts leichter als das), und rollen Sie sich zusammen. Bedecken Sie Ihre Ohren mit den Händen und versuchen Sie, nicht zu schreien, das würde den Jagdinstinkt des Hundes nur noch mehr anregen. Beten Sie, dass möglichst rasch Hilfe (oder was auch immer) kommt.

Sollten Sie den Angriff überstehen, ist es wichtig, dass Sie den angreifenden Hund der Polizei melden. Die Besitzer müssen informiert und für ihren aggressiven Hund zur Verantwortung gezogen werden. Wenn es keinen Besitzer gibt, wird der Hund vermutlich eingeschläfert. Es geht schlicht nicht an, dass ein Hund jemanden angreift und verletzt. Ich bin in diesem Zusammenhang der Ansicht: Einmal ist einmal zu viel! Wenn Sie Besitzer eines aggressiven Hundes sind, raten wir Ihnen dringend, auf der Stelle einen Verhaltensfachmann für Tiere aufzusuchen. Manchmal hilft es schon, Achill kastrieren zu lassen, ihn auf eine proteinärmere Ernährung zu setzen oder ihm ein angemessenes Sozialisationstraining angedeihen zu lassen, um solche Probleme zu verhindern. Achill stets an einer kurzen, festen Leine zu halten, ist ebenfalls unerlässlich für die Sicherheit Ihrer Umgebung. Machen Sie sich schlau mit dem Buch *GRRR! Vollständiger Leitfaden zum Verstehen und Vermeiden von Aggressionsverhalten bei Hunden.*[4] Sorgen Sie für eine konsequente Erziehung und halten Sie Rücksprache mit Ihrem Tierarzt, dann besteht eine reelle Chance, dass Sie Ihren Vierbeiner rehabilitieren können. Vorausgesetzt, freilich, Sie sind nicht bereits um Hab und Gut geklagt worden.

# Und jetzt ans Eingemachte

**9. KAPITEL**

Nun also zum spannenden Teil. Tierärzte schwingen unablässig die Messer, um zu kastrieren und zu sterilisieren, erfahren Sie also in diesem Kapitel, ob eine Kastration wirklich das Prostatakrebsrisiko oder eine Sterilisation das Brustkrebsrisiko senkt. Finden Sie heraus, ob es Samenspenderhunde gibt, und entscheiden Sie, ob Sie genug wissen, um Ihren Hund Junge bekommen zu lassen. Wenn Sie nicht wissen, dass Hunde nach dem Sex »stecken bleiben«, wie eine heiße Hündin aussieht oder ob Bella während ihrer Tage eine Binde braucht, dann ist dieses Kapitel das Richtige für Sie. Bekommen Sie Einblick in das, was Sie in puncto Blüten und Bienen bei tierischem Sex erwartet. Oftmals wollen Besitzer gerne, dass ihr Haustier einmal wirft, damit ihre Kinder etwas über das Wunder des Lebens lernen. Lesen Sie weiter und machen Sie sich schlau.

 Warum lecken Hunde sich die Genitalien?

Ich enttäusche Sie wirklich ungern, aber es gibt in der Tat kaum wissenschaftliche Gründe dafür, warum Hunde ihre

Genitalien lecken sollten. In dem alten Witz »weil sie drankommen«, steckt vielleicht einfach ein Stück Wahrheit. Wolle leckt sich womöglich aus keinem anderen Grund die Hoden, als dem, dass er sie problemlos erreichen kann und den warmen feucht-sabberigen Selbst-Kuss angenehm findet. Wenn Ihr Hund das in übertriebenem Maße betreibt oder Sie auf seinem Skrotum braune Speichelspuren bemerken, dann hat er womöglich ein Gesundheitsproblem, eine Dermatitis vielleicht oder eine oberflächliche Hautinfektion. In diesem Falle sollte Ihr Tierarzt einen Blick darauf werfen, um sicherzustellen, dass alles in Ordnung ist. Im Prinzip schleckt Wolle seine Genitalien, weil er erkannt hat, dass er sich säubern und striegeln und dabei gleichzeitig noch seinen Spaß haben kann. Allem anschließenden Mundgeruch zum Trotz ist das vielleicht einfach eines der Gebiete, auf denen Hunde uns schlicht voraus sind.

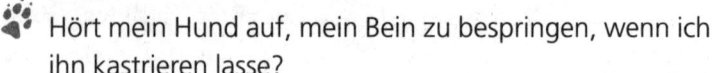 Hört mein Hund auf, mein Bein zu bespringen, wenn ich ihn kastrieren lasse?

Ich staune immer wieder, dass die meisten Leute nicht wissen, was passiert, wenn wir einen Hund sterilisieren. Ein Männchen zu kastrieren bedeutet, beide Hoden aus dem Skrotum zu entfernen, der Hodensack bleibt, wo er ist, und der Penis wird bei der ganzen Prozedur nicht angerührt. Eine Kastration ist ausgesprochen empfehlenswert, verringert sie doch eine ganze Reihe von verbreiteten Problemen, die sämtlich mit männlichem Dominanzverhalten zu tun haben – das Setzen von Duftmarken, Aggressivität, Prostataprobleme,

»Fortpflanzungsunfälle« (und die damit verbundene Haustierschwemme) und schließlich die Wahrscheinlichkeit, dass Ihr Hund Ihren Partygästen die Beine besteigt. Zwar senkt die Kastration nicht speziell das Prostatakrebsrisiko, aber sie senkt das Risiko für andere Prostataprobleme und für Geschwüre wie den Sertoli-Zell-Tumor.

Grundsätzlich empfehlen wir eine Kastration im Alter von ungefähr sechs Monaten, das heißt, bevor Ihr Rüde sich männliche Gewohnheiten zulegt. Außerdem wird er als Jungtier die Narkose besser wegstecken. Hinzu kommt, dass Ihr kleiner Mann bei einer frühzeitigen Kastration weniger zum Bespringen neigen wird. Warten Sie nämlich zu lange, wird es sehr schwierig, ihm das Gebaren ganz abzugewöhnen. Also ersparen Sie sich die Peinlichkeit und gehen Sie ihm früh an die Hoden!

🐾 Warum das magische Alter von sechs Monaten? Kann man ihn nicht früher kastrieren?

Woher kommt, bei all den virtuell gehandelten Wahrheiten, die magische Zahl von sechs Monaten? Ich gebe es nicht gerne zu, aber sie kommt aus derselben Schublade, aus der auch die stets vertrauenswürdigen drei bis vier Tage, fünf bis sieben Tage oder zehn bis vierzehn Tage stammen. Der Durchfall sollte sich binnen drei bis vier Tagen legen, die Weichteilschwellung sollte binnen fünf bis sieben Tagen abklingen, geben Sie ihm das Antibiotikum für zehn bis vierzehn Tage, in Ordnung? Das bringen sie uns Tierprofis auf der Hochschule bei. Menschenprofis übrigens auch!

Dazu ist zu sagen, dass man auch schon bei Welpen im Alter von sechs bis acht Wochen ohne Probleme Kastrationen und Sterilisationen durchgeführt hat. Aaronsohn et al. haben gezeigt, dass Tiere sich bei sorgfältig dosierter Narkose bereits in einem sehr jungen Alter ohne Komplikationen sicher sterilisieren lassen.[1] Ich habe meine Assistenzzeit am Angell Memorial Animal Hospital abgeleistet, das mit der Tierschutzvereinigung von Massachusetts (Massachusetts Society for the Prevention of Cruelty to Animals), die diese Studie hat durchführen lassen, verbandelt ist und dort Dutzende winziger Welpen und Kätzchen sterilisiert. An Tierheimtieren haben wir das routinemäßig sehr früh gemacht, um zu gewährleisten, dass sie steril waren, bevor sie weggegeben wurden. Es trägt dazu bei, der Haustierüberbevölkerung ein bisschen entgegenzuwirken, falls der neue Besitzer es versäumen sollte, seinen neuen Hausgenossen zu beschneiden.

Ich glaube allerdings, eine Kastration in einem so jungen Alter ist nur mit Einschränkungen zu befürworten. Die meisten Säugetierbabys verfügen noch vier bis fünf Wochen lang über mütterliche Antikörper (mit anderen Worten, das Immunsystem ihrer Mutter schützt sie noch eine Weile nach der Geburt), danach verlieren Sie die Antikörper aus Mamas Milch und müssen, bis sie vierzehn oder sechzehn Wochen alt sind, alle drei bis vier Wochen geimpft werden. Wenn man Welpen sehr früh kastriert, hat ihr noch sehr schwaches, unreifes Immunsystem womöglich erst eine Impfung gesehen, und sie sind daher noch nicht sehr gut gegen potentielle Infektionen gefeit. Hinzu kommt obendrein, dass die Narkose ihrem Immunsystem noch einen zusätzlichen »Schlag« versetzt. Obwohl sich die meisten Welpen, mit denen ich zu tun hatte, nach Operation und Narkose gut erholt haben, gab es bei einigen wenigen kleinere Komplikationen wie Infektionen der oberen Atemwege oder Durchfall, die sich allerdings gut behandeln ließen.

Generell ist es sicher, Jungtiere im Alter von fünf bis sechs Wochen zu sterilisieren, aber es wird noch sicherer, wenn sie sämtliche Impfungen intus haben und ein bisschen mehr Gewicht auf die Waage bringen. Anderseits sollen Sie mit der Sterilisation nicht zu lange warten, sonst bringen Sie sich um die Vorteile. Studien zufolge können Sie das Brustkrebsrisiko einer Hündin um über 90 Prozent senken, wenn Sie sie sterilisieren lassen, bevor sie zum ersten Mal läufig wird.[2] Wenn Sie warten, bis sie älter ist, steigt das Risiko für Narkoseprobleme durch vorhandene Stoffwechselstörungen. Unter Tierheimbedingungen ist demnach eine frühe Kastration/Sterilisation höchst empfehlenswert, um einem unerwünschten Anwachsen der Haustierpopulation vorzugbeugen, in jeder anderen Situation aber halten Sie sich lieber an die gute olle Zahl und lassen den Eingriff mit fünf bis sechs Monaten machen!

🐾 Wird mein Hund größer, wenn ich mit der Kastration warte?

Als ich meinen Pitbull-Welpen zu mir nahm, hielt ich ihn zunächst für einen Rhodesian-Ridgeback-Pitbull-Mischling. Ich rechnete damit, eines Tages Besitzer eines hochgewachsenen muskulösen Vierzig-Kilo-Hunds zu sein. Mehrere Monate hindurch habe ich jedem, der fragte, wie alt er sei, geantwortet: »Vier Monate.« Sämtliche meiner Tierarztfreunde drängten mich, ihn kastrieren zu lassen, aber ich wartete unbeirrt darauf, dass er größer wurde. Nun ja, am Ende hatte ich ihn erst kastriert, als er sieben oder acht Monate war. Ich wartete und wartete – aber er wurde einfach nicht größer. Nehme an, er sollte eben nur ein kniehoher Pitbull werden. Und wissen Sie, was das Lustigste daran ist? Offenbar werden die Osteoblasten – die Zellen, die für das Knochenwachstum verantwortlich sind – durch die Wirkung von Geschlechtshormonen gehemmt, also hatte ich auf der ganzen Linie danebengelegen – darauf zu warten, dass die Hormone »greifen«, wird Ihren Hund keinen Deut größer machen. Vielleicht wird er ein bisschen muskulöser, aber dieselbe Größe erreicht er so oder so.

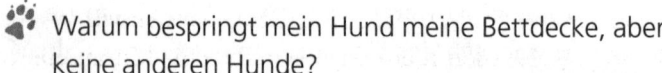 Warum bespringt mein Hund meine Bettdecke, aber keine anderen Hunde?

Masturbiert Ihr Hund und bespringt Ihr Bein oder Ihre Bettdecke, obwohl Sie ihn haben kastrieren lassen? Wenn er ein eher unterwürfiges Wesen hat, mag die Bettdecke das einzige Ding sein, das ihn toleriert (schließlich schlägt sie nicht zurück, knurrt nicht und versucht auch nicht, ihn zu beißen), außerdem ist sie sooooooooo schön weich. Wenn Sie merken, dass er mit Wonne Ihre Bettdecke besteigt, andere Hunde hingegen nicht, gibt er vielleicht nur seinem Instinkt nach (mehr Gewohnheit als Geilheit), und es kann gut sein, dass er einfach von Natur aus ein eher devoter Vertreter ist. Wenn Sie schon einmal beobachtet haben, dass kastrierte Rüden andere Hunde im Park zu bespringen versuchen, werden Sie auch gesehen haben, dass es sich hierbei um einen Ausdruck von Dominanzverhalten handelt und binnen kurzem ein großes Geknurre anhebt. Hunde lassen sich Analverkehr nur ungern aufzwingen – gut, dass sie das Maul aufmachen und zubeißen können!

 Bleiben Hunde nach dem Sex wirklich »stecken«?

Ja, ob Sie's glauben oder nicht. Hunde bleiben nach dem Sex stecken, Wölfe auch. Die Penisspitze beim Hund verdickt sich während des Deckens, sodass ein Herausrutschen verhindert wird und der Rüde in der Hündin »feststeckt«, gleichzeitig verhindert die vaginale Ringmuskulatur der Hündin ein Auslassen des Penis, im Tierarztjargon nennen wir so etwas »Hängen«. Das kann ein paar Minuten bis hin zu einer Stunde dauern. Auch wenn das evolutionstechnisch nicht besonders schlau wirken mag (»Huch, da kommt ein Räuber, aber ich kann nicht weg!«), so ist es nun mal. Der »Knoten« trägt dazu bei, dass der Samen länger im Gebärmutterhals gehalten wird, was wiederum die Chance auf Trächtigkeit erhöht. Welchen Grund es auch haben mag, versuchen Sie bitte nicht, die beiden auseinanderzuzerren. Die Schwellung geht rasch von selbst zurück und die beiden können sich trennen und eigener Wege gehen. Ach ja, die Liebe … Und Diskretion bitte!

Ist die Kastration bei Weibchen gleichbedeutend mit einer Hysterektomie oder Gebärmutterentfernung?

Junge, Junge, wir Tierärzte kriegen wirklich so gut wie alles zu hören. Lassen Sie mich ein paar Dinge klarstellen, die ganze Sache mit der Terminologie kann ziemlich verwirrend sein, vor allem auch deshalb, weil Tierärzte und Humanmediziner nicht immer dieselben Ausdrücke verwenden. Sie, mein wohlmeinender Freund, bringen Daisy entweder des Nomens – einer Ovarektomie oder gegebenenfalls auch einer Ovariohysterektomie – halber zu uns, oder aber des Verbs wegen, damit wir sie sterilisieren oder kastrieren.

Im Allgemeinen tendieren wir dazu, in der Regel beide Eierstöcke und die Gebärmutter zu entfernen und nur den Gebärmutterhals zu belassen. Bei einer Hysterektomie würde nur die Gebärmutter entfernt, beide Eierstöcke blieben erhalten. Das wird zwar eine unerwünschte Schwangerschaft verhindern, aber Daisy ist weiter den hormonellen Einflüssen von Östrogen und Testosteron ausgesetzt, die beide von den verbliebenen Eierstöcken produziert werden. Diese Hormone können das Risiko für eine Brustkrebserkrankung erhöhen, sodass wir dies im Regelfalle nicht empfehlen. Eine andere, weitaus seltener gewählte Option ist die alleinige Entfernung der Eierstöcke, bei der die Gebärmutter erhalten bleibt, das wäre eine Ovarektomie, sie wird in der Tiermedizin so gut wie gar nicht durchgeführt. Zwar werden, wenn die Eierstöcke entfernt sind, keine Hormone mehr freigesetzt, aber wenn man schon mal dabei ist, kann man ebenso gut die gesamte Installation entfernen.

Ist sterilisieren dasselbe wie kastrieren?

Sterilisieren bedeutet ein Tier zu »desexualisieren«, ihm »sein Geschlecht zu nehmen«, kastrieren auch.[3] Bei der Sterilisation handelt es sich in der Regel jedoch eher um das Abbinden von Hodensträngen oder Eileitern, bei der Kastration um die Entnahme. Obschon beides letztlich auf dasselbe hinausläuft und sowohl auf Weibchen als auch auf Männchen angewendet werden kann, scheint sich vielerorts aus irgendeinem Grund der Begriff Sterilisation durchzusetzen. Vermutlich weil Männer bei dem Wort Kastration so empfindlich reagieren – die Vorstellung, dass ein Skalpell »da unten« etwas anrichtet, bekommt wohl zu leicht einen persönlichen Bezug. Gleichgültig jedoch, welchen Begriff Sie verwenden, der Penis, der im Penis gelegene Teil des Harnleiters und das Skrotum bleiben dabei intakt und unverletzt, entfernt werden nur die beiden Hoden.

Die meisten Leute wundern sich, dass der Schnitt dabei nicht oberhalb des Hodensacks verläuft. Wenn wir Fido sterilisieren, setzen wir nämlich unmittelbar vor dem Skrotum einen kleinen Schnitt und entfernen die Hoden von dort aus. Eine Naht auf dem Skrotum juckt erstaunlich stark (hört man), und dieser Minischnitt heilt sehr viel rascher und schmerzloser. Da »die Zeit alle Wunden heilt«, wird Fidos verwaister Hodensack ein Weilchen leer vor sich hin baumeln, dann aber rasch schrumpfen, nach ein paar Wochen werden Sie ihn kaum mehr bemerken.

Sobald Fido sterilisiert ist, wird sich sein männliches Gebaren allmählich verlieren. Mit anderen Worten, er wird weniger aggressiv sein, weniger häufig etwas oder jemanden besteigen und möglicherweise weniger Duftmarken setzen. Leider wird bei alledem auch sein Stoffwechsel träger werden, sorgen Sie also dafür, dass Sie seine Futtermenge reduzieren, sobald er sich von dem Eingriff erholt hat. Noch etwas, das man in diesem Zusammenhang nicht vergessen sollte: Die Tatsache, dass man Fidos Hoden entfernt hat, heißt noch lange nicht, dass Sie ihn ab sofort bedenkenlos auf die Damen der Hundegesellschaft loslassen können – in den ersten Tagen nach dem Eingriff kann er durchaus noch für Nachwuchs sorgen, denn ein paar der hartnäckigeren Spermien bleiben noch ein Weilchen in der Leitung. Was eine Penisamputation anbelangt, so kommt diese extrem selten vor. Wenn Bello die gesamte Ausstattung entfernt werden muss, dann meist aufgrund einer Verletzung oder wegen des sehr seltenen Krankheitsbilds einer Paraphimose. (»Er ging nicht mehr zurück und jetzt ist alles geschwollen und entzündet«.) Ich hoffe sehr, dass niemand von Ihnen oder Ihren Hunden eine solche Erfahrung machen muss!

🐾 Ich möchte nur einmal einen Wurf großziehen, damit mein Kind einmal mit eigenen Augen betrachten kann, wie das ist. Was muss ich wissen?

Sie möchten einen Teil des Geldes zurückverdienen, das Sie für Ihren Rassehund hingeblättert haben, oder auch nur Ihren Kindern zeigen, wie neues Leben entsteht? Leihen Sie sich ein Video. Sie mögen zwar glauben, es macht Spaß, Ihren Hund Junge haben zu lassen, aber einen Wurf Welpen großzuziehen bedeutet finanziell, emotional und physisch eine Menge Aufwand! Machen Sie sich klar, dass ein einziger gesunder Wurf die folgenden Aufwendungen mit sich bringen kann:

- die tierärztliche Untersuchung der Mutter (um abzusichern, dass sie physisch in gutem Zustand und hinreichend geimpft ist und keinerlei angeborene oder erbliche Beeinträchtigungen hat)
- möglicherweise die Deckkosten für ein passendes Männchen
- Impfungen und Wurmkuren für den gesamten Wurf (mindestens für die erste Impfung)
- in den ersten zwei Wochen Nächte, in denen Sie alle ein bis zwei Stunden aufstehen müssen, um den Welpen die Flasche zu geben
- Ersatzmilch
- eine Wurfkiste
- Heizlampe und -decke
- den Besuch in der Notaufnahme, falls die Hündin einen Kaiserschnitt braucht (kostet im Schnitt mindestens 300 bis 500 Euro)
- die Anzeigenkosten für die Suche nach einem Zuhause für sämtliche Welpen

Da kann Ihre Kreditkartenwerbung noch so lange behaupten, mit ihr laufe das Leben leichter, oder sie vermöge so viel mehr zu bewegen als andere. »Es gibt Dinge, die kann man nicht kaufen«, das hier ist eins davon. Wichtiger noch: Denken Sie daran, dass Jahr für Jahr Millionen Haustiere die Tierheime füllen, weil sie kein Zuhause finden. Bedenken Sie all das bitte, bevor Sie dafür sorgen, dass Ihr Haustier sich fortpflanzt.

Wenn Sie noch immer das Wunder des Lebens erfahren möchten, so gäbe es auch noch ein paar andere »tierfreundliche« Optionen. Denken Sie etwa einmal darüber nach, eine schwangere Hündin aus dem Tierheim zu sich zu holen. Tierheime und Tierschutzorganisationen sind unablässig auf der Suche nach Pflegefamilien, die vierbeinigen Müttern kurz vor der Entbindung eine »natürlichere« Umgebung bieten. Auch in diesem Falle könnten Sie eine Hundegeburt im eigenen Haus verfolgen – wobei allerdings eine reelle Chance dafür besteht, dass Sie ausgerechnet an dem einen Abend, an dem Sie sich entschließen, doch mal ins Kino zu gehen, beim Nachhausekommen acht Welpen vorfinden werden!

 Warum haben Rüden Brustwarzen?

Brustdrüsen sind im Prinzip nichts anderes als umgebaute Talgdrüsen, die aus der Keimschicht der Epidermis hervorgehen. Klingt sexy, nicht? Während sich beim Menschen nur ein Paar Brustwarzen entwickelt, gibt es bei Hunden in der Regel fünf bis sechs Paare. Zu Beginn der Embryonalentwicklung, wenn sich die Grundausstattung an primären und sekundären Geschlechtsorganen ausbildet, sind diese eine gewisse Zeit lang noch bei Weibchen und Männchen gleich. Irgendwann übernehmen ein paar Geschlechtshormone das Regiment und verleihen den männlichen Geschlechtsteilen ihre Gestalt, nicht allerdings ohne eine Spur des frühen geschlechts-losen »Was-daraus-wohl-mal-wird«-Zustands zu hinterlas-sen: Brustwarzen. Männliche Brustwarzen sind also lediglich Überbleibsel, ohne weibliche Hormone bleiben sie funkti-onslos und erlangen nie die »sekretorischen« Fähigkeiten zur Freisetzung oder Produktion von Milch. Bei einem sterilisier-ten Weibchen sind immer noch Brustwarzen vorhanden, aber sie sind kleiner, intakte Weibchen haben im Vergleich dazu ei-niges mehr vorzuweisen. Klar, die mit mehr Hormonen haben auch mehr Busen, eine Tatsache, der sich, da bin ich sicher, die Männchen unserer eigenen Art nur allzu bewusst sind.

 Wie sieht eine läufige Hündin aus?

Sobald Leute herausfinden, wie ihre Hündin aussieht, wenn sie heiß ist, und wie sie sich »im Östrus« benimmt, wollen sie sie auf der Stelle sterilisiert haben. Und noch etwas: Es ist übrigens sehr viel teurer, Ihre Hündin sterilisieren zu las-sen, wenn sie läufig ist, und die Operation dauert länger, denn das Risiko, dass es zu unerwünschten Blutungen aus den dann stark erweiterten Blutgefäßen der Gebärmutter kommt, ist un-gleich höher. Mir haben Leute schon 130 Dollar für einen Be-such im Morgengrauen bezahlt, weil sie glaubten, Mimi habe Rückenprobleme, leide unter Schmerzen (weil sie unausge-setzt jaulte), permanent um Aufmerksamkeit bettelte und ständig ihren Rücken durchbog. Wenn Hündinnen in Hitze sind, sind sie oftmals viel verspielter und versuchen ständig, Rüden für sich zu interessieren. Wenn sie dann Ihnen oder einem Hund ihr Hinterteil mit hochgerecktem Schwanz entgegenstrecken, dann wollen sie vermutlich nicht nur spielen … sie wollen mehr! Frischgebackene Hundebesitzer bringen ihre Mimi womöglich auch, weil ihnen erst jetzt aufgeht, wie viel Blut sie verliert, wenn sie läufig ist. Überlegen Sie es sich gut, ob Sie sich ans Züchten wagen wollen, denn dann müssen Sie mit diesen kurzen, aber anstrengenden »Phasen« leben. Zum Glück kommt das bei Hunden nur ein paarmal im Jahr vor!

### Gibt es unter Hunden Samenspender?

Klar, gibt es die! Das Gebiet der künstlich manipulierten Fortpflanzung oder *Theriogenologie* ist ein hoch spezialisierter Wissenschaftszweig sowohl in der Großtier- (Pferde, Kühe), als auch in der Kleintiermedizin (Hunde, Katzen). So mancher Züchter bedient sich der künstlichen Besamung, um seinen nächsten Wurf auf den Weg zu bringen, und sucht sich anhand von Abstammung, Auszeichnungsnachweisen und Gesundheitszeugnissen genau aus, welches Samenröhrchen er haben will. Wenn er den Samenspender seiner Wahl gefunden hat, lässt der Züchter seine läufige Hündin mit dem Sperma künstlich besamen. Die Menge an Ejakulat, die nötig ist, um ein Weibchen zu befruchten, ist recht gering, sodass sich mit einer Spende mehrere Weibchen besamen lassen. Ein Schuss, viele Treffer, sozusagen.

### Brauchen Hündinnen Binden, wenn Sie heiß sind?

Wenn eine Hündin läufig ist, verliert sie ein paar Tage hindurch Blut, die Menge variiert je nach Größe von einigen wenigen Tropfen bis hin zu einer durchgehenden Blutspur. Manche Hündinnen pflegen sich besser als andere und halten sich während der Läufigkeit selbst sauber, indem sie sich ständig trocken lecken, sodass Sie so gut wie nichts davon bemerken. Wenn aber doch und Sie das Aussehen Ihres Wohnzimmerteppichs nicht eben begeistert (oder sich die Farbe des Bluts mit der der Vorhänge beißt), können Sie in der Tat in ihrer Zoohandlung Binden erstehen. Sie müssen nur wissen, dass es sich dabei nicht um die dezenten kleinen o.b.-Dinger handelt, sondern um aufgeplusterte ausladende Hundewindeln. Sie fanden es peinlich, Ihrer Frau Tampons aus dem Supermarkt mitzubringen? Das war ja noch gar nichts!

 Vertragen sich Hunde und Babys?

Ja, Hunde und Babys können miteinander auskommen, aber das hängt unter Umständen vom Temperament Ihres Hundes, seiner Eifersucht und seinem Bedürfnis nach Aufmerksamkeit ab. Ich rate Hundebesitzern grundsätzlich, ihren Hund sehr behutsam an das neugeborene Menschenkind zu gewöhnen. Ich habe zwar jede Menge Erfolgsstorys gehört, aber lassen Sie Ihren Hund trotzdem nicht unbeaufsichtigt mit Ihrem Kleinkind allein. Mag das Risiko auch gering sein, es einzugehen lohnt sich trotzdem nicht. Sie können übrigens während der Schwangerschaft (und bevor Sie Ihr Neugeborenes nach Hause holen) bereits einiges tun, um Ihrem Hund bei der Umgewöhnung zu helfen.

Fangen Sie damit an, dass Sie einige der Spielsachen und den Kinderwagen, den Sie benutzen werden, gut sichtbar ir-

gendwohin stellen. Lassen Sie die (nervige) Musik der Spiel-
uhren laufen, damit er sich an neue Geräusche gewöhnt.
Spielen Sie Videos mit Aufnahmen von weinenden Babys ab,
um ihn mit dem lauten Gejammer vertraut zu machen, das in
Bälde sein bis dahin so beschauliches Domizil durchdringen
wird. Es ist auch eine gute Idee, eine Windel oder eine Decke
ins Haus zu legen, an der der Geruch Ihres Babys haftet, bevor Sie das Kind aus der Klinik nach Hause bringen. Lassen
Sie Ihren Hund daran schnüffeln und den neuen Geruch er-
forschen. Das Wichtigste aber ist, dass Sie ihm dieselbe Aufmerksamkeit zuteil werden lassen wie immer, auch wenn Ihr
Baby dabei ist, sodass Ihr Hund lernt, mit den neuen Baby-
gerüchen Ruhe und Zufriedenheit zu assoziieren.

Eine Bemerkung am Rande: Achten Sie sorgsam darauf,
dass Ihr Heim baby- und hundesicher ist. Schnuller, mit Essensresten bekleckerte Lätzchen und Spielsachen eignen
sich prima zum Kauen (nein, das hat nichts mit Vergeltung
zu tun) und können Ihrem Hund in den Gedärmen stecken
bleiben. Haben Sie, wenn Ihr Kind älter wird und anfängt,
feste Nahrung zu sich zu nehmen, ein aufmerksames Auge
auf das Gewicht Ihres Hundes, denn er gewöhnt sich bestimmt rasch an, um den Hochstuhl herum den Cornflakes-
und Krümel-Staubsauger zu spielen. Achten Sie darauf, dass
Kindernahrung, die für Hunde toxisch sein kann (Trauben
und Rosinen zum Beispiel), nicht auf dem Fußboden lan-
det, wo er sie leicht ergattern kann. Wenn Ihr Kind anfängt
zu laufen, ist das eine gute Gelegenheit für Hund und Nachwuchs zu lernen, wie man miteinander spielt. Sorgen Sie nur
dafür, dass die beiden nicht unbeaufsichtigt sind. Unbedarftes

Ohr- oder Schwanzziehen kann zu üblen Reaktionen führen, Sie sollten also zugegen sein, um brenzlige Situationen zu entschärfen.

 Gibt es unter Welpen Inzest?

Da Hundegeschwister einander nicht ohne die Hilfe von Leuten, die mit Familienzusammenführungsshows ihr Geld verdienen, als solche erkennen können, kann es in der Tat zum Inzest kommen. Es gibt diesbezüglich unter Hunden keine Stigmatisierung und keine Gesetze, wie sie der Mensch sich gemacht hat. Ja, es kommt manchmal auch zur Paarung zwischen Mutter und Sohn oder Vater und Tochter. Lassen Sie mich an dieser Stelle nochmal darauf hinweisen, wie wichtig es ist, Haustiere zu kastrieren. Wenn Sie selbst züchten, geben Sie Obacht und verpaaren Sie mit Umsicht. Am Ende ist Ihr Hund sonst sein eigener Opa.

 Bekommt mein kastrierter Hund Erektionen? Warum sind die offenbar nur vom Zufall bestimmt?

Zu einer Erektion kommt es, wenn sich die Schwellkörper des Penis und der Eichelknoten mit Blut füllen. Das geschieht im Regelfalle in Reaktion auf das Hormon Testosteron. Beim Hund kann es auch zur Erektion kommen, wenn er aufgeregt oder glücklich ist (siehe Menschenmann als Parallele). Das führt auch zu einem Anschwellen der Bulbourethraldrüse, die die Größe einer Walnuss hat und auf der Unterseite des Penis sitzt. Mir ist es ein paarmal passiert, dass Hundebesitzer ihren Hund zu mir brachten, weil sich in Penisnähe eine ominöse Masse befand, und ich ihnen, nachdem sie 130 Dollar für einen Besuch in der Notaufnahme hingeblättert hatten, erklären musste – ohne dabei zu grinsen, versteht sich! –, dass ihr Hund schlicht eine Erektion gehabt hatte. Auch wenn es keiner Gesetzmäßigkeit gehorcht, es kann sein, dass Ihr Hund sich einfach nur »freut, Sie zu sehen!«.

🐾 Was passiert, wenn ein Testikelimplantat verschluckt wird?

Wie manch einer unter Ihnen vielleicht weiß, gibt es für kastrierte Hunde neuerdings künstliche Hoden zu erstehen. Auf diese Weise haben sie das Gefühl, dass ihre Hundemännlichkeit doch irgendwie erhalten bleibt. Ich sag's ja echt ungern, aber wenn der Einsatz von Steroiden beim Menschen uns eines gezeigt hat, dann dass Muskeln noch lange keine Männer machen. Aber jedem das Seine, und denjenigen, die ihrem Pluto ein bisschen prallen Prunk verleihen wollen, können wir entgegenkommen, indem wir durch denselben Schnitt, durch den wir bei einer Routinekastration die Hoden entfernen, ein medizinisch unbedenkliches Polypropylen- oder Silikonbällchen einsetzen. Heiße Sache das! Testikelimplantate gibt es in verschiedenen Formen und Größen und natürlich in jeweils anatomisch korrekter Ausführung. In Amerika hat man seit 1995 etwa 225 000 Haustieren solche Implantate eingesetzt, und die Firma (siehe Weiterführende Informationen), die sie herstellt, hat damit keinerlei Komplikationen erlebt. Auf ihrer Internetseite findet sich ein Größenschlüssel für Hodenimplantate. Im Idealfall wird man natürlich züchtungs-, art- und gewichtsgerechte Implantate einsetzen, also: Nein, Sie bekommen für Ihren Cockerspaniel keine Schäferhundtestikel. Schämen Sie sich!

Sie brauchen Implantate für eine Katze, ein Pferd oder einen Ochsen? Sagen Sie Ihrem Tierarzt einfach, ob Sie die festeren NeuticlesOriginal-, die etwas weicheren Neuticles-Natural- (plus anatomisch korrekt mitbaumelndem Nebenhoden) oder lieber Neuticles-UltraPlus-Hoden (so weich!) haben wollen. Der Prototyp NeuticlesOriginal ist steinhart, vielleicht sollten Sie ihn sicherheitshalber mal angrapschen, bevor Sie ihn Ihrem Hund einsetzen. Er soll damit ja schließlich nichts kaputtmachen.

Und sollten Pluto oder Sie mit den Implantaten nicht zufrieden sein, können Sie sie später wieder entfernen lassen, das macht allerdings eine weitere Operation samt Narkose erforderlich. Die Wahrscheinlichkeit, dass es durch die Implantate zu Komplikationen kommt, ist sehr gering, und hierzulande stehen für einen solchen Fall zwei Millionen Dollar an Garantie für die Produktverlässlichkeit im Hintergrund. Leider gibt es auf der Internetseite ein paar peinliche Tippfehler, ich bin also ein bisschen misstrauisch …

Zum Glück ist es sehr unwahrscheinlich, dass Pluto die Dinger verschluckt, es besteht also kaum die Gefahr, dass Sie in höchster Not in die Tierarztpraxis rennen und ausrufen müssen: »Mein Hund hat seinen Hoden verschluckt! Heißt das, er ist schwul?«

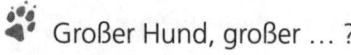 Können sich ein Chihuahua und eine Dänische Dogge paaren?

Was physisch machbar ist, ist physisch machbar. Was sonst soll ich dazu sagen?

Lassen Sie mich ein Beispiel schildern. Ich habe mal einer Hundebesitzerin nicht geglaubt, die mir erklärte, ihr kranker Dreißigkilohund sei in Wirklichkeit kein Pitbull, sondern eine Kreuzung aus Boston Terrier und Rottweiler. Ich lachte sie aus und erklärte kategorisch: »Nie und nimmer!« (In sehr professionellem Ton, versteht sich!) Am nächsten Tag brachte sie während der Sprechstunde die Mutter dieses Hundes, und man höre und staune, vor mir saß ein echt winziger Boston Terrier von knapp über sieben Kilo. Offenbar hatte sie Nachbars Rotti verführt, und die Besitzerin hatte den beiden bei der Paarung zugeschaut. Danach hatte sie beschlossen, einen der Welpen zu behalten. Nun bin ich nicht sicher, ob jener Boston Terrier zur Entbindung nicht einen Kaiserschnitt gebaucht hat, aber wie gesagt: Was physisch möglich ist, ist physisch möglich! Denken Sie nur daran, dass es stets sicherer ist, ein kleines Männchen mit einem großen Weibchen zu verpaaren, denn so senken Sie das Risiko, dass Mama einen Kaiserschnitt braucht.

Großer Hund, großer … ?

Nicht unbedingt – in diesem Falle gilt: Sie können ein Buch wirklich nicht nach seinem Deckel beurteilen. Im Studium waren wir einigermaßen entgeistert, als wir feststellen mussten, dass einer der in dieser Hinsicht am besten ausgestatteten Hunde tatsächlich der Beagle ist. Der Beagle? Nee, oder? Ich leide noch immer ein bisschen unter dem Trauma, das mir diese Zucht- und Samensammelstelle damals zugefügt hat, in der ich mehr Beagle-Zipfel zu sehen bekam, als ich je zugeben werde.

Im Vergleich zu einer Dänischen Dogge oder einem Weimaraner sind Beagles echte Kraftmaxen. Auch ist mir aufgefallen, dass einige der selteneren Jagdhundzüchtungen wie Weimaraner, Rhodesian Ridgeback und Vizslas zu den am kläglichsten ausgestatteten Existenzen der Caniden-Welt gehören. Höre ich da was von Kompensation?

##  Küssen Hunde?

Jeder Hundebesitzer wird Ihnen attestieren, dass Hunde leidenschaftlich gerne küssen – manche mehr als andere. Wenn Sie sich hin und wieder an einem Hundetreff aufhalten, wird Ihnen aufgefallen sein, dass manche Hunde andere Hunde am Maul lecken und dies eine Demutsgeste ist. Hunde tun das auch bei anderen Arten wie Katzen, Kindern und ihren erwachsenen menschlichen Besitzern, um ihre Zuneigung und Zuwendung zu dokumentieren. Es wird gemutmaßt, dass Küssen sich im Laufe der Evolution womöglich aus einem Verhaltensmuster entwickelt hat, das man bei Vögeln und Pinguinen heute noch beobachtet, Verhalten, das den jeweiligen Jungen Futter von den Eltern eingebracht hat. Auch Wölfe transportieren das erbeutete Aas in der Regel im Maul zu ihren bettelnden Jungen, würgen in manchen Fällen sogar Nahrung hoch. Es ist daher denkbar, dass sich das Verhalten, den Eltern »um den Bart zu gehen«, solchermaßen erhalten hat. Es könnte auch Ausdruck einer gewissen Referenz sein, die die Jungen ihren Eltern für die erhaltene Nahrung erweisen. Sowas von dankbaren, zugewandten und liebenswerten Kindern! Vielleicht könnten wir alle etwas von Hunden lernen …

 Schrumpft bei Hunden auch manchmal der Penis?

Ja. Glücklicherweise ist diese Frage nie in einer Fernsehshow gestellt worden, sonst hätte ich sie sicher um einiges öfter zu hören bekommen. Nicht, dass sie nicht schon häufiger im Raum gestanden hätte … und, wenn Ihnen das allein nicht seltsam genug vorkommt, dann stellen Sie sich vor, wie ich dem männlichen Besitzer erklären muss, dass die Säugetieranatomie quer durch die Arten doch sehr viel Ähnlichkeiten aufweist. Komplexe Gewebe, wie die des Penis, die sehr viel Blut führen können, schrumpfen in kaltem Wasser tatsächlich. Diese veränderte Durchblutung kann durch verschiedene Reize ausgelöst werden – durch Hormone, Erregung oder Temperaturänderungen. Nichts, was ein Kerl oder Hund hören will!

 Können Hunde Geschlechtskrankheiten bekommen?

Schäm dich, Strolchi! Hunde können in der Tat Geschlechtskrankheiten bekommen, es handelt sich dabei um das Sticker-Sarkom, einen sexuell übertragbaren bösartigen Tumor der äußeren Geschlechtsorgane, und die Hundebrucellose. Das

Sticker-Sarkom wird durch Lecken, Schnüffeln und den Geschlechtsverkehr zwischen Hunden übertragen. Klingt vertraut? Ich hoffe nicht! Diesen Tumor findet man am häufigsten in südlichen Ländern mit gemäßigtem Klima, in denen es größere Populationen von streunenden Hunden gibt. Im Falle einer Übertragung bildet sich ein Tumor an Penisspitze, Vorhaut, Vulva oder Vagina, in manchen Fällen auch im Maul. Obschon es sich technisch gesehen um einen Krebstumor handelt, ist die Krankheit trotzdem sexuell übertragbar, lässt sich aber erfolgreich behandeln. Das Sticker-Sarkom spricht gut auf eine Chemotherapie an, die Heilungsrate liegt bei über 90 Prozent. Und keine Sorge – Sie können sich nicht mit dem Sticker-Sarkom infizieren.

Die Hundebrucellose wird durch ein Bakterium namens *Brucella canis* verursacht und entweder bei der Paarung zwischen den Partnern oder über die Plazenta beziehungsweise bei der Geburt von der Mutter auf das Jungtier übertragen. Das Bakterium kann auch über Blut oder Urin weitergegeben werden, aber das kommt weniger häufig vor. In Abortgewebe finden sich oftmals große Mengen an B. canis, Sie sollten daher immer Handschuhe tragen, wenn Ihre Hündin wirft. Zu den Symptomen einer Hundebrucellose gehören bei Rüden geschwollene und entzündete Hoden, ein schmerzendes Skrotum und geschwollene Lymphknoten, bei Hündinnen führt die Infektion häufig zur Fehlgeburt. Behandelt wird über einen längeren Zeitraum mit Antibiotika wie hoch dosiertem Doxycyclin. Leider kann diese Krankheit auf den Menschen übertragen werden, am häufigsten geschieht dies beim Kontakt mit Abortgewebe von Hündinnen.

Können Sie sich Krankheiten zuziehen, wenn Sie
zulassen, dass Ihr Hund Sie »küsst«?

Wie Lucy von den Peanuts bestätigen kann, ist es nicht immer
angenehm, einen Schmatz von einem Hund zu bekommen.
Nur weil ich Tierärztin bin, heißt das noch lange nicht, dass
ich es schätze, wenn mir ein Hund einen Kuss auf den offenen
Mund verpassen will. Ich lasse vielleicht zu, dass JP mich ins
Gesicht stupst, aber ich würde mit ihm keinen Zungenkuss
tauschen. Igitt. Manchen Leuten macht das nichts aus, aber
na ja, jeder hat eben seine persönlichen Präferenzen.

Aber eigentlich lautete die Frage ja, ob Sie sich bei Ihrem Hund mit irgendetwas anstecken können? So Sie nicht
sehr jung oder sehr alt sind oder Ihr Immunsystem aus irgendwelchen Gründen geschwächt oder unterdrückt ist, ist
es unwahrscheinlich (obschon nicht unmöglich), dass Sie
sich irgendetwas Infektiöses aus dem Speichel Ihres Hundes
zuziehen – von einer Nase voll schlechtem Hundemaulge-
ruch einmal abgesehen. Hunde übertragen weder AIDS noch
Hepatitis noch irgendeine andere der verbreiteteren Krankheiten des Menschen. Aufgrund der munteren fäkal-oralen
Aktivitäten Ihres Vierbeiners (will sagen, der Prioritätenliste:
erst die Intimwäsche, dann das Gesicht meines Herrchens),
gibt es in der Tat gewisse Krankheiten, die übertragen werden *können* und vor denen Sie auf der Hut sein sollten. Kinder sind in dieser Hinsicht eher gefährdet, denn sie stecken
leichter ihre Finger in den Mund (und den ihres Hundes).

Spulwürmer können auf diese Weise vom Hund in den
Menschen gelangen, und das kann bei Kindern, wenn auch

in sehr seltenen Fällen, zur Erblindung führen, falls sich die Wurmlarven in die falschen Körperteile verirren. Das ist einer der Gründe dafür, dass Ihr Tierarzt im Verdachtsfall eine Stuhlprobe macht – um sicher zu sein, dass Plutos Wurmkur auch wirklich gewirkt hat. Andere Krankheiten wie die Leptospirose können ebenfalls auf diesem Weg übertragen werden, allerdings kommt das sehr selten vor. Verursacht wird die Krankheit durch Bakterien, die normalerweise in Ratten und Mäusen, einige Arten auch in Schweinen und Rindern vorhanden sind, und zum Beispiel über kontaminiertes Trinkwasser in Ihren Vierbeiner gelangen können. Und schließlich ist es bei Parasitenerkrankungen wie Toxoplasmose, Giardiasis (Lambliasis), Kryptosporidiose und Leishmaniose ebenfalls möglich, dass sie durch Hundespeichel übertragen werden, auch dies kommt sehr selten vor.[4]

Wenn Sie mehr über das Thema wissen möchten, können Sie sich zum Beispiel auf den Internetseiten des öffentlichen Gesundheitswesen informieren, beispielsweise bieten die Landesgesundheitsämter und die Landesämter für Verbraucherschutz und Lebensmittelsicherheit ausführliche Informationen über Zoonosen, also über Krankheiten, die von Tier zu Mensch (und umgekehrt) übertragbar sind. Als Hundebesitzer können Sie ein paar sehr einfache Maßnahmen treffen, um die Risiken der Übertragung von Krankheiten zu verringern. Erstens: Fragen Sie Ihren Tierarzt nach regelmäßigen Wurmkuren (empfohlen wird viermal im Jahr) oder nach der regelmäßigen Untersuchung von Stuhlproben auf Wurmlarven. Denken Sie über die Verwendung von Floh- und Zeckenschutzmitteln wie Spot-on-Lösungen nach und suchen Sie, je nachdem, wo Sie wohnen, Ihren Hund regelmäßig nach Parasiten ab. Denken Sie auch an die Risiken, die sich aus der Ernährung Ihres Lieblings ergeben. Wenn Sie ihm Rohfleisch füttern, besteht ein weit höheres Risiko für Salmonellen-Infektionen oder andere bakterielle Erkrankungen, die auch auf den Menschen übertragen werden können. Achten Sie darauf, dass Sie zu Hause im eigenen Garten und unterwegs im Park den Kot Ihres Vierbeiners entfernen. Wenn Sie jemanden treffen, der das nicht tut, sollten Sie ihm mit einem gewinnenden Lächeln eine Tüte anbieten: »Oh, Sie brauchen eine Tüte?« (An der amerikanischen Ostküste klang das eher wie: »Hey, du Depp, nimm deine Hundescheiße mit!«, aber ich habe rasch festgestellt, dass die freundliche Minnesotamasche im Allgemeinen sehr viel besser ankommt.) Und schließlich: Gewöhnen Sie Ihren Kindern und sich selbst an, sich die Hände zu waschen, nachdem Sie im Garten gearbeitet, irgendwo im Dreck gewühlt, Tiere gestreichelt oder im Sandkasten gespielt haben. Als Letztes: Praktizieren Sie im Umgang mit Fleur sichere Kussgepflogenheiten und schließen Sie immer den Mund! Wer weiß, vielleicht fangen Freunde und Familienangehörige ja sogar an, Sie wieder einzuladen.

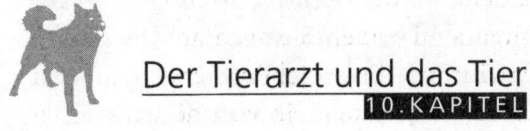

# Der Tierarzt und das Tier
## 10. KAPITEL

Ahhh, da ist sie, die 64 000-Euro-Frage. Na ja, für mich wenigstens. Wie oft muss Ihr Tier wirklich zum Tierarzt? Dieses Kapitel wird sich mit ein paar Fragen befassen, die viele Leute ehrlich gerne beantwortet hätten, sich aber häufig nicht zu stellen trauen. Wird Zeit, dass wir uns ein paar davon vornehmen, oder? Finden Sie heraus, ob Sie das Zeckenhalsband Ihres Hundes beim Wandern selbst verwenden können, oder ob er den Borreliose-Impfstoff wirklich braucht. Was sind die Nebenwirkungen von Impfstoffen, und wie oft sollten Sie impfen? Lesen Sie, was Tierärzte wirklich tun, wenn sie Ihren Flocki mit nach hinten nehmen.

Dieses Kapitel wird Sie auch darüber aufklären, wie man Tierarzt wird, und Sie hinter die Kulissen der sieben bis dreizehn Jahre Ausbildung führen, die es Ihren Tierarzt gekostet hat, herauszufinden, warum Ihr Hund sich die Genitalien leckt. Stimmt es, dass es schwerer ist, an einen Studienplatz für Tiermedizin als an einen für Humanmedizin heranzukommen? In Amerika sind gegenwärtig über 70 Prozent der Absolventen Frauen.[1] Warum? Vor allem aber: Finden Sie heraus, was Ihr Tierarzt von einem gescheiten Verbraucher und Tierbesitzer erwartet. Lernen Sie, welche Fragen Sie stellen müssen, um zu gewährleisten, dass Ihr vierbeiniges Familienmitglied in den bestmöglichen Händen ist. Es kommt nicht alle Tage vor, dass ein Tierarzt Ihnen ehrliche Ratschläge zu Ihrem Hund und seiner Gesundheit erteilt! Sie können es sich nicht leisten, diese in den Wind zu schlagen!

 Was tut Ihr Tierarzt wirklich, wenn er Sie hinausschickt?

Seit meinem achten Lebensjahr wollte ich Tierärztin werden. Ich habe meinen Pekinesen Yi-Nian (der Name kommt aus dem Chinesischen und bedeutet: »bester Freund des Menschen«) heiß und innig geliebt und fand es toll, wenn ich ihn zum Tierarzt bringen konnte, weil ich dabei immer etwas Neues lernte. Gehasst habe ich es dagegen, wenn es hieß: »Wir nehmen ihn kurz mit nach hinten und sind gleich wieder da!« Ich dachte: Was genau machen die da? Was passiert mit ihm? Warum jault mein Hund?

Jeder Tierarzt wird da seine eigenen Gewohnheiten haben. Grundsätzlich ist es bei uns so, dass, wenn wir Ihnen den gefürchteten Satz vom Hinterzimmer servieren, dies zu Ihrem eigenen Besten geschieht. Vielleicht hat Pluto nach uns geschnappt, als wir versucht haben, ihn zu impfen oder eine Rektaluntersuchung bei ihm durchzuführen, also nehmen wir ihn mit nach hinten, wo wir ihn vernünftig ruhigstellen können. Wir tun ihm dabei kein bisschen weh, aber es kann schon sein, dass Sie sich aufregen, wenn Sie Pluto in seiner Bewegungsfreiheit eingeschränkt sehen, und außerdem wird Pluto sich womöglich noch mehr aufregen und außer sich sein, wenn Sie bei ihm sind. Er wird nicht verstehen, dass Sie ihm nicht zu Hilfe kommen und glauben, mit Ihnen stimme etwas nicht. Schlimmer noch: Es kann passieren, dass Pluto sein Ungemach mit Ihrer Person assoziiert, und das ist das Letzte, was Sie brauchen können. Überlassen Sie uns die Rolle des Bösen, wir spielen sie aus Liebe.

Muss ich meinem Hund wirklich prophylaktisch Medikamente zur Herzwurmbehandlung verabreichen, wenn ich mit ihm ans Mittelmeer fahre?

Herzwürmer ein Insiderscherz von Tierärzten? Bewahre! So herzlos sind wir nicht – nur herzwurmlos wären wir gerne! Wir bewahren Ihren Hund vor einem zerstörerischen kleinen Wurm (*Dirofilaria immitis*), der in erster Linie von Stechmücken übertragen wird. (Bösartige Kreaturen!) Dieser kleine Wurm siedelt sich in den Blutgefäßen von Lunge und Herz an und verursacht ernste, potentiell lebensbedrohliche Komplikationen. Dort, wo wie im Mittelmeerraum die Überträgerstechmücken häufig sind, ist Ihr Hund gefährdet, vor allem dann, wenn er viel Zeit im Freien verbringt. Zu den klinischen Symptomen einer Herzwurmerkrankung gehören Husten, schnelles Ermüden bei Anstrengungen, Gewichtsverlust, Ohnmachtsanfälle und Bauchwassersucht (als Ausdruck eines Versagens der rechten Herzhälfte).

Glücklicherweise ist der Schutz vor dieser Krankheit heute kein Problem mehr – Ihr Hund muss lediglich einmal im Monat eine Tablette mit Rindfleischgeschmack nehmen, um sämtliche Mikrofilarien abzutöten, bevor sie sich zu Makrofilarien entwickeln können. Bevor Sie mit dieser leckeren all-monatlichen Leckerei anfangen, muss Ihr Hund nachweis-lich filarienfrei sein, denn wenn er bereits infiziert ist, kann das Mittel bei ihm einen anaphylaktischen Schock und sei-nen plötzlichen Tod heraufbeschwören. Und dann fangen Sie an, Stechmücken *wirklich* aufrichtig zu hassen.

 Werden Tierärzte oft von Tieren gebissen?

Während meiner Assistenzzeit am Angell Memorial Ani-mal Hospital in Boston ist mir oft aufgefallen, dass Leute auf meine Handgelenke geschielt haben. Meine Arme sa-hen aus, als wären sie mit dem Rasiermesser traktiert worden (das Tierarztstudium war echt kein Zuckerschlecken, aber so schlimm war es auch wieder nicht), in den meisten Fäl-len ging das auf das Konto diverser Katzenkrallen. Leider ist gekratzt und gebissen werden schlicht eine Nebenerschei-nung unseres Betätigungsfelds (genauso wie angepinkelt und vollgekotet zu werden). Weil Hunde und Katzen nicht ka-pieren, warum wir sie in ihrer Bewegungsfreiheit einschrän-ken, wehren sie sich häufig mit Zähnen und Klauen, wie es der Herr ihnen eingegeben hat. Zum Glück habe ich seither gelernt, Tiermedizin auf klügere und weniger stressbelastete Art zu praktizieren. Ich befleißige mich der Ruhigstellung nach dem Motto: »Besser leben mit Chemie.« Heutzutage erledigen meine Assistenten das Ruhigstellen, ich selbst grei-fe zum Beruhigungsmittel, um das Ganze für die Gestörten am Set (das sind Sie und Ihr Hund) weniger belastend zu machen, und trainiere Abend für Abend meine Ninja-Qualitäten vor dem Spiegel, um schnellere Reflexe zu entwickeln. Sollten Sie mir allerdings helfen wollen, so gibt es Beruhigungsmittel in Tablettenform, die Sie Ihrem Nervenbündel ein bis zwei Stunden, bevor Sie ihn uns bringen, eintrichtern können. Ich garantiere Ihnen, dass Ihr Tierarzt, seine Belegschaft und Ihr bis zum Anschlag zugedröhnter Wauwau das zu schätzen wissen werden!

 Kriegen Tierärzte Flöhe?

Haben Sie sich je gefragt, warum Ihr Tierarzt bei der Arbeit Kittel oder Klinikkleidung statt schicker Klamotten trägt? Klar, die Kittel passen wunderbar zu unserer Augenfarbe und säen Furcht in jedes Hundeherz, aber sie sorgen auch dafür, dass wir keine Parasiten und Infektionen mit nach Hause nehmen. Abends ziehen wir unsere Kluft aus und hoffen zuversichtlich, dass wir damit auch alle Flöhe von uns schütteln. Sie bedeutet auch, dass wir keine Exkremente welcher Art auch immer und keine infektiösen Viren zu unseren eigenen Haustieren mitbringen. Tierärzte haben es insofern gut, als das Risiko für Infektionskrankheiten bei Hunden sehr viel geringer ist als bei Menschen – ich muss mich nicht so sehr sorgen, wenn ich aus Versehen eine Nadel abbekomme oder Hundeblut in meine Katzenkratzspuren gerät. Natürlich kann man nicht ganz sorglos sein – zu den übertragbaren Krankheiten gehören solche Kostbarkeiten wie Leptospirose, Ringelflechte, Parasiten, Milben, Flöhe, Zecken und noch ein paar andere lustige Heimsuchungen. Maßnahmen wie das Desinfizieren des Stethoskops oder mehrere Klinikanzüge zum Wechseln helfen uns, einen Gutteil dieser Infektionsgefahren zu umschiffen. Das Einzige, was wir tatsächlich manchmal mit nach Hause bringen, ist der Geruch, weshalb ich auch darauf verzichte, mich nach Dienstschluss in Schale zu werfen und mit Jeans und Sweatshirt vorliebnehme. An meinem vierundzwanzigsten Geburtstag erklärte mir meine Mutter freundlich, aber bestimmt, dass ich bestimmt »längst einen Mann hätte«, wenn ich es nur fertigbekäme, weniger Fleece und Flanell zu tragen. Ihre Fürsorge kennt keine Grenzen. Das Gute ist: Wenn Sie mir etwas Schickes zum Anziehen kaufen will, komme ich noch heute mit der Lieblingsentschuldigung jedes Pennälers durch: »Aber ich werde es nur einsauen!« Dieser Job hat definitiv auch seine Vorteile!

 Was ist ein Fachtierarzt?

Um Tierarzt zu werden, muss man zunächst innerhalb des Grundstudiums eine naturwissenschaftlich orientierte Sammlung von Kursen absolvieren (unter anderem in Zoologie, Botanik, Chemie, Biochemie und Physik), es folgt ein anatomisch-physiologischer Ausbildungsteil (unter anderem in Anatomie, Histologie, Physiologie, Tierzucht und Genetik), begleitet wird das Studium von verschiedenen kürzeren Praktika und mehreren Prüfungen, vor dem letzten Teil der Tiermedizinischen Prüfung gibt es noch ein mehrmonatiges Praktikum, dann ist man Tierarzt.

In Deutschland waren zum Ende 2007 laut Statistik der Bundestierärztekammer 11 442 praktizierende Veterinärmediziner in Einzel- und Gemeinschaftspraxen registriert, dazu kommt noch ein ähnlich hoher Anteil an Tierärzten in verschiedenen öffentlichen Institutionen und der Industrie, insgesamt wurde die Zahl aller tierärztlich Tätigen Ende 2007 mit 24 172 angegeben, darunter befanden sich 8840 Fachtierärzte.[2]

Ein Fachtierarzt ist jemand, der das gesamte Studium absolviert und anschließend fünf Jahre an einer Klinik oder einem Institut praktiziert hat. Es gibt eine Fülle von veterinärmedizinischen Fachgebieten, unter anderem Tierkardiologie, Innere Medizin, Chirurgie, Tierernährung, Epidemiologie, Parasitologie, Radiologie, Tierhygiene, Verhaltenskunde, Reproduktionsmedizin, Pharmakologie und Toxikologie, Tierzucht und Biotechnologie, Versuchstierkunde, sowie Fachärzte für verschiedene Tiergruppen – Pferde, Schweine Hühner, Klein- und Heimtiere etc. Wenn Ihr Hund unter fortgeschrittenem Nierenversagen leidet, ist unter Umständen ein Besuch bei einem Fachtierarzt für Innere Medizin angezeigt. Besteht der Verdacht auf einen Knochenbruch, muss er vielleicht von einem Radiologen geröntgt werden. In der Regel wird Ihr Tierarzt Sie an einen Fachtierarzt überweisen.

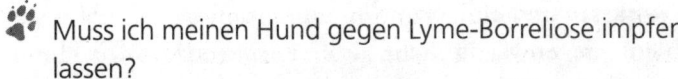 Muss ich meinen Hund gegen Lyme-Borreliose impfen lassen?

Die Borreliose verdankt ihren Namen dem Bakterium *Borrelia burgdorferi* (verschiedene Arten von Borrelien sind Erreger einer Reihe von schubweise verlaufenden Krankheiten, die unter der Bezeichnung Rückfallfieber bekannt sind), und wurde in der Stadt Old Lyme im amerikanischen Bundesstaat Ohio erstmals beschrieben. Die Leute, die dort wohnen, hätten sicher nichts dagegen, den Namensteil Lyme aus der Bezeichnung herauszuhalten – er macht sich als Werbung nicht allzu gut. Die Lyme-Borreliose äußert sich in Lähmungserscheinungen, Gelenkschwellungen, manchmal auch lebensbedrohlichen Nierenstörungen (Lyme-Nephropathie). Der Verlauf dieser Nierenerkrankung ist furchterregend: Über die Nieren wird zu viel Eiweiß ausgeschieden, irgendwann versagen sie ganz den Dienst, und das äußert sich in fortschreitendem Gewichtsverlust, übermäßigem Wasserlassen, permanentem Durst, stark verdünntem Urin, Anämie, Erbrechen und hohem Blutdruck. Da es zahlreiche andere Krankheiten gibt – unter anderem auch solche, die von Zecken übertragen werden (darunter Rickettiosen wie das Rocky Mountain Spotted Feaver RMSF), Störungen des Immunsystems und sogar manche Tumorerkrankungen, die in ihrer Symptomatik der Lyme-Borreliose ähneln, ist es wichtig, der weiteren Abklärung halber so rasch wie möglich den Tierarzt aufzusuchen.

Wie also hindern Sie Ihren Hund daran, so etwas zu bekommen? Da der Borreliose-Impfstoff nicht zu hundert Prozent wirksam und einigermaßen umstritten ist, plädieren die Fachleute gegenwärtig nicht für eine Impfung, so Ihr Hund nicht den ganzen Sommer hindurch *völlig* von Zecken übersät ist. Der alte Borreliose-Impfstoff hat bei manchen Hunden eine milde Verlaufsform der Lyme-Borreliose hervorgerufen, und es hat sich gezeigt, dass es bei manchen geimpften

Hunden zu einer noch schwereren Immunreaktion der Nieren (einer Glomerulonephritis) kommen kann, wenn sie sich die Infektion schließlich doch noch zuziehen. Ich plädiere daher im Allgemeinen eher dafür, statt zu impfen, dem Hund eine Zecken- und Flohprophylaxe zu verabreichen. Der von vielen Tierärzten verordnete Wirkstoff Fipronil (Frontline) hat sich als sehr wirksam erwiesen, wenn man ihn monatlich als Tinktur oder Spray anwendet. Ursprünglich hatte man angenommen, die Wirkung würde nach jeder Anwendung drei Monate anhalten, aber davon ist man abgekommen. Wenn Sie in einer Region leben, in der das Risiko besonders hoch ist (in Lyme, Connecticut zum Beispiel, und so ziemlich überall in Europa), würde ich empfehlen, Fipronil und ein vom Tierarzt verschriebenes Zeckenhalsband mit dem Wirkstoff Amitraz zusammen zu verwenden. Es handelt sich bei den beiden Wirkstoffen um die am besten untersuchten Präparate zur Parasitenprophylaxe, und im Doppelpack sind sie kaum zu schlagen. Von frei verkäuflichen Zecken- und Flohhalsbändern rate ich eher ab, denn sie verhindern den Befall nur in Bellos Halsregion. Sparen Sie das Geld.

 Sollte ich mir eine Hundekrankenversicherung zulegen?

Die Krankenversicherung für Tierarztkosten hat in den letzten zehn Jahren entschieden an Popularität gewonnen, in den Vereinigten Staaten gibt es sie seit dreißig Jahren. In Amerika hat weniger als ein Prozent der Tierhalter eine Haustierversicherung. In Anbetracht dessen, dass 15 bis 20 Prozent aller Amerikaner selbst keine Krankenversicherung haben, sollte einen das nicht allzu sehr verwundern. In jüngster Zeit erfreut sich eine Versicherung für Haustiere allerdings wachsender Beliebtheit.

Eine solche Versicherung ist nicht allzu teuer, im Durchschnitt kostet sie einen Euro pro Tag und wird von so ziemlich jedem Tierarzt akzeptiert. Wenn Sie mehrere Tiere haben, bekommen Sie in der Regel für jedes weitere Tier einen Rabatt. Da diese Versicherungen die Drittpartei repräsentieren, müssen Sie die Tierarztrechnung zunächst vorstrecken und die Versicherung später um Rückerstattung ersuchen. Manche Versicherungen übernehmen allerdings nur einen Teil der Kosten, ein sorgfältiger Vergleich der Anbieter ist daher angebracht. So gibt es Versicherer, die nur die Impfungen und gewisse chirurgische Eingriffe zahlen, nicht aber die Folgen von angeborenen oder ererbten Krankheiten. Mit anderen Worten, wenn Sie einen Deutschen Schäferhund besitzen, der bekanntermaßen eine Veranlagung zu Bauchspeicheldrüsenproblemen oder einer Hüftgelenksdysplasie hat, werden diese beiden Gesundheitsprobleme nicht von der Versicherung übernommen. Andererseits ist so eine Versicherung natürlich überaus hilfreich, wenn Lazy eine Bierdose am Stück verschluckt hat und eine Magenoperation unumgänglich oder wenn er angefahren worden ist. Da Hundekrankenkassen irgendeine Summe zwischen zehn und 90 Prozent der Kosten (abzüglich einer gewissen Selbstbeteiligung pro Fall) übernehmen, zahlt es sich unter Umständen aus, wenn Lazy nicht allzu häufig in Schwierigkeiten gerät. Oder es könnte billiger für Sie sein, einen Zaun zu errichten. Oder Fiffi einen Helm zu besorgen. Wie dem auch sei, veterinärmedizinische Behandlungen können verflixt teuer sein, also ist eine Hundeversicherung sicher eine Überlegung wert, liebe Hundehalter.

 Hat mein Tierarzt eine abartige Vorliebe für Hundekot?

Tierärzte nehmen aus verschiedenen Gründen Stuhlproben: Wenn Schmuddel-Smutje (a) mit Vorliebe Kadaver frisst oder Kleinnager fängt, (b) klinische Symptome wie Erbrechen oder Durchfall zeigt, (c) Flöhe hat oder hatte (die unter anderem Bandwürmer übertragen, deren Vorhandensein man am Auftauchen kleiner, reiskornähnlicher Wurmglieder rings um den After erkennt), (d) mit Kindern in Kontakt kommt und/oder (e) anfängt, Gewicht zu verlieren, plädieren wir für Kotproben, um auszuschließen, dass er irgendwelche Magen-Darm-Parasiten hat. Bekommt Schmuddel-Smutje ohnehin eine Herzwurmprophylaxe, sind Darmparasiten häufig kein so großes Thema mehr (je nachdem, welches Präparat Sie benutzen). Darmparasiten können auf den Menschen übertragen werden – zum Beispiel, wenn Ihr Kind versehentlich mit Smutjes bandwurmverseuchtem Kot in Berührung kommt und dann etwas isst, ohne sich vorher die Hände zu waschen. Der Befall mit solchen Parasiten kann bei Ihrem zweibeinigen Kind schlimme Folgen haben – Haut- oder Darmbefall, im Extremfall Blindheit. Wenn Ihr Hund irgendwelche verdächtigen Krankheitssymptome zeigt, bringen Sie ihn daher im Zweifelsfalle zu uns, damit wir seinen Kot untersuchen können.

Kann man einem Tierarzt vertrauen, der selbst keine Tiere besitzt?

Würden Sie einem Koch trauen, der nicht isst, was er zubereitet hat? Wie kann man da also einem Tierarzt trauen, der selbst keine Haustiere hält? Wie steht es mit einem Kinderarzt, der keine Kinder hat? Ich stelle mich hier auf einen sehr umstrittenen Standpunkt und behaupte einfach, dass Sie vorsichtig sein sollten. Ich habe das Gefühl, dass jemand besser mit Ihnen fühlen kann, der wirklich weiß, was Sie gerade durchmachen.

Verstehen Sie mich nicht falsch – es gibt tolle Tierärzte, die vielleicht deshalb keine Tiere halten, weil sie viel unterwegs sind oder täglich zu lange arbeiten müssen, um sich angemessen um einen Hund kümmern zu können. Aber wenn Sie genauer nachfragen, stellen Sie meist fest, dass sie einen Freund oder eine Freundin haben, die ein Haustier hält. Andernfalls kann es Ihnen passieren, dass Sie sich in den Händen eines Tierarztes wiederfinden, der Tiere nicht leiden kann. Obwohl das eher selten ist, kann ich Ihnen garantieren, dass Ihr bepelzter Gefährte von einem verbitterten Zeitgenossen, der seine Arbeit nicht liebt, nicht dasselbe Maß an liebevoller Zuwendung erfahren wird.

Warum belegen Tierärztinnen laut *Freakonomics* bei
den meistbegehrten Internetflirts einen der drei ersten
Plätze?

Beim Lesen des Bestsellers *Freakonomics* habe ich mit freu-
diger Überraschung zur Kenntnis genommen, dass Levin und
Dubner bei den begehrtesten Online-Datern Tierärztinnen
unter den ersten drei aufgeführt haben.[3] Mein Freund war
nicht übermäßig angetan, als ich ihm eine Kopie der Seite
zugeschickt habe, aber ich hielt es für wichtig, dass auch ihm
klarwurde, was doch wirklich auf der Hand liegt: Wir sind
heiße Nummern! (Warum um alles in der Welt muss ich Sie
daran erinnern?)

Männer sind in der Regel der »Hundetyp«, der mit Attila
am liebsten herumrauft und ein Faible für einige der Hobbys hat, die das Halten von Hunden zwangsläufig so mit
sich bringt: Wandern und Draußensein zum Beispiel; Männer unterliegen jedoch oftmals der irrigen Vorstellung, dass
Frauen ein Haustier nur wollen, damit sie es bürsten und
ihm Schleifchen ins Fell binden können. Tierärztinnen aber
durchbrechen dieses Stereotyp – die Kerle wissen, dass wir
vermutlich eine größere Toleranzschwelle für Schmuddeligkeit, Haare, Gesabber und Dreck haben. Angenommen, dass
Männern vielleicht klar ist, dass sie einiges mit Hunden ge-
meinsam haben (Schmuddeligkeit, Haare, Gesabber, Dreck
und natürlich Anhänglichkeit), was läge da näher, als bereitwillig auf diesen Zug aufzuspringen? In Amerika sind gegenwärtig 73, Deutschland mehr als 80 Prozent aller Studenten
der Tiermedizin weiblichen Geschlechts, etwa 50 Prozent

aller praktizierenden Tierärzte ebenfalls.[4] Wenn ich mal zu einer sehr groben Verallgemeinerung greifen darf: Tierärztinnen sind hart arbeitende, ziemlich analfixierte, wetterfeste Tierliebhaberinnen, dazu gescheit und wohlgerundet. Nun kommt schon, Jungs – was wollt Ihr noch?

🐾 Welches sind die Top Ten unter den Gründen für einen Tierarztbesuch?

Laut einer amerikanischen Krankenversicherung für Hunde betreffen die am häufigsten eingereichten Forderungen für Tierarztbesuche:

1. allergische Hautreaktionen
2. Ohrinfektionen
3. Magenprobleme
4. Blaseninfektionen
5. gutartige Tumore
6. degenerative Arthritis
7. Verstauchungen und Zerrungen
8. Augeninfektionen
9. entzündliche Darmerkrankungen
10. Schilddrüsenunterfunktion

Man erinnere sich, dass weniger als ein Prozent aller amerikanischen Tierhalter eine Haustierversicherung hat, daher ist diese Population sicher nicht repräsentativ. Als Tierärztin, die lange in der Allgemeinpraxis gearbeitet hat, würde ich allerdings sagen, dass die Aufzählung ziemlich realitätsnah wirkt.

Stimmt es, dass man schwerer an einer tierärztlichen Hochschule genommen wird als an einer Hochschule für Humanmedizin?

Da es in den meisten Ländern weit weniger Tierärztliche Hochschulen als Hochschulen für Humanmedizin gibt, könnte man annehmen, dass um die Studienplätze in Tiermedizin mehr Konkurrenz herrschen sollte. Andererseits bewerben sich – woran auch immer das liegen mag –, vielleicht an der Macht, dem Ruhm und Gehalt eines Humanmediziners, weit mehr Leute für das Studium der Humanmedizin als für das der Veterinärmedizin. Nicht, dass ich mich darüber beklagen würde – so bleibt mein Job sicher! Andererseits gibt es so gut wie überall Aufnahmeverfahren für das Tiermedizinstudium. Also, ich würde sagen, ja, es ist nicht ganz einfach, angenommen zu werden, aber das hat nicht notwendigerweise damit zu tun, dass sich die Anforderungen in beiden Studiengängen so sehr unterscheiden würden. Wenn wir schon dabei sind, sollte auch gesagt werden, dass die Ausbildung zum Tierarzt fast genauso lange dauert wie die zum Humanmediziner.

Wenn es Sie immer noch interessiert, wie man Tierarzt wird, lesen Sie weiter! Um Tierarzt zu werden, muss man zunächst ein naturwissenschaftliches Grundstudium absolvieren (unter anderem in Zoologie, Botanik, Chemie, Biochemie und Physik), daran schließt sich ein anatomisch-physiologischer Ausbildungsteil (Anatomie, Histologie, Physiologie, Tierzucht und Genetik), daneben gilt es verschiedene Praktika und mehrere Prüfungen abzuleisten, am Ende noch ein mehrmonatiges Praktikum, danach der letzte Teil der Tiermedizinischen Prüfung, und schon ist man Tierarzt. Danach kann man, wenn man will, sofort praktizieren, 50 bis 60 Prozent aller Absolventen tun das, andere gehen an Hochschulen, Ämter, Institute oder in die Industrie und zehn bis 20 Prozent entscheiden sich für eine Facharztausbildung von nochmals fünf Jahren. Während also so manches siebenjährige kleine Mädchen davon träumen mag, Tierärztin zu werden, kann es doch sehr gut sein, dass es den Traum aufgibt, wenn ihm aufgeht, dass das mindestens sieben Jahre Plackerei und Hysterie bedeutet. Nur diejenigen, die wirklich ihr Herzblut hineinhängen, stehen es durch, im Grunde ist es das, was unseren Beruf kompetitiv hält.

### 🐾 Warum gibt es so viele Tierärztinnen?

Früher (bis Ende der Siebzigerjahre) war Tiermedizin eine zu 90 Prozent von Männern eingeschlagene Laufbahn. Das ist nicht allzu erstaunlich, denn damals wirkte all das noch ein bisschen wie eine reine Männerwelt. Es war seinerzeit nicht einfach, als Frau in der Tiermedizin Fuß zu fassen. Seither ist die Tiermedizin unbestreitbar zunehmend frauenfreundlicher geworden, und es haben sich neue Chancen für Frauen ergeben. Ich persönlich glaube, dass Unmengen pferdevernarrter, stofftierverliebter kleiner Mädchen mit dem Wunsch aufwachsen, Tierärztin zu werden (bis sie herausfinden, wie viele Jahre sie dafür auf die Schule gehen, oder dass sie gelegentlich Tiere werden töten müssen), es überrascht mich daher nicht, dass das Gebiet einen so starken Frauenzustrom erlebt hat. Obwohl sich diese Geschlechterschere in der Humanmedizin weit weniger drastisch darstellt, lässt sich immer noch mutmaßen, dass all das damit zu tun hat, dass Frauen von Natur aus mitfühlender und fürsorglicher sind als Männer und daher einen natürlichen Hang dazu haben, Tieren helfen zu wollen. Zumindest ist es das, was wir Frauen gerne glauben.

Haben Tierärzte etwas dagegen, wenn sie sich anhören müssen: »Ich wollte immer Tierarzt werden, aber ich konnte einfach nicht damit umgehen, dass ich dabei Tiere töten muss?«

Ja. Erstaunlicherweise ist das auch nicht der Grund dafür, dass wir Tierärzte werden wollten. Ehrlich.

Ich mag meinen Tierarzt lieber als meinen Hausarzt. Kann nicht er mich behandeln?

Die Frage mag einem Tierarzt zwar schmeicheln, aber ich will Ihnen ein Insider-Geheimnis verraten: Ganz tief innen drin ekeln wir uns vor »Menschlichem«. Wenn unsereiner an Erbrochenes, Kot und Fruchtwasser der Katzen und Hunde seiner Kundschaft denkt, hat das alles seine Ordnung. Aber zeigen Sie uns auch nur einen Popel von einem Menschen … Ihhh! Vielleicht ist es einfach so, dass uns so was zu sehr an uns selbst gemahnt, aber viele von uns fühlen sich nun einmal von menschlichen Körperflüssigkeiten insgeheim abgestoßen. Zum Glück ist das alles gar kein Thema, weil Tierärzte Menschen von Gesetzes wegen ohnehin nicht behandeln dürfen. Klar, Ihr Tierarzt beherrscht den Heimlich-Handgriff, Erste Hilfe und Wiederbelebung nach dem Nothilfe-Protokoll genauso wie jeder andere Laie unterwegs. Aber der Staat gestattet es nicht, dass er zum Beispiel Ihrem Kind auf die Welt hilft. Stellen Sie sich das mal vor! Genauso kann Ihr Hausarzt auch keine Operationen, ja nicht einmal die routinemäßige Gesundheitsvorsorge bei Ihrem Haustier durchführen, fragen Sie ihn also lieber nicht!

 Bekommen Sie auch Fälle von Tiermisshandlung zu sehen?

Ich fürchte, ja, und es gehört zu den herzzerreißendsten Dingen, die einem in diesem Beruf passieren können. Leider können Hunde und Katzen sich ihre Besitzer nicht selbst aussuchen, und manche ziehen echt das schlimmste Los. Das Interessante ist, dass Sie nicht immer auf den ersten Blick sagen können, wie ein Halter veranlagt ist. Ich hatte Fälle, in denen die Leute völlig »normal«, fast schon wie Yuppies aussahen und unablässig Tausende von Dollars hinblättern mussten, um die Frakturen, Milzrisse, inneren Blutungen oder Knochenbrüche ihrer Tiere behandeln zu lassen. Es dauert nicht lange, bis die Alarmglocke schrillt.

Fälle von Tiermisshandlungen sind kompliziert. Je nachdem, wo Sie leben, kann es sein, dass Tierärzte verpflichtet sind, einen Verstoß gegen das Tierschutzgesetz zu melden, in anderen Staaten ist dem nicht so. In manchen Fällen sind die Lebenspartner des Halters die Misshandelnden und der Tierarzt muss mögliche Repressionen gegen den Halter fürchten, wenn er den Fall meldet. Symptome einer Misshandlung stellt man manchmal auch bei Hunden fest, deren Besitzer am Münchhausen-Syndrom leiden, einer psychischen Erkrankung, bei der Menschen sich selbst oder einem Schutzbefohlenen Verletzungen zufügen, um sich medizinische Zuwendung zu erschleichen oder selbst als Pfleger in Erscheinung treten zu können. Ich weiß nicht, wie Sie dazu stehen, aber sich im Namen der Liebe Knochen brechen zu lassen wie in Stephen Kings *Misery* klingt nicht nach Spaß. Ich bin sicher, so ziemlich alle Haustiere sind da mit mir einig, aber sie können leider nicht für sich selbst sprechen. Wie dem auch sei, Fälle von Tiermisshandlung sind immer verzwickt, denn es kann sein, dass nicht nur das Tier zu leiden hat.

Wenn Sie den Verdacht hegen, dass ein Tier misshandelt wird, gibt es Stellen, an die Sie sich wenden können, in der Regel können Sie einen Halter direkt bei den Amtsärzten des örtlichen Veterinäramts oder bei der Polizei anzeigen, die dann das Veterinäramt verständigen wird.

 Woher weiß ich, dass ich eine gute Tierklinik gefunden habe?

Jemand Vertrauenswürdigen und Glaubwürdigen zu finden, der einem in Gesundheitsfragen zur Seite steht, ist für zwei- wie vierbeinige Patienten gleichermaßen unerlässlich. Zu den Dingen, auf die man bei der Suche nach einer Tierarztpraxis ein Auge haben sollte, gehören:[5]

- Fühlen Sie sich bei dem Arzt und seinen AssistentInnen wohl? Nimmt man sich Zeit, Ihre Fragen zu beantworten?
- Führt die Praxis eine saubere Krankenakte, in der über Verordnungen, Untersuchungsbefunde und die Ergebnisse von Blutuntersuchungen ausführlich Buch geführt wird?
- Werden Ihre Anrufe ordnungsgemäß entgegengenommen und behandelt?
- Liegen die Sprechstunden für Sie günstig? Welche Zahlungsarten gibt es?
- Welche Dienste werden angeboten? Erledigt man Blutuntersuchungen und Röntgenaufnahmen direkt dort? Verfügt man dort über Narkoseapparaturen, Sauerstoff, eine umfassende eigene Apotheke und gute Kontakte zu Fachärzten für den Ernstfall?
- Wie geht man dort mit Notfällen um?
- Werden Ihnen auch nichtmedizinische Dienstleistungen angeboten wie Bürsten, Krallenschneiden, Unterbringung bei stationärer Behandlung und Welpentraining, falls nein, kann man Ihnen jemanden empfehlen, an den Sie sich deswegen wenden können?
- Sind die dort arbeitenden Tierärzte in einem staatlichen Berufsverband?

Fragen Sie Ihre Freunde, Ihren Züchter oder Bekannte aus dem Park, wer ihr Tierarzt ist, und tun Sie sich um. Seien Sie, stellvertretend für Ihren vierbeinigen Gefährten, ein kluger, verantwortungsbewusster Verbraucher. Es geht hier um mehr als darum, eine neue Sorte Hundefutter aussuchen, hier sind Recherche und Umsicht gefragt, um die bestmögliche Wahl zu treffen. Davon abgesehen spricht allerdings auch einiges dafür, sich auf seinen Riecher zu verlassen – sie würden kaum einen Dr. Frankenstein mit heiserem Kichern und gezückter Nadel an sich heranlassen, oder? Dann halten Sie ihn auch von Ihrem Vierbeiner fern! Gespenstische bucklige Tierärzte zweiter Wahl schädigen den Ruf der ganzen Zunft.

🐾 Woher wissen Sie, wann es an der Zeit ist, ein Tier zu erlösen?

Die Entscheidung, ein Tierleben zu beenden, ist eine sehr persönliche. Ich bereue oft, dass ich bei meinem ersten Hund viel zu lange gewartet habe. Ich wusste einfach nicht, wie ich die Entscheidung »angemessen« hätte treffen sollen, und wann der richtige Zeitpunkt dafür gewesen wäre. Diese Entscheidung wird außerdem beeinflusst durch die eigenen religiösen Ansichten, frühere Erfahrungen, anfallende Kosten, persönliche Überzeugungen und das ganze Spektrum an emotionalem Ballast, das mit dem Thema Einschläferung assoziiert ist. Wenn Tierärzte ein Tier einschläfern, geben sie ihm im Prinzip eine Überdosis eines Betäubungsmittels. Der am häufigsten verwendete Wirkstoff ist Pentobarbital, es verlangsamt Herzschlag und Atmung des Tieres binnen Sekunden. Das Einschläfern ist nicht mit Schmerzen verbunden, und so mancher Besitzer hat sich schon gewundert, wie friedlich das Ganze abläuft. Ich warne immer vor, dass das Mittel sehr rasch greift, und das bewirkt, dass Molly während dieser Zeit nicht leidet und nichts fühlt.

Grundsätzlich können Tierärzte diese Entscheidung nicht für Sie treffen. Sie sollten jedoch imstande sein, Sie betreffs der medizinischen Aspekte dieses Schritts zu beraten. Gibt es noch eine Operation oder Behandlung, die Mollys Beschwerden lindern könnte? Wie teuer käme das? Wie hoch ist die mittlere Lebenserwartung bei Mollys Rasse? Ist die Prognose schlecht? Ich finde, dass die wichtigsten Fragen lauten: Wie steht es um Mollys Lebensqualität? Und: Hat Molly Schmerzen?

Für mich sind drei Kriterien entscheidend, wenn es darum geht, sich ein Bild von der Lebensqualität eines Hundes zu machen:

1. Hat er Schmerzen? Winselt oder jault er? Klammert er oder versteckt er sich?
2. Mag er noch fressen? Wenn er keinen Appetit mehr entwickelt, ist das ein Zeichen dafür, dass es um seine Lebensqualität nicht sehr gut steht. Verliert er an Gewicht? Grundsätzlich ist es so, auch wenn es zu einer Art stehendem Witz geworden ist: Wenn ein Labrador nicht mehr fressen will, ist es an der Zeit.
3. Benimmt er sich noch so wie vor drei Jahren? Mag er noch spazieren gehen? Mag er noch spielen?

Die Antworten auf diese Fragen, der Rat Ihres Tierarztes und die Meinung innerhalb Ihrer Familie werden Ihnen helfen zu entscheiden, wann es an der Zeit ist, Molly einzuschläfern.

Wie teuer ist es, einen Hund einschläfern zu lassen?

Leider ist nichts umsonst, nicht einmal der Tod, und ich habe mir schon manches Mal ziemlich mutlos anhören müssen: »Wenn ich gewusst hätte, dass das so teuer ist, hätte ich ihn zu Hause erledigt!« Der Preis für das Einschläfern Ihres Hundes beträgt je nach Größe zwischen 50 und 100 Euro. Wie dem auch sei, bitte, versuchen Sie es nicht selbst. Manche Leute rechnen auch damit, dass Waldi friedlich zu Hause einschläft, was in Wirklichkeit nur sehr selten geschieht. Bleiben Sie angesichts Ihres leidenden Gefährten nicht untätig, wenn sie doch seine Schmerzen lindern könnten. Es gibt heutzutage auch vielerorts Tierärzte, die ins Haus kommen, sodass all das in heimischer Umgebung und Frieden vonstattengehen kann. Trotz alledem werden Sie am Ende zum Portemonnaie greifen müssen. Betrachten Sie es einfach als Ihr letztes Geschenk an Ihren armen, treuen Vierbeiner. Und sorgen Sie dafür, dass er in diesen letzten Tagen so viel Filet und Eiscreme bekommt, wie er möchte!

 Ist es in Ordnung, wenn ich nicht dabei bin, wenn mein Hund eingeschläfert wird?

Ob Sie anwesend sein wollen, wenn man Ihren Hund einschläfert, oder nicht, liegt ganz bei Ihnen. Es ist ohne Frage eine herzzerreißende und emotional extrem belastende Erfahrung, egal, wie friedlich wir Tierärzte sie auch zu gestalten versuchen. Ich sage Hundehaltern immer, dass ihre letzte Erinnerung an ihren Hund eine gute sein sollte, und wenn die für Sie eher darin besteht, wie Sie beide durch die Wälder streifen oder in jugendlichem Übermut Frisbee-Scheiben jagen, und nicht in einem letzten tiefen Atemzug in einer Tierarztpraxis, dann ist das für mich in Ordnung. Wenn Sie sich dafür entscheiden, nicht bei ihm zu bleiben, werden Ihr Tierarzt und seine Helfer bei ihm sein, ihn streicheln und ihm einen liebevollen Abschied bereiten.

Wenn Sie sich hingegen dafür entscheiden, bei ihm zu bleiben, sollten Sie wissen, dass Ihr Hund durch die Wirkung des Betäubungsmittels unter Umständen gewisse Reaktionen zeigt. Es kann sein, dass er Wasser lässt oder kotet, einen letzten tiefen Atemzug tut oder dass die Augen offen bleiben. In sehr seltenen Fällen kommt es nach dem Tod noch zu Muskelzuckungen, die auf das Vorhandensein von Kalzium und Elektrolyten im Blut zurückzuführen sind. Davon abgesehen verläuft das Ganze friedlich und Ihr Hund wird einfach ein wenig müde wirken und schließlich für immer einschlafen. Sie sollten bei alledem aber bitte eines wissen: Die Entscheidung, das Leiden eines Hundes zu beenden, mag schwer sein, aber Ihr Tierarzt wird Sie mitfühlend bis zum Ende begleiten und Sie in jedem Fall respektieren, ob Sie nun dabeibleiben wollen oder lieber nicht.

🐾 Nehmen Tierärzte Autopsien bei Haustieren vor?

Jawohl, manche Tierärzte tun das. Die Entscheidung für eine Autopsie hat allerdings auch Einfluss darauf, wie Sie Pollux bestatten wollen. Wenn Sie Ihren Hund für eine Erdbestattung mit nach Hause nehmen und ihm vielleicht das Äquivalent eines »offenen Sargs« angedeihen lassen wollen, kann man die Autopsie kosmetisch unauffällig gestalten, wird die Autopsie hingegen in der Pathologie einer größeren Klinik durchgeführt, so müssen Sie wissen, dass Sie ihn nicht zurückbekommen werden, es sei denn, Sie veranlassen eine Kremation durch einen Tierbestatter, der das Tier dann abholen kann. Sie können die Entsorgung allerdings vielfach auch der Praxis überlassen, wo ihn die Tierkörperbeseitigungsanstalt beziehungsweise der von Ihnen beauftragte Tierbestatter abholen kann.

Es gibt mehrere Gründe, die für eine Autopsie sprechen. Zum einen liefert eine Autopsie Ihrem Tierarzt wichtige diagnostische und therapeutische Informationen – mit anderen Worten, sie kann ihm sagen, ob die von ihm angewandte Behandlung prinzipiell wirksam war oder woran das Tier genau gestorben ist. Für die Familie ist eine Autopsie von Nutzen, wenn das Risiko bestanden hat, dass die Ursache infektiöser Natur gewesen sein könnte, beispielsweise eine Krankheit, die für weitere Haustiere oder gar Sie selbst ansteckend ist. Manchmal tragen Autopsien dazu bei, die Ursache für einen plötzlichen, unerwarteten Tod zu finden, obwohl sich plötzlich entstandene Blutgerinnsel (wie es bei einer Lungenembolie vorkommt) oder ein Herzinfarkt bei der Autopsie oftmals nicht zeigen. Schließlich wird eine Autopsie manchmal im Rahmen einer Beweisaufnahme angeordnet, zum Beispiel wenn es um Vergiftungen aller Art geht. Wenn Sie den Verdacht haben, dass Ihr Nachbar Ihren Hund mit Frostschutzmittel umgebracht hat (was zum Glück sehr selten vorkommt), ist eine Autopsie definitiv angezeigt. In manchen Fällen plädieren auch Tierärzte, die im Tierschutz tätig sind, für eine Autopsie, dann nämlich, wenn sie den Verdacht haben müssen, dass es sich um Fälle von Tiermisshandlung gehandelt hat. Die Kosten für eine Autopsie schwanken und hängen davon ab, ob Ihr eigener Tierarzt diese vornimmt, oder ob Sie einen Amtstierarzt zuziehen müssen (der in der Regel aufwendigere diagnostische Tests und Zellkulturen veranlassen wird). In der Humanmedizin liegen die Autopsieraten derzeit in vielen Krankenhäusern bei mageren zehn Prozent oder gar darunter (mit anderen Worten, die meisten Menschen geben ihre Zustimmung dazu nicht).[6] Oftmals hilft eine Autopsie den Hundehaltern zu Seelenfrieden, dann zum Beispiel, wenn sich herausstellt, dass Pollux schwer krebskrank und die Entscheidung, ihn einschläfern zu lassen, die richtige war.

Und schließlich lernen wir Tierärzte aus Autopsien − sie lassen uns wissen, ob wir noch mehr hätten tun können, und sie helfen der künftigen Forschung, Krankheiten rascher zu identifizieren oder eine Heilung herbeizuführen.

🐾 Kann ich für meinen Hund eine Patientenverfügung ausstellen?

Als neurotische Hundebesitzerin, die ihre eigenen Tiere nur sehr widerstrebend behandelt, bin ich unerschütterliche Anhängerin von Patientenverfügungen − für vierbeinige ebenso wie für zweibeinige Geschöpfe. Meine drei Tiere haben alle eine solche Verfügung, damit mein Tiersitter, meine Familienangehörigen und Freunde wissen, was sie in einer Extremsituation, in der sie mich nicht erreichen können, zu tun haben. Außerdem bewahre ich eine Kopie dieser Verfügung bei den jeweiligen Unterlagen meiner Tiere in der Praxis auf und rate vielen anderen Leuten, ebenso zu verfahren.

 Kann man Tiere per Herz-Lungen-Wiederbelebung reanimieren?

In der Tat unternimmt man Maßnahmen zur Herz-Lungen-Wiederbelebung auch bei Tieren. Interessanterweise werden in der menschlichen Reanimationsforschung gegenwärtig vor allem Schweine verwendet, um den Ablauf zu optimieren und herauszufinden, welche Medikamente am wirksamsten sind. Tierärzte begleiten diese Forschung und entscheiden, inwieweit wir die Ergebnisse für unsere Belange in der Tiermedizin verwenden können. Leider ist das Procedere bei uns nicht ganz dasselbe wie das in Fernsehsendungen wie *Emergency Room* oder *Grey's Anatomy*. Wir machen bei Hunden keine Mund-zu-Mund-Beatmung, sondern führen in Struppis Luftröhre einen Schlauch ein, über den wir ihn dann beatmen.

Die Chance, mit den gängigen Reanimationsmaßnahmen ein Tier zurückzuholen, wenn dessen Herz oder Atmung einmal stillgestanden hat, ist allerdings sehr viel geringer als in der Humanmedizin und liegt bei Hunden und Katzen um die vier bis zehn Prozent.[7] Menschen lassen sich nach einem infarktbedingten Herzstillstand »leicht« defibrillieren, um den Herzrhythmus wiederherzustellen, Hunde aber bekommen nur sehr selten einen Herzinfarkt, ihr Herzversagen ist in der Regel Folge eines Nierenversagens, einer Lebererkrankung, eines bösartigen Tumors oder anderer Probleme. Daher ist es, wenn das Herz eines Hundes einmal stillsteht, unwahrscheinlich, dass ein Tierarzt es wieder zum Schlagen wird anregen können, und noch viel unwahrscheinlicher, dass es nicht gleich wieder stehenbleibt. Diskutieren Sie diese wichtige Entscheidung auf jeden Fall im Familienkreis, bevor sie für Ihren Hund eines Tages ansteht.

🐾 Welche Möglichkeiten habe ich, die sterblichen Überreste meines Hundes zu versorgen?

Kein Tierarzt sollte sich ein Urteil über Ihre Entscheidung im Hinblick auf die sterblichen Überreste Ihres Hundes erlauben. Tut er das doch, suchen Sie sich einen anderen! Manche Menschen möchten eine feierliche Bestattung, andere wollen es Ihrem Tierarzt überlassen, sich ihres Gefährten anzunehmen, auf dass er außerhalb der Sichtweite des trauernden Besitzers seine Ruhe finde. Manche wollen die Urne mit der Asche zu Hause haben. Ist daran etwas auszusetzen? Keineswegs! Ich sage immer: Jeder, wie er mag. Wenn es für Sie eine tröstliche Form der Erinnerung ist, die Asche Ihres Hundes auf dem Kaminsims stehen zu haben, dann empfehlen wir Ihnen, genau das zu tun. Manche Leute streuen sie an den Lieblingsplätzen ihres Hundes aus – unter seinem Lieblingsbaum, beim Ferienhaus, an seiner Lieblingsstelle am See. Heutzutage gibt es auch die Möglichkeit, die Asche zu einem Diamanten pressen zu lassen. Das mag manchen Menschen zwar merkwürdig vorkommen, aber ich habe schon Stücke zu sehen bekommen, die kunstvoll und schön gemacht waren. Sie können sogar ins Extreme gehen und ihn wie Billy Bob Thornton und Angela Jolie um den Hals tragen. Was immer Sie damit machen, das Diamantschleifen ist eine saubere und sichere Variante ... allerdings zu einem saftigen Preis.

 Wie Sie ein umsichtiger Tierbesitzer werden: Was Sie nach Ansicht Ihres Tierarztes wissen sollten.

Wir möchten, dass Hundehalter kluge, verantwortungsbewusste, umsichtige Leute sind, die Spaß an ihrem Tun haben. Andererseits hätten wir auch gerne sechsstellige Jahresgehälter und bei jeder Happy Hour alle Getränke frei, was allerdings in nächster Zukunft sicher nicht passieren wird. Zum Glück sind Hundebesitzer größtenteils ziemlich coole Typen (Sie sind gemeint!). Mit ein bisschen Training kriegen wir sie vielleicht doch noch dahin, dass sie uns unsere Drinks bezahlen! Bis dahin ist alles, um das wir Sie bitten, dass Sie unseren Rat wertschätzen und ihm vertrauen. Der erste Schritt auf dem Weg, ein kluger Konsument zu werden, besteht darin, sich einen Tierarzt zu suchen, den Sie mögen und bei dem Sie sich wohlfühlen, nicht anders als bei ihrer eigenen ärztlichen Versorgung. Wenn Sie der Prognose Ihres Tierarztes jemals nicht vertrauen sollten, holen Sie eine zweite Meinung ein. Vergessen Sie dabei nie, was für Möglichkeiten Sie haben. Mit der Verfügbarkeit des Internets steht Ihnen ein Wust an Informationen zur Verfügung, aber Sie müssen imstande sein, die Spreu vom Weizen zu trennen. Es kursieren eine Menge ungenaue oder schlicht falsche Informationen da draußen, und ich habe etwas dagegen, wenn jemand auf der Basis dessen eine übereilte Entscheidung trifft (zum Beispiel eine Behandlung abbricht). Sprechen Sie im Zweifelsfalle mit Ihrem Tierarzt und denken Sie daran, dass Ihnen immer auch noch die Möglichkeit offensteht, einen zweiten zu fragen oder mit oder ohne Zustimmung Ihres Tierarztes einen Fachtierarzt aufzusuchen. Machen Sie sich mit der Gesundheit Ihres Vierbeiners vertraut, entweder aus verlässlichen (von Veterinärmedizinern abgesegneten) Quellen oder indem Sie Ihren Tierarzt fragen. Und schließlich: Legen Sie eine eigene Krankenakte für Ihren Hund an, damit Sie im Notfall alle Informationen parat haben. Wenn Ihr Hund zum Beispiel eine Blutuntersuchung gemacht bekommt, bitten Sie um eine Kopie für Ihre eigenen Unterlagen. Seien Sie der Anwalt Ihres Hundes.

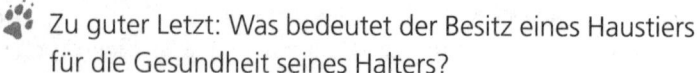 Zu guter Letzt: Was bedeutet der Besitz eines Haustiers für die Gesundheit seines Halters?

Die Wissenschaft hat gezeigt, dass Menschen mit hohem Blutdruck, die sich einen Hund oder eine Katze zulegen, bereits nach kurzer Zeit einen deutlichen Rückgang ihres Bluthochdrucks zu verzeichnen haben.[8] Außerdem hat eine Studie der National Institutes of Health ergeben, dass Haustiere das Risiko für Herzerkrankungen bei ihren Besitzern senken. Offenbar verleiht das Vorhandensein eines loyalen Gefährten Menschen »größere psychische Stabilität«, die, wie Forscher herausgefunden haben, das Erkrankungsrisiko minimiert. Dieselbe Studie hat auch festgestellt, dass Menschen, die Tiere besitzen, in der Regel seltener leichterer Beschwerden wegen zum Arzt gehen, und das senkt die Gesundheitskosten insgesamt. Schließlich ist noch zu sagen, dass Hunde unerreicht darin sind, beim Stressabbau zu helfen und ihre Besitzer dazu zu animieren, sich selbst zu bewegen. Nach einem kurzen abendlichen Gang durchs Viertel zusammen mit Ihrem Hund ist es sehr viel leichter, abzuschalten und das Leben zu genießen. Und letztlich: Zu wissen, dass Sie am Abend zu einem treuen Gefährten heimkehren, der sich ehrlich freut, Sie zu sehen und sich nie beklagt oder meckert, ist der größte Segen, den man sich vorstellen kann. Ganz allgemein können wir alle von unseren Hunden eine wichtige Lektion lernen: Immer mit der Ruhe! Wenn es uns nur gelänge, jeden Tag mit der Loyalität, Energie und schwanzwedelnden Begeisterung eines Hundes anzupacken, so hätten wir schon eine Menge gewonnen.

# Anmerkungen

## 1. KAPITEL

1 David Feldman. *Why Do Dogs Have Wet Noses? And Other Imponderables of Everyday Life.* (New York: Harper Perennial, 1990), S. 70-71.

2 Warren D. Thomas und Daniel Kaufman. *Elephant Midwives, Parrot Dum, and Other Intriguing Facts from the Animal Kingdom.* (London: Robson Books, 1991), S. 58, und »Tracking a Dog's Keen Sense of Smell«, einzusehen unter http://www.proplan.com/sportingdog/Pro%20Plan%20Sporting%20Dogs%20%20Tracking%20a%20Dogs%20Kun%20Sense%200j%20Smell.htm

3 K. L. Overall. »The Neurochemistry and Molecular Biology of Behavior.« Proceedings, American College of Veterinary Internal Medicine Conference 2004.

4 E. R. Bertone. »Risk Factors for Cancer in Cats-New Findings.« Proceedings, Tufts Animal Expo 2002; E. R. Bertone, L. A. Snyder, A. S. Moore. »Environmental Tobacco Smoke and Risk of Malignant Lymphoma in Pet Cats.« *American Journal of Epidemiology* 156, (2002): 268-273; E. R. Bertone, L. A. Snyder, A. S. Moore. »Environmental and Lifestyle Risk Factors for Oral Squamous Cell Carcinoma in Domestic Cats.« *Journal of Veterinary Internal Medicine* 17, 4 (2003): S. 557-562; und L. A. Snyder, E. R. Bertone, R. M. Jakowski et al. »p53 Expression and Environmental Tobacco Smoke Exposure in Feline Oral Squamous Cell Carcinoma.« *Veterinary Pathology* 41, (2004): S. 209-214.

5 A. Gavazza, S. Presciurtini, R. Barale et al. »Association Between Canine Malignant Lymphoma, Living in Industrial Areas, and Use of Chemicals by Dog Owners.« *Journal of Veterinary Internal Medicine* 15, 3 (2001): S. 190-195.

## 2. KAPITEL

1 Stanley Coren. *The Intelligence of Dogs: A Guide to the Thoughts, Emotions, and Inner Lives of Our Canine Companions.* (New York: Free

Press, 2006), S. 137-198. (Deutsche Ausgabe: *Die Intelligenz der Hunde*. Reinbek, 1997.)

2 Ebenda.

3 Verband für das Deutsche Hundewesen: http://vdh.de. Das amerikanische Pendant hat die Internetadresse http://www.akc.org

4 R. D. Kealy, D. F. Lawler, J. M. Ballam et al. »Effects of Diet Restriction on Life Span and Age-Related Changes in Dogs.« *Journal of the American Veterinary Medical Association* 220, 9 (2002) S. 1315-1320.

5 A. J. German. »The Growing Problem of Obesity in Dogs and Cats.« *The Journal of Nutrition* 136, (2006): S. 1940-1946.

6 L. N. Trut. »Early Canid Domestication: The Farm-Fox Experiment.« *American Scientist* 87 (1999): S. 160-169.

7 Peter Tyson. »A Potpourri of Pooches«, nachzulesen unter http://www.pbs.org/wgbh/nova/dogs/potpourri.html

8 G. M. Strain. »Hereditary Deafness in Dogs and Cats: Causes, Prevalence, and Current Research.« *Proceedings, Tufts Canine and Feline Breeding and Genetics Conference*, 2003.

9 G. M. Strain. »Deafness in Dogs and Cats«, einzusehen unter http://www.lsu.edu/deafness/deaf.htm; D. R. Bergsma, K. S. Brown. »White Fur, Blue Eyes, and Deafness in the Domestic Cat.« *Journal of Heredity* 62, 3 (1971): S. 171-185; I. W. S. Mair. »Hereditary Deafness in the White Cat.« Acta *Otolaryngologica* Suppl. 314 (1973): S. 1-48; I. W. S. Mair. »Hereditary Deafness in the Dalmatian Dog.« *European Archives of Otorhinolaryngology* 212, 1 (1976): S. 1-14; G. M. Strain. »Aetiology, Prevalence, and Diagnosis of Deafness in Dogs and Cats.« *British Veterinary Journal* 152, 1 (1996): S. 17-36; G. M. Strain. »Congenital Deafness and its Recognition.« *Veterinary Clinics of North America: Small Animal Practice* 29, 4 (1999): S. 895-907; und G. M. Strain. »Deafness Prevalence and Pigmentation and Gender Associations in Dog Breeds at Risk.« *The Veterinary Journal* 167, 1 (2004): S. 23-32.

10 http://www.akc.org/breeds/dalmatian/history.cfm

11 Internetseite des Naturhistorischen Museums der Stadt Bern, einzusehen unter http://www.nmbe.ch/deutsch/531_5_1.html

12  Stanley Coren. *The Intelligence of Dogs.* (Deutsche Ausgabe: *Die Intelligenz der Hunde.*)

13  http://www.centralpark.com/pages/attractions/balto.html

14  Sonny Seiler und Kent Hannon. *Damn Good Dogs! The Real Story of Uga, the University of Georgia's Bulldog Mascots.* (Athens: Hill Street Press, 2002.)

15  http://dynamic.si.cnn.com/si_online/covers/issues/1997/0428.html

16  D. A. Koch, S. Arnold, M. Hubler, P. M. Montavon. »Brachycephalic Syndrome in Dogs.« *Compendium on Continuing Education for the Practicing Veterinarian,* 25, 1 (2003): S.48-55.

## 3. KAPITEL

1  http://www.akcstandard.com/article/national-pet-survey-pets-bonding.html

2  Ebenda.

3  Anna Tillman. *Doggy Knits: Over 20 Coat Designs for Handsome Hounds and Perfect Pooches.* (Neptune City: T. F. H. Publications, 2006.) (Auf Deutsch erschienen unter dem Titel: *Stricken für Hunde,* im Internet erhältlich, alternativ: Sys Fredens, *Hundestrick,* Frech Verlag Stuttgart, 2008.)

4  Tom Sullivan. »A Fetching Stock.« 4. Oktober 2006, eingesehen unter http://www.smartmoney.com/barrons/index.cfm?story=20061004

5  http://www.akcstandard.com/article/national-pet-survey-pets-bonding.html

6  John Steinbeck. *Die Reise mit Charley* (München: dtv 2008).

7  http://www.akcstandard.com/article/national-pet-survey-pets-bonding.html

8  Ebenda.

9  2007/2008 APPMA National Pet Owners Survey, einzusehen unter http://www.appma.org/pubs_survey.asp

10  »Working Like a Dog.« 24. Januar 2006, einzusehen unter http://money.cnn.com/2006/01/24/news/funny/dog_work/indexhtm

11  Denise Ono. »Dog Days of Summer: Group Advocates Take Your Dog to Work Day.« 13. Juli 2005, einzusehen unter http://www.msnbc.msn.com/id/8256796

12 Stellungnahme des Amerikanischen Hundezüchterverbands AKC: Canine Legislation Position Statements, einzusehen unter http:// www.akc.org/canine_legislation/_position_statements.cfm

13 Stellungnahme des amerikanischen Tierklinikverbandes AAHA (American Animal Hospital Association): »New AAHA position statement opposes cosmetic ear cropping, tail docking.« 15. Dezember 2003, einzusehen unter http://www.avma.org/onlnews/javma/dec03/031215e.asp

14 Stellungnahmen des Amerikanischen Hundezüchterverbands: AKC Canine Position Statements.

15 New AAHA Position Statements.

16 Yahoo Financial News. »Is Your City in the Dog House?« 5. Mai 2006, einzusehen unter http://www.dirtywork.net/Atlanta_2nd_worst_city_for_dog_waste.htm

17 Ebenda.

## 4. KAPITEL

1 Mordecai Siegal, Matthew Margolis. *GRRR! Vollständiger Leitfaden zum Verstehen und Vermeiden von Aggressionsverhalten bei Hunden.* (Mürlenbach: Kynos, 2001.)

2 Gary Landsberg, Debra Horwitz. »Behavioral Problems in Older Cats and Dogs (Parts I, II, and III).« Proceedings, Western Veterinary Conference, 2003.

3 Richard Webster. *Is Your Pet Psychic? Developing Psychic Communication with Your Pet.* (St. Paul: Lewellyn Publications, 2003.)

4 Jonah Lehrer. »The Effeminate Sheep and Other Problems with Darwinian Sexual Selection.« *Seed.* 7. Juni 2006, einzusehen unter http://seedmagazine.com/news/2006/06/the_.gay_animal_kingdom.php; sowie James Owen. »Homosexual activity among animals stirs debate.« National Geographic News vom 23. Juli 2004, einzusehen unter http://news.nationalgeographic.com/news/2004/07/0722_040722_gayanimal.html

5 Dinitia Smith. »Central Park Zoo's Gay Penguins Ignite Debate.« *New York Times* vom 7. Februar 2004, eingesehen unter http://sfgate.com/cgi-bin/article.cgi?file=/c/a/2004/02/07/MNG3N4RAV41.DTL

6  A. Quaranta, M. Siniscalchi, G. Vallorrigara. »Asymmetric Tail-Wagging Responses by Dogs to Different Emotive Stimuli.« *Current Biology* 17, 6 (2007): S. 199-201.

7  PetPlace Staff. »Do Dogs Mourn? Canine Grief«, einzusehen unter http://www.petplace.com/dogs/do-dogs-mourn/page1.aspx und Nashville Pet Finders. »Do dogs mourn?« ASPCA Mourning Project, einzusehen unter http://www.nashvillepetfinders.com/mourn.cfm

8  Ebenda.

## 5. KAPITEL

1  New National Hartz Survey on the Human-Animal Bond Finds That Pets Are Seen as Part of the Family by Three in Four Pet Owners. 1. Mai 2005, einzusehen unter http://www.hartz.com/about%20hartz/prsurvey.asp oder unter http://www.akcstandard.com/article/national-pet-survey-pets-bonding.html

## 6. KAPITEL

1  Pet Connection Staff. »Pet-Food Recalls: What You Need to Know – and do – in the Wake of the News.« Universal Press Syndicate, einzusehen unter http://www.petconnection.com/recall_basics.php

2  Ebenda.

3  Jimmy A. Bonner. »Environmental Quality: Drinking Water Quality.« Mississippi State University Extension Service, einzusehen unter http://msucares.Com/environmental/drinkingwater/index.html

4  L. M. Freeman, K. E. Michel. »Evaluation of Raw Food Diets for Dogs.« *Journal of the American Veterinary Medical Association* 218, 5 (2001): S. 705-709.

5  David R. Strombeck. *Home-Prepared Dog & Cat Diets: The Healthful Alternative.* (Ames: Iowa State Press, 1999.) Deutsche Alternative: Gaby Haag: *Was koche ich meinem Hund?* (München: BLV, 2002).

6  A. J. German. »The Growing Problem of Obesity in Dogs and Cats.« *The Journal of Nutrition* 136, (2006): S. 1940-1946.

7 »How Does Your Dog Rate?« von Purina, eingesehen unter http://www.longliveyourdog.com/twoplus/RateYourDog.aspx

8 D. C. Blood, V. P. Studdert. *Bailliere's Comprehensive Veterinary Dictionary*. Bailliere Tindall, W.B. Saunders. 1988.

9 Greg Hunter, Pia Malbran. »Owners: Dog Treats Killed Our Pets.« 15. Februar 2006, einzusehen unter http://www.cnn.com/2006/US/02/14/dangerous.dogtreat

10 http://www.greenies.com/en_US/products_easy_to_digest.asp

11 A. J. German. »The Growing Problem of Obesity in Dogs and Cats.«


## 7. KAPITEL

1 Y. Bruchim, E. Klement, J. Saragusty, E. Finkeilstein et al. »Heat Stroke in Dogs: A Retrospective Study of 54 Cases (1999-2004) and Analysis of Risk Factors for Death.« *Journal of Veterinary Internal Medicine* 20, 1 (2006): S. 38-46; W. S. Flournoy, J. S. Wohl, D. K. Macintire. »Heatstroke in Dogs: Pathophysiology and Predisposing Factors«; und W. S. Flournoy, D. K. Macintire, J. S. Wohl. »Heatstroke in Dogs: Clinical Signs, Treatment, Prognosis, and Prevention.« *Compendium on Continuing Education for the Practicing Veterinarian* 25, 6 (2003): S.410-418 beziehungsweise S. 422-431.


## 8. KAPITEL

1 E. K. Dunayer, S. M. Gwaltney-Brant. »Acute Hepatic Failure and Coagulopathy Associated with Xylitol Ingestion in Eight Dogs.« *Journal of the American Veterinary Medical Association* 229, 7 (2006): S. 1113-1117.

2 P. A. Eubig, M. S. Brady, S. M. Gwaltney-Brant, S. A. Khan et al. »Acute Renal Failure in Dogs After the Ingestion of Grapes or Raisins: A Retrospective Evaluation of 43 Dogs (1992-2002).« *Journal of Veterinary Internal Medicine* 19, (2005): S. 663-674.

3 Meadows, S. Gwaltney-Bram. »Toxicology Brief: The 10 Most Common Toxicoses in Dogs.« *Veterinary Medicine* 101, 3 (2006): S. 142-148, einzusehen unter http://www.vetmedpub.com/vetmed/article/articleDetail.jsp?id=314007

4 Mordecai Siegal, Matthew Margolis, *GRRR! Vollständiger Leitfaden zum Verstehen und Vermeiden von Aggressionsverhalten bei Hunden.* (Mürlenbach: Kynos, 2001.)

## 9. KAPITEL

1 M. G. Aronsohn, A. M. Faggella. »Surgical Techniques for Neutering 6-to 14-Week-Old Kittens.« *Journal of the American Veterinary Medical Association* 202, 1 (1993): S. 53-55.

2 K. U. Sorenmo, F. S. Shofer, M. H. Goldschmidt. »Effect of Spaying and Timing of Spaying on Survival of Dogs with Mammary Carcinoma.« *Journal of Veterinary Internal Medicine* 14, 3 (2000): S. 266-70.

3 D. C. Blood, V. P. Studden. *Bailliere's Comprehensive Veterinary Dictionary.* Bailliere Tindall, W.B. Saunders. 1988.

4 Jo Birmingham. »Zoonotic Concerns put Veterinarians on From Lines: Leaders Urge Heightened Vigilance.«*Veterinary Forum* 23, 7 (2006): S. 25-33, einzuschen unter http://www.forumvet.com/pdf/ VF_Prac%20Mgmt_Book%20R_July%2006.pdf

## 10. KAPITEL

1 C. A. Smith. »*The Gender Shift in Veterinary Medicine: Cause and Effect.*« *Veterinary Clinics of North America: Small Animal Practice* 36, 2 (2006): S. 329-339 und Veterinary Market Statistics, American Veterinary Medical Association, 2005, einzusehen unter http://www. avma.org/membshp/marketstats/vetspec.asp Deutsche Entsprechung: Statistik der Bundestierärztekammer: http://www.bundestieraerztekammer.de/datei.htm?filename=dtb_sd_statistik_2007. pdf&themen_id=4980

2 Ebenda.

3 Steven D. Levin, Stephen J. Dubner. *Freakonomics: A Rogue Economist Explores the Hidden Side of Everything.* (deutsche Ausgabe: *Freakonomics, Überraschende Antworten auf alltägliche Lebensfragen* (München: Riemann, 2007), (New York: Harper Collins, 2005).

4 C. A. Smith. »The Gender Shift in Veterinary Medicine.« und http://www.bundestieraerztekammer.de/datei.htm?filename=dtb_ sd_statistik_2007.pdf&themen_id=4980

5 American Veterinary Medication Association. »What You Should Know About Choosing a Veterinarian for Your Pet.« Juni 2004, einzusehen unter http://www.avma.org/communications/brochures/choosinK-vecbrochure.asp

6 Atul Gawande. Complications: *A Young Surgeons Notes on the Imperfect Science.* (New York: Metropolitan Books), deutsche Ausgabe: *Die Schere im Bauch*, (München: Goldmann, 2003); E. C. Bunon, P. N. Nemetz. »Medical Error and Outcome Measures: Where Have all the Autopsies Gone?« *Medscape General Medicine* 2, 2 (2000): E8; sowie G. D. Lundberg. »Low-Tech Autopsies in the Era of High-Tech Medicine: Continued Value for Quality Assurance and Patient Safety. « *Journal of the American Medical Association* 280, 14(1998): S. 1273-1274.

7 D. T. Crowe. »Cardiopulmonary Resuscitation in the Dog: A Review and Proposed New Guidelines (Part II).« Seminars in Veterinary Medicine and Surgery (Small Animal) 3, 4 (1988): S. 328-348; B. A. Gilroy, B.J. Dunlop, H. M. Shapiro. »Outcome from Cardiopulmonary Resuscitation in Cats: Laboratory and Clinical Experience.« *Journal of the American Animal Hospital Association* 23, 2 (1987): S. 133-139; W. E. Wingfield, D. R. Van Pelt. »Respiratory and Cardiopulmonary Arrest in Dogs and Cats: 265 cases (1986-1991).« *Journal of the American Veterinary Medical Association* 200, 12 (1992): S. 1993-1996; sowie P. H. Kass, S. C. Haskins. »Survival Following Cardiopulmonary Resuscitation in Dogs and Cats.« *Journal of Veterinary Emergency Critical Care* 2, 2, (1992): S. 57-65.

8 K. Allen, B. E. Shykoff, J. L. Izzo. »Pet Ownership, but Not ACE Inhibitor Therapy, Blunts Home Blood Pressure Responses to Mental Stress.« *Hypertension* 38 (2001): S. 815-820.

## Weiterführende Informationen

Amerikanische Internetseiten

Altersvergleichstabellen:
- http://www.antechdiagnostics.comlpaOwners/wellnessExams/howOld.htm
- http://www.idc:x.comlanimalhealth/edw:ation/diagnostic-edgel200509.pdf

American College of Veterinary Behaviorists:
- http://www.dacvb.org/

American College of Veterinary Emergency Critical Care:
- http://acvecc.org/

American Kennel Club:
- http://www.akc.org/

American Society for the Prevention of Cruelty to Animals:
- http://www.aspca.org/site/PageServer

American Veterinary Dental College:
- http://www.avdc.org/inda.html

American Veterinary Medical Association:
- http://www.avma.org/
- http://www.avma.org/reference/marketstats/default.asp
- http://www.avma.org/reference/marketstats/vetspec.asp

Banfield, The Pet Hospital (Tierklinik-Kette):
- http://www.banfield.net/

Centers for Disease Control:
- http://www.cdc.gov/healthypets

Companion Animal Parasite Council:
- http://www.capcvet.org/

- http://www.petsandparasites.com

Curtail:

- http://www.f!kpharma.com!curtail/cunaiLindex.html

Diamantenbestattung:

- http://www.ashestoashes.com
- http://www.memorypendants.huffmanstudios.com/

Dock Diving:

- http://www.dockdags.com

Doggy Sunglasses:

- http://www.doggles.com

Eukanuba Tiernahrung:

- http://us.eukanuba.com/eukanuba/en_US/jsp/Euk_Page.
  jsp?pageID=OT

Greenies:

- http://www.greenies.com/en_US/default.asp?scsid=tsagoogle&csid=
  501&refcd=G0201001s_greenies

International Society for Animal Rights:

- http://www.isaronline.org/index.html

Merial Frontline and Heartworm Products:

- http://www.merial.com

Neuticles (künstliche Testikel):

- http://neuticles.com

Pet's Hotel:

- http://petshoteLpetsman.com/

Pet Support Hotline:

- http://www.vet.cornell.edu/Org/PetLoss/
- http://www.vet.cornell.edu/Org/PetLoss/OtherHotlines.htm

Pet Vacation Web Sites:

- http://www.pamperedpuppy.com/features/200607_dogtravel.php

- www.dogpaddlingadventures.com
- http://camp-gone-tothe-dogs.com/
- http://www.petfriendlytravel.com/

Poison Control Hotlines:

- http://www.aspca.org/apcc
- http://www.petpoisonhelpline.com

Preventic Flea and Tick Collar:

- http://www.preventic.com/

Purina Tiernahrung:

- http://www.purina.com!

Science Diet Pet Food:

- http://www.hillspet.com/hillspet/home.jsp?FOLDER%3C%3
  Efolder_1408474395183698&bmUID=1197351410544

Training Collars (Erziehungshalsbänder):

- http://www.gentleleader.co.uk/
  Halti: http://www.companyofanimals.co.uk/halti.php
  Promise collar: http://www.premier.com/pages.cfm?id=13

Veterinary Pet Insurance (Hundekrankenversicherung):

- http://www.petinsurance.com/


Deutsche Internetseiten


Allgemeine Informationen zur Hundehaltung:

- http://vdh.de (Verband für das Deutsche Hundewesen)
- http://www.welpen.de/service/overmeier/artikel3.htm (private Internetseite)

Bundestierärztekammer:

- http://www.bundestieraerztekammer.de/datei.htm?filename=
  dtb_sd_statistik_2007.pdf&themen_id=4980

Deutsche Gesellschaft für Tierzahnheilkunde:
* http://www.tierzahnaerzte.de/?site=verz

Eukanuba:
* http://www.eukanuba.com/EukGlobal/DE/de/jsp/home/LocalHome.jsp

Institut für Veterinärpharmakologie und -toxikologie:
* www.vetpharm.uzh.ch

FCI – Fédération Cynologique Internationale, Internationaler kynologischer Dachverband:
* www.fci.be

Landesgesundheitsämter, zum Beispiel Baden-Württemberg:
* http://www.landesgesundheitsamt.de/servlet/PB/menu/11485
  49/index.html

Landesämter für Verbraucherschutz und Lebensmittelsicherheit, zum Beispiel Niedersachsen:
* http://www.laves.niedersachsen.de/master/C827_L20_D0.html

Notdienste in Ihrer Nähe:
* http://www.tierklinik.de/notdienst.00009.

Purina:
* http://www.indoor-living.de

Robert-Koch-Institut:
* http://www.rki.de

Verband der Tierpsychologen und Tiertrainer (Ableger der Association of Animal Psychologists and Behaviour Counselors):
* www.vdtt.org

Verband für das Deutsche Hundewesen:
* http://vdh.de

Vergiftungen:
* http://saeugetiere.suite101.de/article.cfm/vergiftungen_bei_tieren
  _symptome_erste_hilfe.

Liste der Giftpflanzen:

- http://www.vetpharm.uzh.ch/reloader.htm?giftdb/indexwuc. htm?inhalt_c.htm

Giftpflanzen und unbedenkliche Pflanzen:

- http://www.spadiut.at/htmls/ungefZiPfl.htm

Leitfaden zur Selbstdiagnose:

- http://www-vetpharm.uzh.ch/perldocs/index_x.htm.

Zoonosen:

- http://www.landesgesundheitsamt.de/servlet/PB/menu/1148549/ index.html
- http://www.rki.de

## Danksagung

Meiner Tierarztfamilie, die mich immer wieder ermutigt, noch wichtiger aber, ertragen hat – danke euch für all euren Rat, eure Unterstützung und Toleranz.

Jane, dafür, dass sie mich gelehrt und mir exemplarisch vorgeführt hat, wie unerlässlich Mitgefühl, Kommunikation und die Mensch-Tier-Bindung sind. Im nächsten Leben möchte ich als dein Hund auf die Welt kommen.

Dan, der mir während dieses großen Unterfangens geholfen hat, geistig (mehr oder minder) gesund zu bleiben – ohne dich hätte ich das nie machen können. Danke dir, dass du mein Fels, mein Zen und der ruhige Pol in meinem Gewirbel bist.

All den wunderbaren Freunden und Kollegen in meinem Leben, die mich für verrückt hielten, dass ich mich in noch ein Projekt gestürzt habe … ich weiß, was ich an euch habe (ja, ich meine euch). Vom Ersinnen origineller Tierarztfragen über die Arbeit in einem Coffee-Shop, dem Lesen der ersten paar Manuskriptentwürfe (»Kannst du diese 100 Seiten schnell mal bis, sagen wir, Mittwoch durchgucken?«) und dem Hüten von JP, bis hin zur »Fluchthilfe« für mich, damit ich spielen gehen konnte – Danke!

Der Handvoll extraobertoller Patienten, die ich gehabt habe (ihr findet eure Geschichten im Text verstreut!) – weil sie mich gelehrt haben, dass das Leben kurz ist, das eines Hundes aber noch kürzer: Also lebe und liebe als gäb's kein Morgen.

Meinem Agenten Rick Broadhead, dazu Brandi Bowles, Jean Lynch, Rachelle Mandik, Penny Simon und einfach allen bei Random House – ein riesiges Dankeschön dafür, dass ihr euch darauf eingelassen habt. Es hat wirklich Spaß gemacht!

# Register

Aalstrich 89
**Afghanischer Windhund 52**
Altersäquivalent 49
**American Staffordshire Terrier** s.
   **Pitbull Terrier**
Analbeutelproblem 35
Analdrüsen 13
Analdrüsensekret 13
Angriffsreflex 17
Antizug-Halfter 165
Apportierhund 63f.
Arbeitshund 22, 65, 67
Arzneimittel, frei verkäufliche 257
Autoimmunkrankheiten 13
Autopsien 318ff.

**Barsoi 52**
**Basenji 52**
**Basset Hound 52**
Becherzellen 12
Begleithund 63, 66
Bei-Fuß-Gehen 172
**Bernhardiner 52, 65, 70, 92f.**
Blähungen 27f.
Blindheit 87, 305
**Bluthund 52**
Body Condition Score (BCS) 188
**Border Collie 51, 67 , 215**
**Bulldogge 23, 52, 212, 218, 244**
**Bullterrier 52, 95f., 98**

**Cairn Terrier 65**
**Chihuahua 66, 72, 79, 288**
**Chinesischer Schopfhund 66**
**Chow Chow 52, 64**

**Dalmatiner 83, 90f.**
Decollement-Verletzung 220
**Deutscher Schäferhund 51, 53, 90**
**Deutsch-Kurzhaar 175**
**Dobermann 51, 53, 65, 132**
Dominanzverhalten 148, 270, 275
Dosenfutter 194f.
**Drahthaarfoxterrier 65**
Duftdrüsen 18, 35

Einschläferung 315ff.
Elektroschockhalsbänder 158-162
Endoskopie 264f.
**English Bull Terrier** s. **Bullterrier**
**English Bulldog 99**
Erektion 285f.
Erziehungsfehler 243
Erziehungshalsband 40, 86, 165
Fachtierarzt 300f.
Fellpflege 14f.
Fluchtreflex 17
Formaldehyd 182, 184
Fuchs 81f.
Futter, selbst gekochtes 186
Futter, vegetarisches 183
Futtermittel 178, 182, 195

Gänsehaut 19f.
Gehorsamsübungen 157
Gelenksteifigkeit 58
Geruch, individueller 38
Geruchssinn 13f., 32, 64, 94, 204
Geschlechtskrankheiten 290
Gesellschaftshund 63, 66, 70
Gifte 255ff.
Glutenüberempfindlichkeit 180
**Golden Retriever 43, 51, 70, 80, 219**
Greenies 198ff.
Größe 69, 72f., 317

Haustierhaltung, verantwortungs-
    bewusste 39
Hautablederung, flächenhafte s.
    Decollement-Verletzung
Hautlarven, kutane 26
Herz-Lungen-Wiederbelebung 321
Herzwurmbehandlung 297
Heterosis-Effekt 60f., 76
Hitzschlag 213, 219
Homosexualität 147
Hund, Alkohol und 240f., 262
Hund, alter 169
Hund, Anorexie bei 193
Hund, Antidepressivum und 139
Hund, Arbeitsplatz und 111ff.
Hund, Auto und 235f.
Hund, Babys und 283f.
Hund, Badezimmermüll und 246
Hund, Beißerei zwischen 232ff.
Hund, Beruhigungsmittel und 114, 116f., 298f.
Hund, Blutspende und 130f.

Hund, Bulimie bei 192
Hund, Depression 152, 251
Hund, Diät und 185
Hund, Diätpillen für 191
Hund, dreibeiniger 57f.
Hund, Eifersucht des 71, 86, 156, 283
Hund, eigener Kot und 195f.
Hund, Erinnerungen 146f.
Hund, Essensreste und 197
Hund, Flugreise und 113ff
Hund, Gefühle 152, 154ff.
Hund, gehörloser 86f.
Hund, Geschwister 148f., 285
Hund, gewaltbereiter 265
Hund, Grünzeug und 202f.
Hund, Handtasche und 122f.
Hund, Haschisch und 241f.
Hund, Hauptkommunikations-
    mittel 149
Hund, innere Uhr 141
Hund, Joggen mit 217ff.
Hund, Katzenklo und 207
Hund, Kaugummi und 247f.
Hund, Klaustrophobie und 143 f.
Hund, Kleidung 121f.
Hund, Kommandos und 123f.
Hund, Küchengifte und 249
Hund, Lastenziehen und 236f.
Hund, Mikrochip und 118, 231f.
Hund, Ohrpiercing und 118
Hund, Pankreatitis beim 197f.
Hund, Patientenverfügung für 320
Hund, plastische Chirurgie und 131f.
Hund, Samenspende und 282
Hund, scharrender 230

Hund, Schokolade und 195, 206, 256, 258f.

Hund, Sonnenschutz und 237f.

Hund, Stimmerkennung 151

Hund, Tabletten und 204ff.

Hund, Tätowierung und 118f.

Hund, Traum und 145

Hund, Übergewicht 185, 190, 192

Hund, UV-Belastung 211

Hund, Verlustangst 142

Hund, Wasser und 222f.

Hund, Zimmerpflanzen und 250

Hundebetreuung 105

Hundebox 41, 114, 143, 160ff.

Hundebrucellose 290f.

Hundefell, gefärbtes 119

Hundeflüsterer 138ff.

Hundefutter 178, 180ff., 202, 314

Hundefutter, Hundefleisch im 183

Hundefutter, teures 180

Hundehaufen 102, 132ff., 185

Hundehotel 108

Hundeknochen 198

Hundekrankenversicherung 69, 303

Hundekuchen 179f.

Hundenagellack 117

Hundenamen 55

Hundenase 12

Hundepräsente 107

Hunderassen, intelligente 51

Hundeschulen 167

Hundeschutzkragen 175f.

Hundesonnenbrille 210

Hundetagesstätte 103ff.

Hundetyp 62f., 307

Hündin, läufige 281ff.

Hütehund 67, 110

Hysterektomie 276

Intelligenz, Arten von 51

**Jack Russell Terrier** s. **Parson Russell Terrier**

Jagdhund 227f.

Jagdinstinkt 40, 174, 267

**Japan Chins 66**

Karies 30

Kastration 68, 269-273, 276f., 286

Katzen 40, 206

Keratitis superficialis (Augenerkrankung) 211

Klickertraining 168f.

**Komondor 53**

Kopfhalfter 165f.

Krallen 126ff.

Kutschenhund 91

**Kuvasz 54**

Laufhund 63f.

Lebenserwartung 43, 72, 316

Leine 67, 166, 170f., 173, 236

**Lhasa Apso 23**

Lupus 13

Lyme-Borreliose 301f.

Magen-Darm-Parasiten 26, 305

**Malteser 17, 66, 81**

Marihuana 242, 251, 261

Mastiff 23, 53, 65, 218

Maulkorb 41

Medikamente 246, 297

Medikamente, knorpelschützende 58

Melamin 177f., 180f.
Milchdrops 180
Mischling 58ff., 72, 76, 79, 219
**Mops 23, 61, 66, 110, 212, 218**
Mundgeruch 29f.

Namenswahl 55
**Neufundländer 52, 218**
Neuralleistenzellen 84, 89f.
Neuzüchtungen 60
**Norfolk Terrier 65**

Ochsenziemer 200f.
Ovarektomie 276
**Papillon s. Zwergspaniel**
Parasitenerkrankungen 293
**Parson Russell Terrier 63, 65**
Passivrauchen 36f.
**Pekinese 23, 212, 218**
Pemphigus (Blasensucht) 13
Pfoten-Maul-Auge-Koordi-
nation 216
Pica 196, 247
Pigmentierung 83
Piloarrektion s. Gänsehaut
Pilze 255
Pinkeln 229f.
**Pinscher 63, 65**
**Pitbull Terrier 40, 43, 56, 59, 65,
71, 88f., 94f., 114, 137, 218,
224, 273**
**Pudel 17, 30, 51, 61, 66, 72, 119**
**Puli 53**

Rasen 11, 24f., 256
Rassehund 45, 58, 60, 62, 69, 76f.,
79

Raumsprays 260
Reanimationsmaßnahmen 321
Rektaluntersuchung 296
Reviermarkierung 15
**Rhodesian Ridgeback 53, 89, 273,
289**
Riechzellen 13
**Riesenschnauzer 53**
Rohfütterung 187f.
**Rottweiler 40, 53, 65, 69, 80, 114**
Rüde, Brustwarzen bei 280f.

**Saluki 82**
Schlafapnoe 23
Schlittenhund 21, 65, 97, 212f., 228
Schnarchen s. Schlafapnoe
**Schnauzer 63, 65, 219**
Schwanz 20, 120f., 147, 149ff.,
281
Schwanzwedeln 150
Schweißdrüsen 21, 212
Schweißhund 64
**Scottish Terrier 53**
Sehvermögen 31f.
**Shar-Pei 23, 74, 125**
**Shih Tzu 23, 72, 212, 219**
Sprayhalsbänder
Spulwürmer 292
Stachelhalsbänder 164
Sterilisation 273, 277
Sticker-Sarkom 290f.
Stöberhund 63f.
Stuhlproben 305

Taubheit 83ff., 91
**Terrier 40, 65**
Testikelimplantat 286f.

**Tibet Terrier** 66

Tierarzt 17f., 23, 25, 28f., 31, 42,
    47, 54f., 68, 71, 77, 103, 132,
    158, 160, 175, 295-325

Tierarztbesuch 308

Tierheimhunde 146

Tierklinik 130, 313

Tier-Mensch-Bindung 146, 155

Tiermisshandlung 312f., 320

Tierpsychiater 140

Tierpsychologen 138f., 159

Tierzahnarzt 28f.

Treibhund 63, 67

Trennungsangst 44, 139, 243f.

Trockenfutter 194f.


Überreste, sterbliche 322

Unterschiede, züchtungs
    bedingte 43


Vergiftungen 250, 252, 319

Verhalten, stereotypes 244

Verhaltenstherapeuten 138f.

Vorderlauf 19

Wachhund 52ff., 90

Wasserhund 63f.

Welpe, Inzest 285

Welpe, Laufpensum für 214f.

Welpenschule 162f., 172

Welpentraining 166, 314

**West Highland White Terrier
    53, 65**

**Windhund 21, 30, 40, 44, 64, 80,
    189, 218**

Wolfskralle 21, 131f.

Wurf 278f.

Würgehalsbänder 164

Würmer s. Magen-Darm-Parasiten

Wurmkuren 68, 279, 293


Zähne 29f., 195

Zaun, unsichtbarer 225f.

Zeckenhalsband 295, 303

Zunge 33f.

Zurechtweisung 39

**Zwergpudel** s. **Pudel**

**Zwergschnauzer 53, 81**

**Zwergspaniel 66**